BASIC
MASTER
SERIES 522

ホー

めての
ダー22
桑名由美

秀和システム

本書付属のダウンロードサービスは「練習用のサンプルファイル」となっております。
ホームページ・ビルダー22のソフトウェアは提供しておりませんので予めご了承ください。
ホームページ・ビルダー22が正常にインストールされているパソコンを、予めご自身でご用意の上、本書をご利用いただけますようお願い申し上げます。

■本書の編集にあたり、下記のソフトウェアを使用しました

・ホームページ・ビルダー22
・Windows 10

上記以外のバージョンやエディションをお使いの場合、画面のタイトルバーやボタンのイメージが本書の画面イメージと異なることがあります。

■注意

(1) 本書は著者が独自に調査した結果を出版したものです。
(2) 本書は内容について万全を期して作成いたしましたが、万一、ご不備な点や誤り、記載漏れなどお気付きの点がありましたら、出版元まで書面にてご連絡ください。
(3) 本書の内容に関して運用した結果の影響については、上記(2)項にかかわらず責任を負いかねます。あらかじめご了承ください。
(4) 本書の全部、または一部について、出版元から文書による許諾を得ずに複製することは禁じられています。
(5) 本書で掲載されているサンプル画面は、手順解説することを主目的としたものです。よって、サンプル画面の内容は、編集部で作成したものであり、全て架空のものでありフィクションです。よって、実在する団体・個人および名称とはなんら関係がありません。
(6) 商標
　Microsoft、Windows、Windows 10は米国Microsoft Corporationの米国およびその他の国における商標または登録商標です。
　その他、CPU、ソフト名、サービス名は一般に各メーカーの商標または登録商標です。
　QRコードは株式会社デンソーウェーブの登録商標です。
　なお、本文中では™および®マークは明記していません。
　書籍中では通称またはその他の名称で表記していることがあります。ご了承ください。

はじめに

最近では、LINEやInstagramなどのSNSをはじめ、動画配信サービスのYouTubeなどが人気です。ブログも多くの人に利用されています。これらのサービスは、登録をすれば誰でも簡単に利用できるので、わざわざホームページを作る必要はないと思っている人もいるかもしれません。ところが、そうでもないのです。それぞれのサービスは、特定の人しか利用していないので、一部の人にしか見てもらえないことになります。

そこで、ホームページを作成し、各サービスとリンクさせ、ユーザーを集約しましょう。そうすることで、さらに集客効果を高めることができます。これはビジネスに限ったことではなく、趣味などのプライベートで友達を増やしたいと思っている人にもおすすめです。

そうは言っても、いざホームページを作るとなると、はじめての人は作り方がわからないと思います。そこでおすすめしたいのが、「ホームページ・ビルダー」です。ホームページを作ったことがない人でも、わかりやすい画面を使って操作できるソフトです。

ホームページ・ビルダー22 には、「クラシック」と「SP」という二つのソフトが入っています。オリジナルのホームページを作りたい場合に、「クラシック」を使うと白紙の状態から自由に作ることができます。また、「ホームページ・ビルダー18」以前のバージョンで作成したホームページを編集したい人には「クラシック」が必要になります。

そこで、本書では「クラシック」をメインに解説します。第9章ではテンプレートを元に作成するフルCSSテンプレートの使い方を説明します。「クラシック」ではなく、「SP」で作りたいという人のために、第10章に「SP」の基本操作の解説を入れました。ホームページ・ビルダー22には、さまざまな機能がありますが、知っておいて欲しい機能を一冊にまとめていますので、一通りの操作に慣れたら、目的やイメージに合うようにホームページを作り上げてください。皆様の素敵なホームページが完成することを願っています。

2020年7月　桑名由美

目次

第4章　作ったページをスタイルシートで見栄え良く仕上げよう　79

第5章　メインのページからつながる他のページも作成しよう　103

ダウンロードの手引き

本書で使用しているいくつかのデータは、秀和システムのホームページからダウンロードすることができます。「練習したいが素材がない！」という方は、以下の方法で練習用にファイルをダウンロードしてください。

●練習用ファイルが欲しい人は…

●インターネットに接続し https://www.shuwasystem.co.jp/ にアクセスします

●画面の下までスクロールして「サポート」をクリックします

●左側のメニューから「はじめてのシリーズ」をクリックします

●[はじめてのホームページ・ビルダー22] を探してクリックします

●画面の手順に従って必要なデータをダウンロードしてください

ご注意

●本書付属のダウンロードサービスは「練習用のサンプルファイル」となっております。
ホームページ・ビルダー 22 のソフトウェアは提供しておりませんので予めご了承ください。
ホームページ・ビルダー 22 が正常にインストールされているパソコンを、予めご自身でご用意の上、本書をご利用いただけますようお願い申し上げます。

●ダウンロードできるデータは著作権法により保護されており、個人の練習目的のためのみに使用できます。著作権法および弊社の定める範囲を超え、無断で複製、複写、転載、ネットワークなどへの配布はできません。

●ダウンロードしたデータを利用、または、利用したことに関連して生じるデータおよび利益についての被害、すなわち特殊なもの、付随的なもの、間接的なもの、および結果的に生じたいかなる種類の被害、損害に対しての責任は負いかねますのでご了承ください。

●データの使用方法のご質問にはお答えしかねます。

●また、ホームページ内の内容やデザインは、予告なく変更されることがあります。

●ダウンロードしたサンプルデータは、サイトとしてインポートする（取り込む）ことで使用できます。サイト名を変更せずにインポートすると、既存のサイトを上書きすることになるので、サイト名を変更してインポートしてください。

●サンプルデータは、セクションごとに用意されています。使用するデータが入ったフォルダー名については、各セクション番号の下を参照して下さい（※サンプルデータが無いセクションもあります）。

サイトをインポートする

①▸［サイト一覧／設定］をクリックする

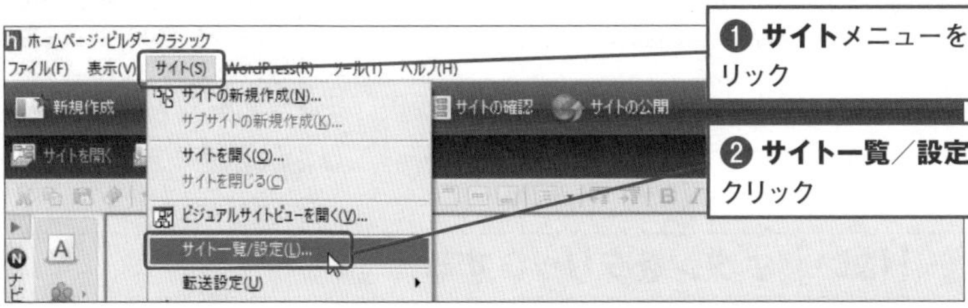

❶ **サイト**メニューをクリック

❷ **サイト一覧／設定**をクリック

②▸［インポート］ボタンをクリックする

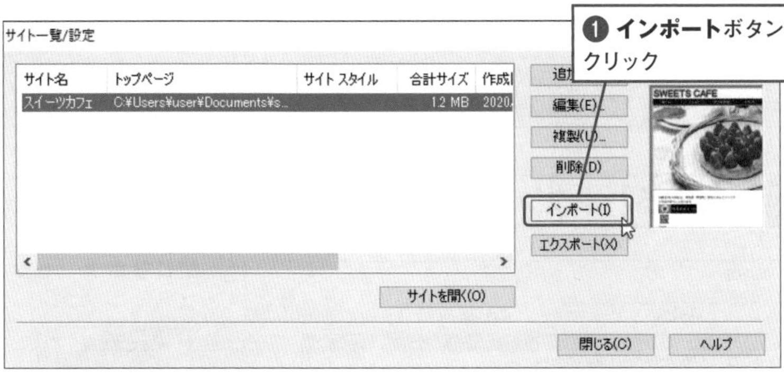

❶ **インポート**ボタンをクリック

③▸［参照］ボタンをクリックする

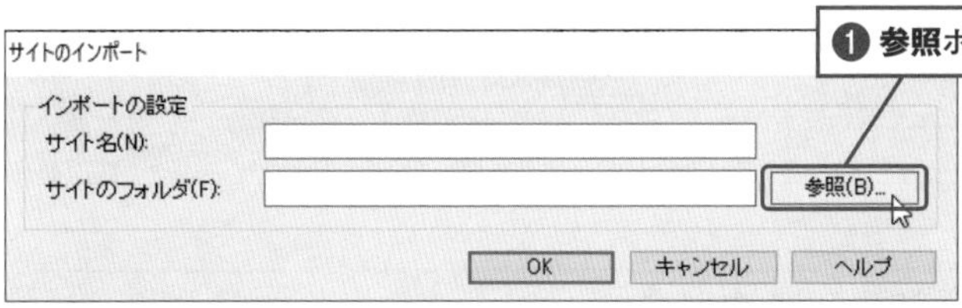

❶ **参照**ボタンをクリック

④▸フォルダーを選択する

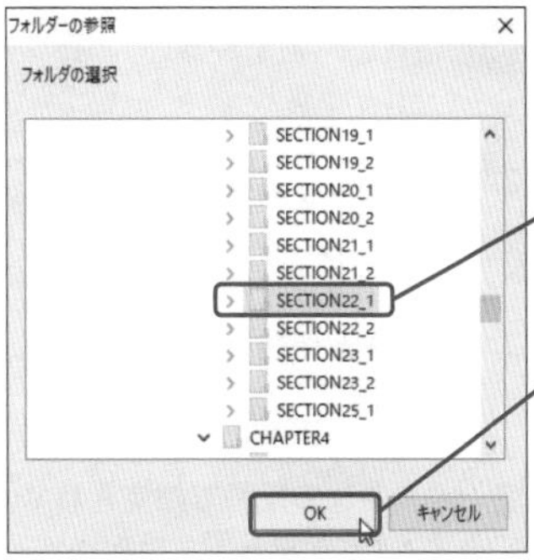

❶ フォルダーを選択

❷ **OK**ボタンをクリック

Onepoint 第10章のサンプルデータを使用する場合

第10章のホームページ・ビルダーSPの場合は、「サイト」メニューの「サイトのインポート」をクリックし、ダウンロードしたデータ（zipファイル）を指定します。

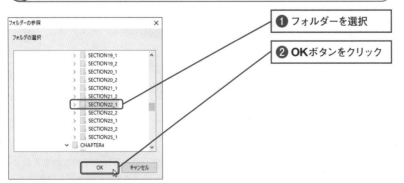

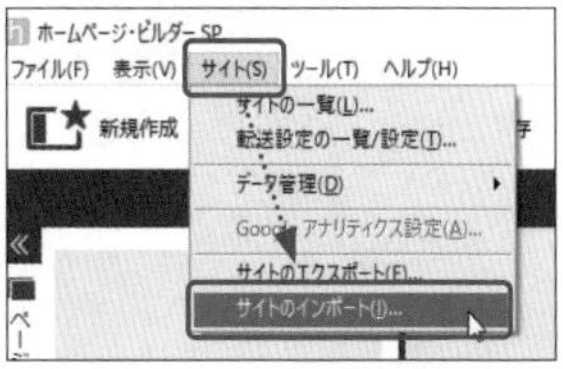

Memo サイト名の変更

既に同じ名前のサイトがある場合は、ここでサイト名を変更しておきましょう。サイト名を変更しないと上書きすることになるので、その都度変更してください。

⑤ サイト名を入力する

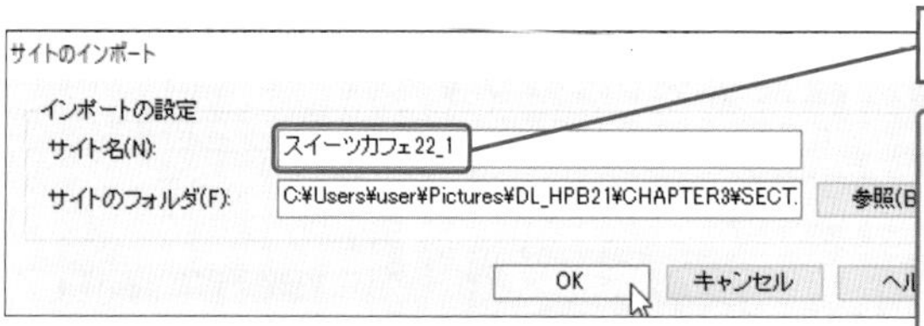

❶ サイト名を入力する

ここではsection22の「スタート」のデータを取り込むため「スイーツカフェ22_1」という名前を入力します

⑥ [はい] ボタンをクリックする

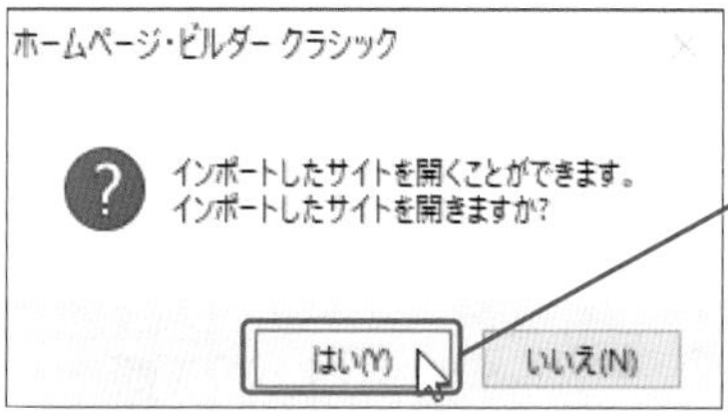

❶ **はい**ボタンをクリック

⑦ [閉じる] ボタンをクリックする

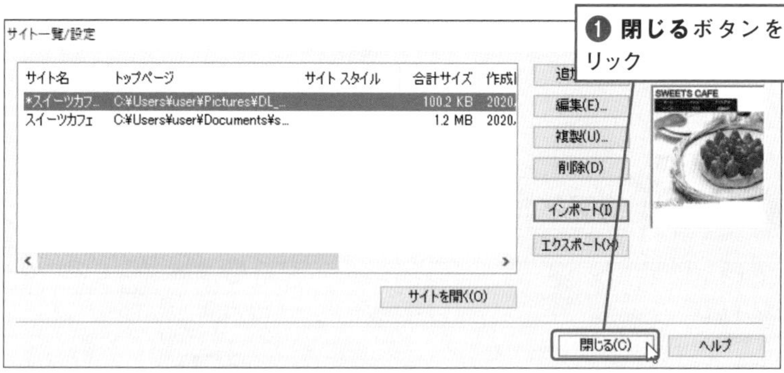

❶ **閉じる**ボタンをクリック

⑧ サイトが読み込まれた

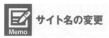

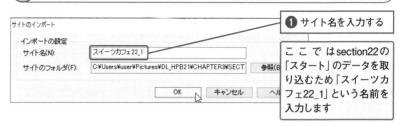

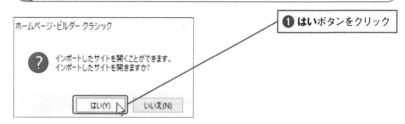

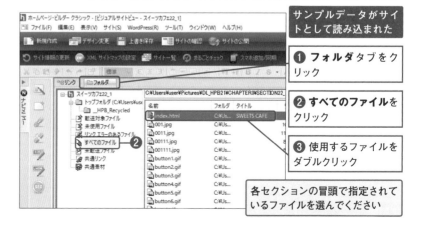

サンプルデータがサイトとして読み込まれた

❶ **フォルダ**タブをクリック

❷ **すべてのファイル**をクリック

❸ 使用するファイルをダブルクリック

各セクションの冒頭で指定されているファイルを選んでください

第1章

1

ホームページの基本について知っておこう

ホームページを見ることに慣れている人でも、「ホームページがどういうもので、どのような仕組みになっているのか」というのは、よくわからないと思います。そこで、とりあえず押さえておきたい基礎知識だけを、ここでざっと確認しておきましょう。

section 1

ホームページの概要とブログとの違い

そもそもホームページってどんなもの?

LEVEL ●●●●●

そもそも「ホームページ」とは、一体何でしょうか?また、ホームページとブログはどこが違うのでしょうか?ここで確認しておきましょう。

ホームページとは、インターネット上の家やお店のようなもの

たとえば、人気がある洋菓子店の噂を聞いたとします。そのお店にどんなお菓子が売っているかを知りたいと思ったときに、そのお店のホームページがあれば、わざわざお店に見に行かなくても、電話をしなくても知ることができます。

あるいは、はじめてハムスターを飼おうとしたときに、実際に飼っている人がハムスターの飼い方や習性についてホームページに載せていれば、インターネットで調べることができます。

このように、実際のお店や家を訪ねなくても、ホームページによっていろいろなことを知ったり、調べたりすることができます。ホームページはインターネット上のお店や家のようなものなのです。

SHOP
Supermarket
遠くて行けない
お店などの情報も
見られます

ブログやSNSと何が違うの?

わざわざホームページを持たなくても、ブログで十分と思っている人もいるかもしれません。ブログは、「その日あったできごとを書き綴りたい」「子供やペットの成長記録を載せたい」といった、日記のように書き綴りたい場合に適しています。書いた記事が新しい順に表示されるので、複数のページを用意して固定させるといったことができません。

TwitterやInstagramなどのSNSも同様です。短文や写真を投稿していくので、常に新しい記事が最上部に表示され、古い記事は下に埋もれていきます。イベントや新商品発売などの告知には良いですが、こちらも特定のページを固定させたい場合には向いていません。

ホームページは、ブログやSNSと違い、ページを固定させておくことができるので、訪問者が見たいと思うページを自由な位置に固定させ、すぐにアクセスしてもらうことができます。また、自分でデザインを考えて、目的に合わせたオリジナルのページを作成することも可能です。

▲ブログ

▲SNS

▲ホームページ

Onepoint ホームページ・ビルダーのブログ機能

第10章のホームページ・ビルダーSPや第11章のWordPressには、ブログ機能が含まれているので、ブログサービスに申し込まなくても定期的な情報発信が可能です。ただし、多くの人にブログを見てもらいたい場合は、やはりアメーバブログやFC2ブログなどユーザー数が多いブログサービスを利用した方が効果を期待できます。すでに利用しているのならホームページとリンクさせ、ブログからホームページへユーザーを誘導するとよいでしょう

section 2

ホームページの構成要素

ホームページの仕組みってどうなっているの?

LEVEL ●●●○○

家の玄関から色々な部屋に行けるのと同じように、ホームページも複数のページで構成されています。また、住所のようなものを使って訪問します。

ホームページの構成とは?

家に玄関があるように、ホームページにも「トップページ」という玄関があります。トップページ以外のページを「サブページ」といい、玄関から入るといろいろな部屋があるように、トップページから入ると、いくつものサブページが用意されています。トップページから入ってきた人は、サブページへ移動して、いろいろなページを行き来しながら、知りたい情報を探します。

インターネットで検索して訪れる人の中には、直接サブページに入ってくる人もいますが、その場合もトップページや他のサブページへ行くことができるようになっています。

●ホームページは複数のページで構成されている

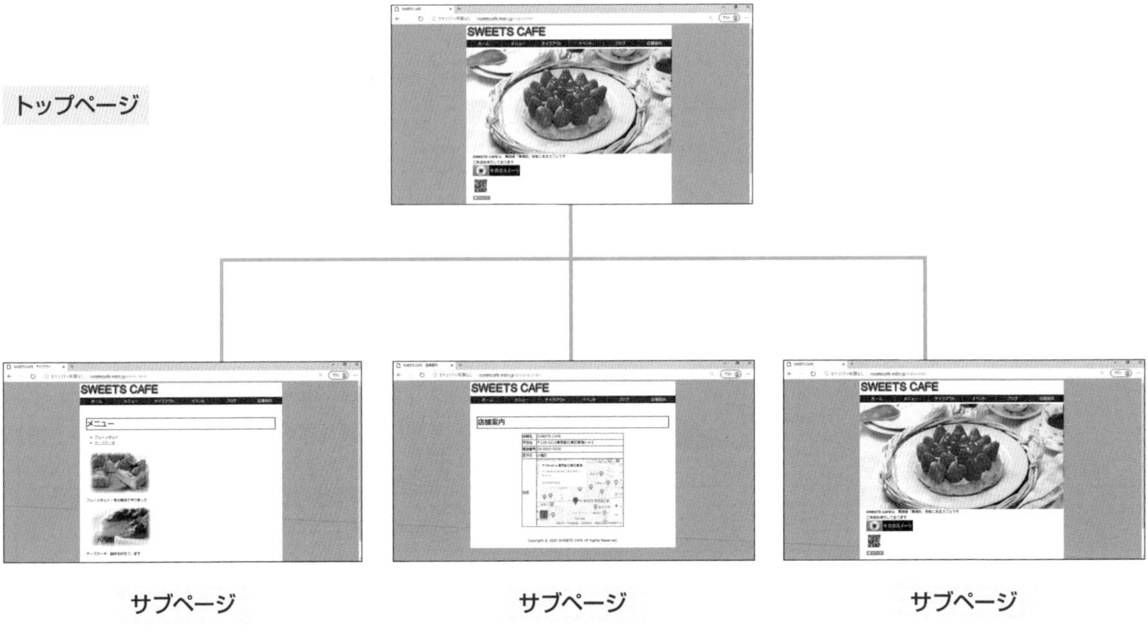

ページとページの間を自由に移動できる

トップページからサブページ、サブページから他のサブページへ自由に行き来できるのは、「リンク」という機能を使っているからです。リンクとは、クリックすると別のページに移動できる仕組みのことです。リンクが設定されている箇所をポイントすると、マウスポインタの形が変わり、クリックして移動することができます。ホームページ内だけでなく、他のホームページへ移動することもできます。

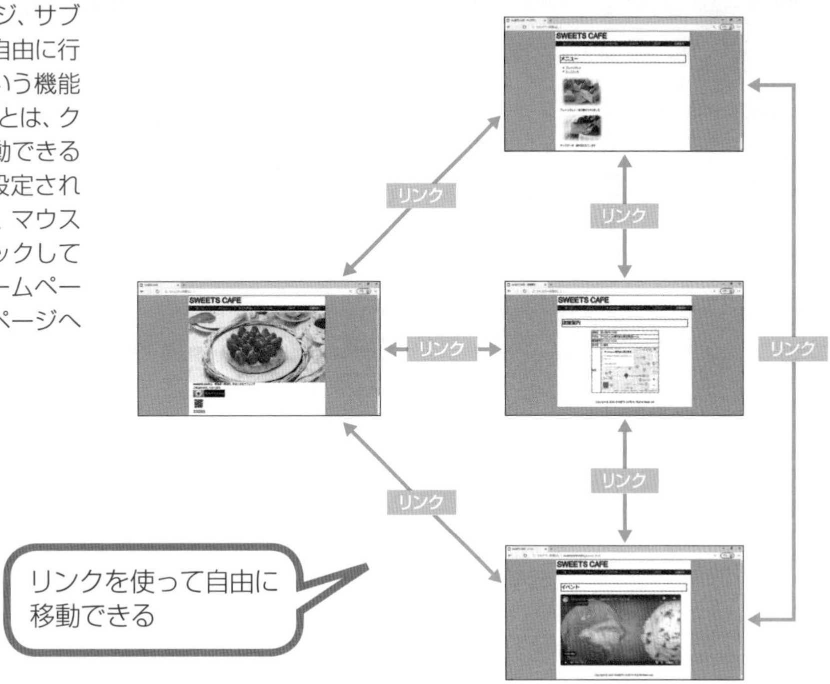

ホームページを訪問するには

ホームページには、実際の家やお店と同じように住所のようなものがあります。その住所は、URL（ユーアールエル）というもので、他のホームページと同一になることがなく、一文字でも間違えるとたどり着くことができません。ブラウザーのアドレスバーにURLを入力することでそのホームページを訪問できる仕組みになっています。

▲ブラウザーのアドレスバーにURLを入力すると訪問できる

section 3

ホームページを作るための言語

ホームページの裏側にある「HTMLファイル」って何?

LEVEL ●●●●●

ホームページの裏側を見たことはありますか？実は、画像などは一切なく、文字で書かれています。どのようなものか見てみましょう。

ホームページの裏側を見てみよう

普段私たちが見ているホームページは、文字や画像が綺麗に並んでいますが、実はホームページの裏側は下の図のようになっているのです。これは、HTML（HyperText Markup Language：エイチティーエムエル）という言語で、「この位置で改行する」「この場所に画像を置く」などの命令文が書かれています。まるで暗号のようなので、はじめての人には難しそうに思えるでしょう。でも大丈夫です。HTMLの知識がない初心者でも簡単にホームページを作れる方法があるので、安心してください。

```
<!DOCTYPE html>
<html lang="ja">
<head>
<meta charset="UTF-8">
<meta name="GENERATOR" content="JustSystems Homepage Builder Version 22.0.1.0 for Windows">
<title></title>
</head>
<body>
<p><b>SWEETS CAFE</b><br>
ホームページ<br>
<img src="0012.jpg" border="0" width="480" height="375"></p>
</body>
</html>
```

このようなHTMLファイルが裏側にある

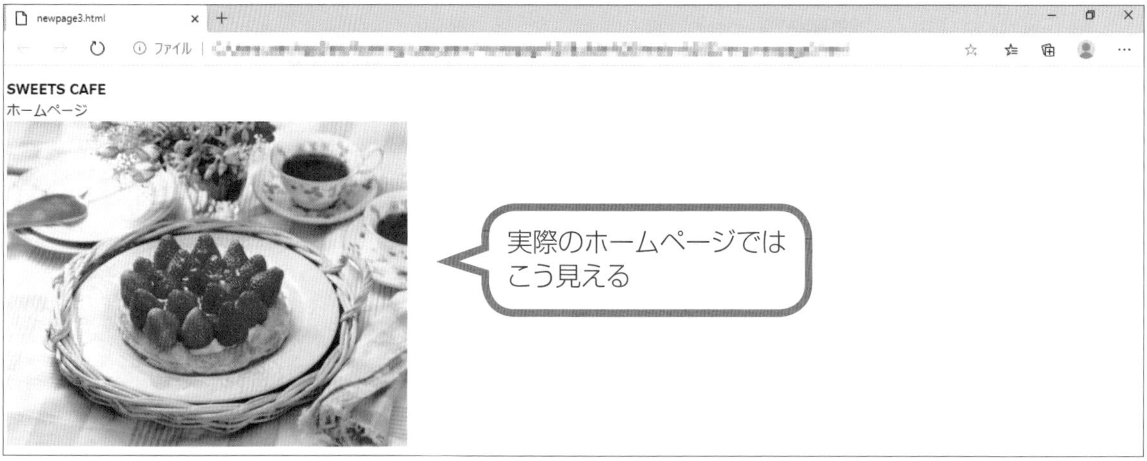

ホームページを見られるのは「ブラウザー」のおかげ

文字で書かれたHTMLファイルですが、なぜ文字や画像が綺麗に配置されたホームページになるのでしょうか。それは、「ブラウザー」というソフトがフィルターのような役目をしてくれるからです。ブラウザーには、「Microsoft Edge」「Google Chrome」「Firefox」などいろいろありますが、どのブラウザーでもかまいません。ブラウザーを使うことで、普段私たちが見ているホームページが表示されるのです。

▲Microsoft Edgeで見たホームページ

▲Google Chromeで見たホームページ

HTMLを見るには

「今見ているホームページのHTMLはどうなっているのだろう？」と思ったときには、見る方法があります。Microsoft Edgeの場合は、ホームページの上で右クリックし、[ページのソース表示] をクリックすると表示されます。

ただし、環境によっては表示できないこともあります。右クリックできない場合は、キーボードの [F12] キーを押すと右側に表示されます。再度 [F12] キーを押すと非表示になります。

▲右クリックして「ページのソース表示」をクリック

section 4

準備するもの

ホームページを作るには何が必要なの?

LEVEL ●●●●●

「さぁ、ホームページを作ろう」と思っても、何も準備していないと始めることができません。ここで必要なものが揃っているか確認しておきましょう。

パソコンとインターネット環境

ホームページは、パソコンを使って作成します。スマートフォンやタブレットでも作れますが、機能が制限されていたり、操作しづらかったりすることもあるので、パソコンを使った方がスムーズに作れます。

また、パソコンで作成したホームページ用のファイルを、インターネットに送る時に、インターネットに接続できる状態にしなければならないので、インターネット環境も必要となります。

▲コンピューター同士を接続した状態を「ネットワーク」と呼ぶ。インターネットとは、世界中にある「サーバー」というコンピューターを結びつけた大規模なネットワークのこと。

Webサーバー

インターネットにつながっているコンピュータのうち、ホームページを置くためのコンピュータを「Webサーバー」といいます。初心者が自前のサーバーを用意するのは困難なので、通常は契約しているプロバイダ（インターネット接続会社）のWebサーバーを借りて、そこにホームページを置きます。もし、利用しているプロバイダにホームページサービスが付いていない場合は、Webサーバーを貸してくれる「レンタルサーバー」というサービスを利用します。

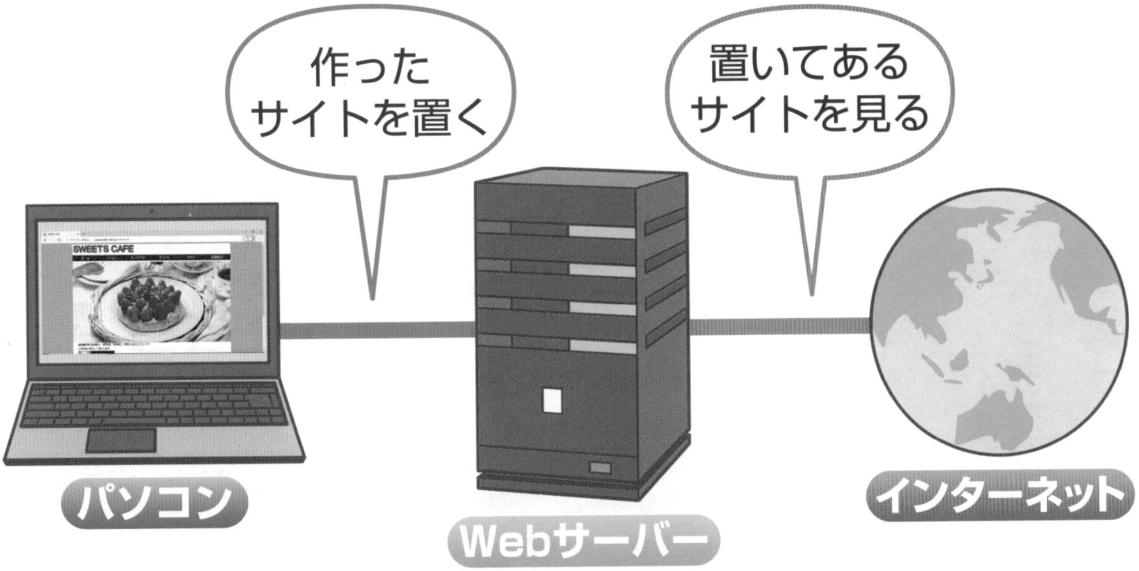

ホームページ作成ソフト

実は、ホームページ作成ソフトがなくても、メモ帳やWordなどのソフトでもホームページを作ることはできます。しかし、高度な知識が必要となるので、はじめての人にはホームページを作るための専用ソフトが欠かせません。

また、最近ではブラウザーを使ってホームページを作れるサービスやツールもありますが、基本的にはインターネットに接続していないと使うことができません。また、パソコンにデータが保存されないため、編集前の状態に戻せなかったり、途中から作り直すことができなかったりすることがあります。ホームページ作成ソフトがあれば、インターネットに接続していなくても作業ができます。操作のやり直しやファイルの保存も簡単にできるので、初心者には特におすすめです。

▲本書で解説するホームページ作成ソフト「ホームページ・ビルダー22」

ホームページ・ビルダーってどんなソフト？

専用ソフトだと使い方が難しそう…と思うかもしれませんが、「ホームページ・ビルダー」は初心者にも使いやすいように設計されています。もちろん、初心者だけでなく、ホームページ作成に慣れている人にも使いやすくできており、初級者から上級者まで幅広く使えるソフトです。

また、白紙の状態から作成して完全にオリジナルのホームページを作ることも、あらかじめ用意されたデザインから選んで、プロ仕様のホームページを作ることもでき、自由度が高いのも特徴です。

さらに、他のホームページ作成ソフトには、素材集が含まれていないこともありますが、ホームページ・ビルダーには、自由に使える写真やイラストが豊富に用意されています（高品質写真素材：ビジネスプレミアム1400点、スタンダード200点）（高品質イラスト素材：ビジネスプレミアム1176点、スタンダード40点）。写真の撮り方に自信がなくても、イラストが描けなくても心配無用です。

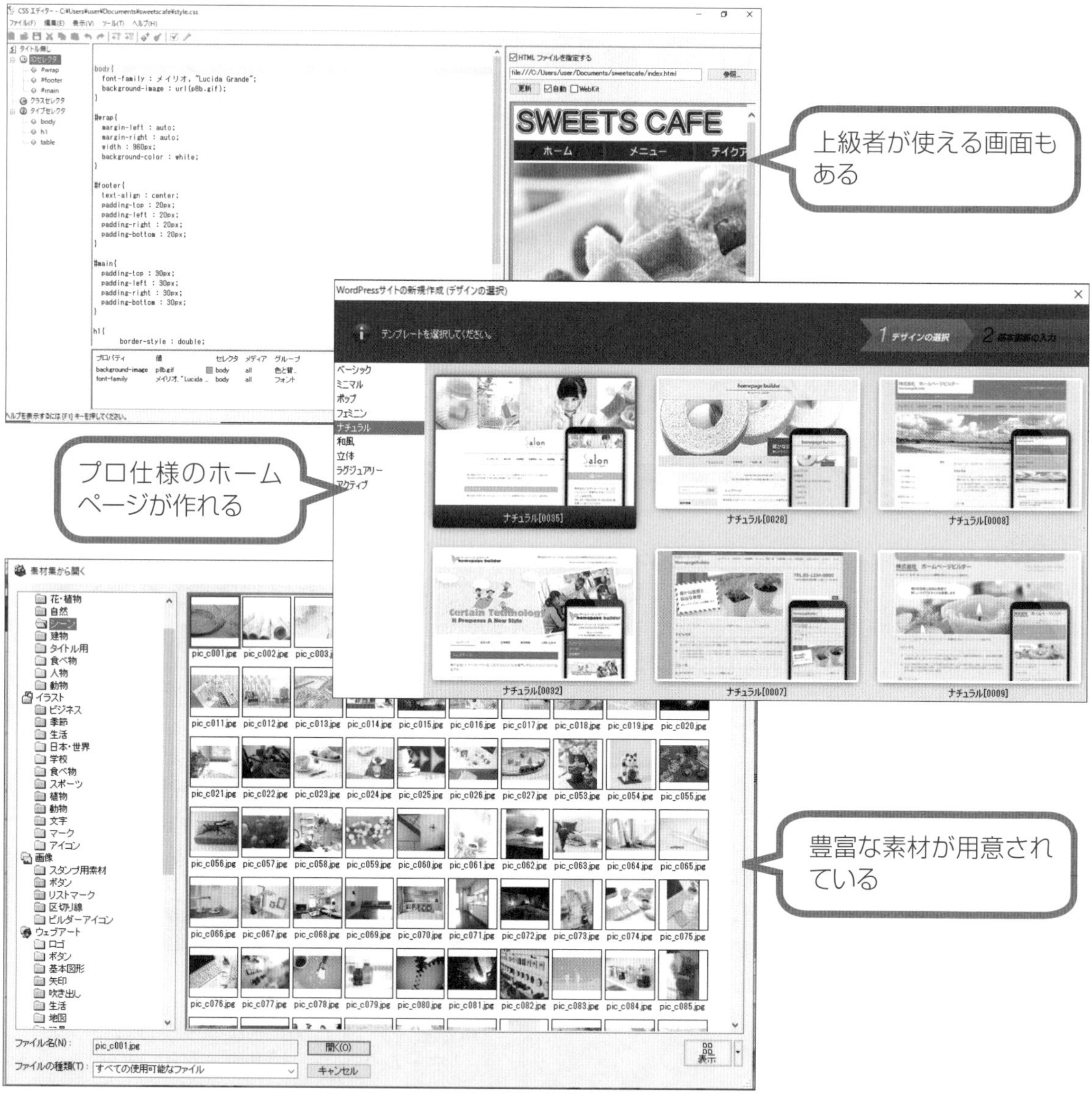

第2章

2

ホームページを作る準備をしよう

ホームページ・ビルダーをはじめて使う人は、どこから操作すればよいか迷うかもしれません。しかし、焦ることはありません。まずは、ホームページ・ビルダー22クラシックを起動してみましょう。そして、画面を確認してみましょう。

section 5

ホームページ・ビルダーの2種類のソフト

クラシックとSPがあるけど どっちを使えばいいの?

LEVEL ●●●●○

ホームページ・ビルダーには、「ホームページ・ビルダークラシック」と「ホームページ・ビルダーSP」が入っていますが、両者の違いをここで説明します。

クラシックとSPってどう違うの?

ホームページ・ビルダー22には、「ホームページ・ビルダークラシック」と「ホームページ・ビルダーSP」の2つのソフトが入っています。SPは、クラシックよりも後に作られたソフトで、テンプレートを元に直感的な操作で使えるソフトです。ただし、一からホームページを作成してオリジナリティを出したい人には物足りなさがあります。

一方、ホームページ・ビルダークラシックは、ホームページ作成に必要な機能がほぼ揃っていて、自由に作成することができます。また、知識やレベルに応じた操作画面も用意されています。

注意してほしいのは、クラシックで作成したものをSPで開いたり、SPで作成したものをクラシックで開いたりできないという点です。どちらか一方のソフトで作成・編集することになります。

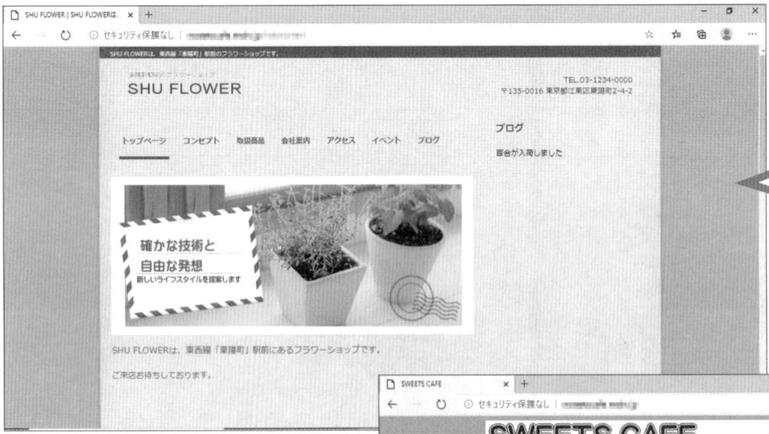

SPで作成した
ホームページ

クラシックで作成した
ホームページ

SPってどういうことができるの？

ホームページ・ビルダーSPでは、ページを一から作成するのではなく、用意されたテンプレートを元に作成します。文字や画像をクリックすると、近くにボタンが表示され、次の操作がしやすくなっています。また、箇条書き、表、地図などをパーツとしてドラッグアンドドロップで挿入することができ、移動や削除も簡単にできます。さらに、作成したサイトはスマートフォンに対応しているため、別途スマートフォン用のサイトを作成する必要がありません。

本書では、ホームページ・ビルダークラシックの解説をメインとしていますが、ホームページ・ビルダーSPについては第10章で簡単に解説します。

ホームページ・ビルダーSPとクラシックの特徴

▼ホームページ・ビルダーSPの特徴

メリット	デメリット
ドラッグアンドドロップ操作で直感的に作成できる	昔のホームページ・ビルダーで作ったホームページを編集できない
一から作成する必要がない	テンプレートを使わないと作成できないので、目的に100%合わない場合がある
パソコン用のサイトがスマートフォンにも対応しているので、別途スマートフォンサイトを作成する必要がない	クラシックと比べるとテンプレートの数が少ない

▼ホームページ・ビルダークラシックの特徴

メリット	デメリット
多様なレイアウト・デザインのホームページを作成できる	機能が豊富な分、操作には多少のパソコンの知識が必要になることもある
自身のレベルに合わせて、使いやすいように操作画面を変えられる	テンプレートを使わずに作ったサイトは、別途スマートフォンサイトを作成する必要がある
HTMLやCSSを手入力できる	ホームページの作成方法が多数あり、どれを使ったらいいか迷う場合がある

section 6

ソフトの起動／終了

ホームページ・ビルダー22クラシックを起動／終了してみよう

LEVEL ●●●●○

Windows 10でホームページ・ビルダー22クラシックを起動する方法を説明します。また、終了方法も覚えましょう。

ホームページ・ビルダー22クラシックを起動する

1 ［ホームページ・ビルダー22クラシック］をダブルクリックする

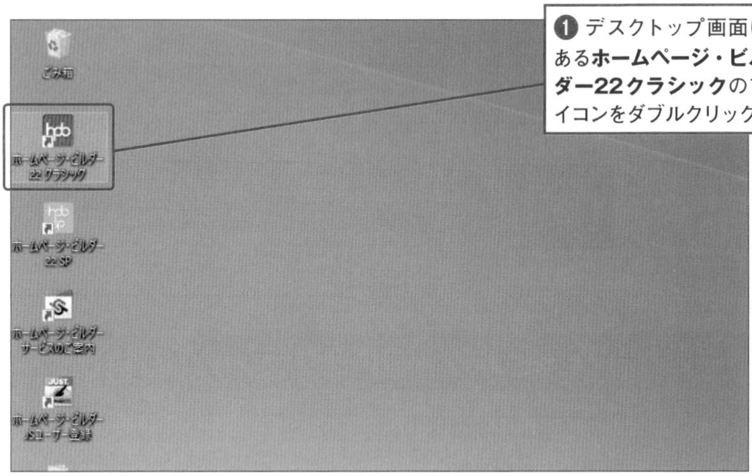

❶ デスクトップ画面にある**ホームページ・ビルダー22クラシック**のアイコンをダブルクリック

2 ガイドメニューが表示された

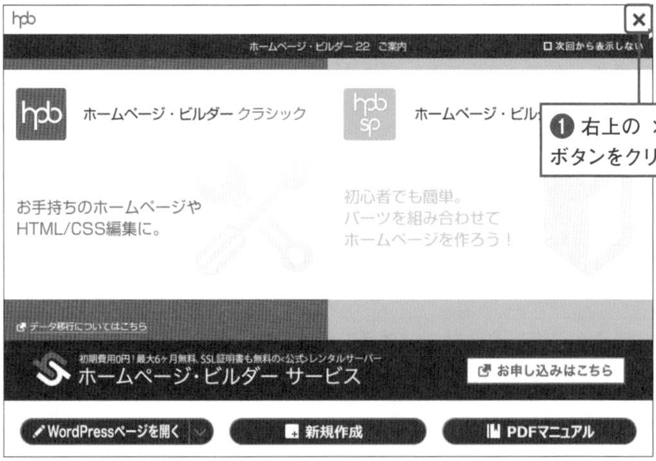

❶ 右上の ×（閉じる）ボタンをクリック

Onepoint ホームページ・ビルダー22クラシックをインストールするには

ホームページ・ビルダー22は、DVDなどのメディアではなく、インターネット経由でプログラムをダウンロードします。ネットショップや量販店で購入したら、説明に従ってダウンロードしてください。なお、インストール前にユーザー登録が必要となります。

③ ホームページ・ビルダー22 クラシックの画面が表示された

ホームページ・ビルダー22クラシックを終了する

① ［終了］をクリックする

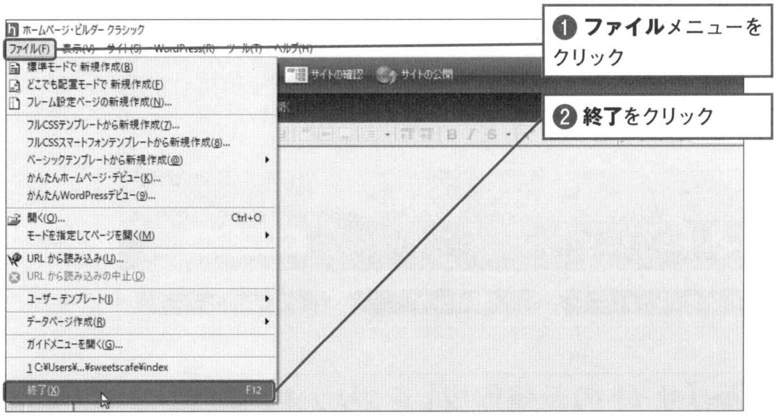

② 終了できた

Memo ページを開いて作業したときには

ここではページを開く前に終了しましたが、ページを開いて作業した場合は保存についてのメッセージが表示されます。編集内容を保存する場合は［はい］ボタンをクリックします。保存方法についてはsection24と34で説明します。

section 7

新規サイトの作成

サイトを作成してみよう

LEVEL ●●●●○

ホームページは複数ファイルで構成されています。それらファイルを1つにまとめておくフォルダーが必要です。早速作ってみましょう。

「スイーツカフェ」のサイトを作成する

① ガイドメニューを閉じる

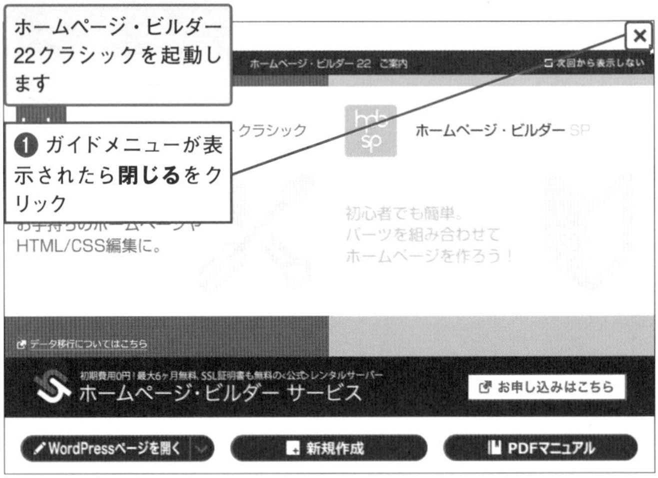

Onepoint サイトとは

作成したページや画像ファイルなどを1つのフォルダーに保存しておき、後でフォルダー一式をサーバーへ転送します。ホームページ・ビルダーでは、このフォルダーのことをサイトと呼んでいます。

② ［サイトの新規作成］をクリックする

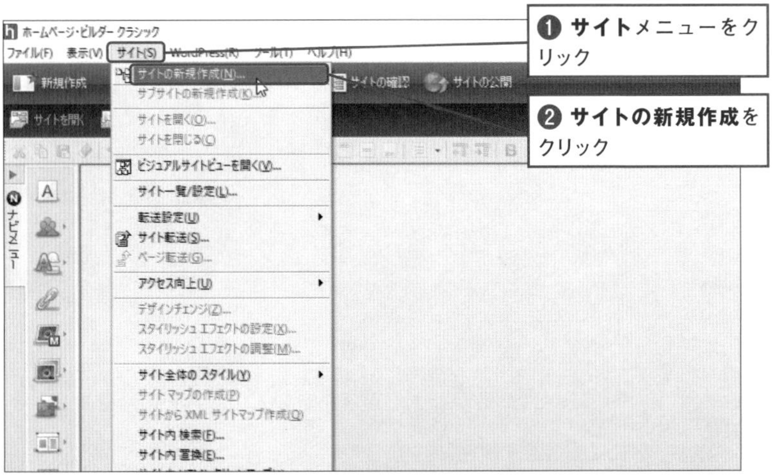

③ サイト名を入力する

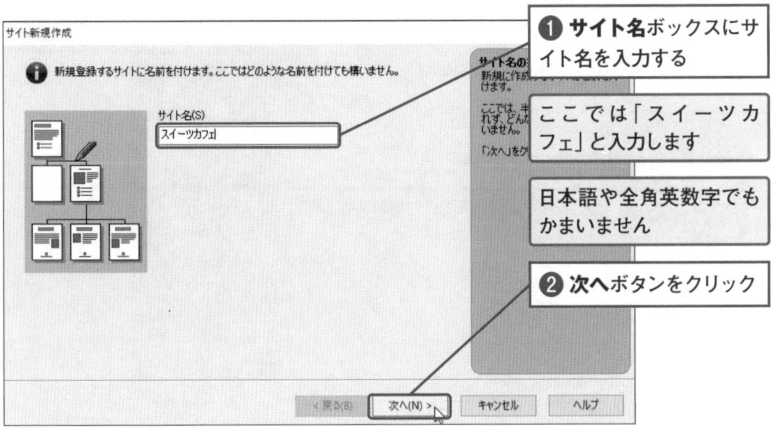

④ [新規にトップページを作成する] をクリックする

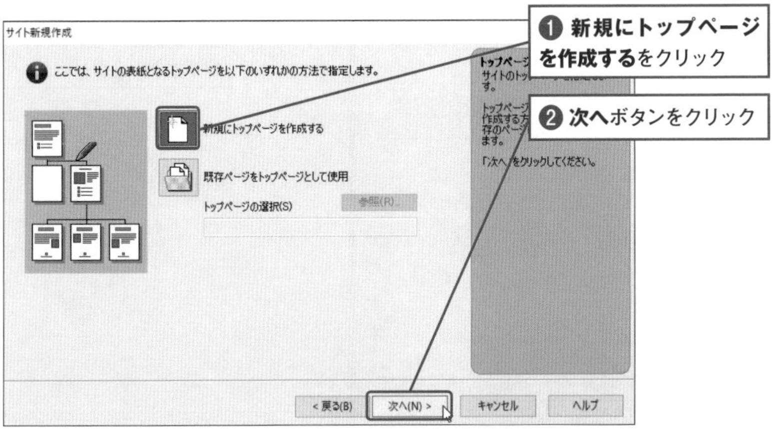

⑤ トップページのファイル名を選択する

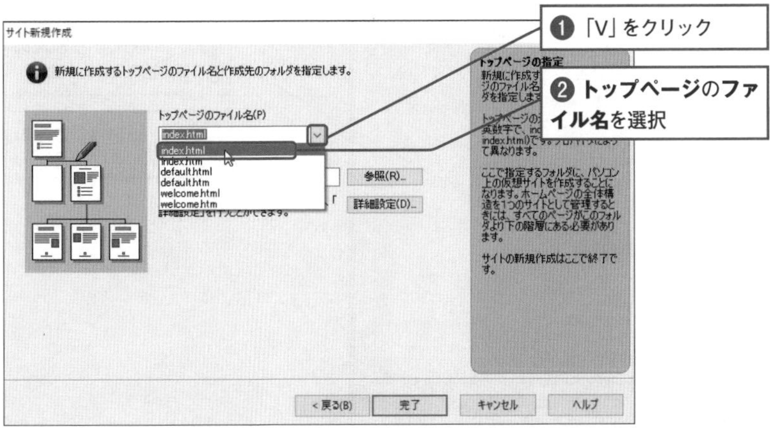

Technic 既存のページをトップページとして使用する場合

ページを作成した後にサイトを作成する場合や以前のバージョンで作成したサイトを使用する場合は、[既存ページをトップページとして使用] ボタンをクリックし、[参照] ボタンをクリックして指定します。

Memo トップページのファイル名

トップページのファイル名はプロバイダー(レンタルサーバー) から指示されたものでなければなりません。ほとんどの場合が、「index.html」または「index.htm」です。

⑥ [参照] ボタンをクリックする

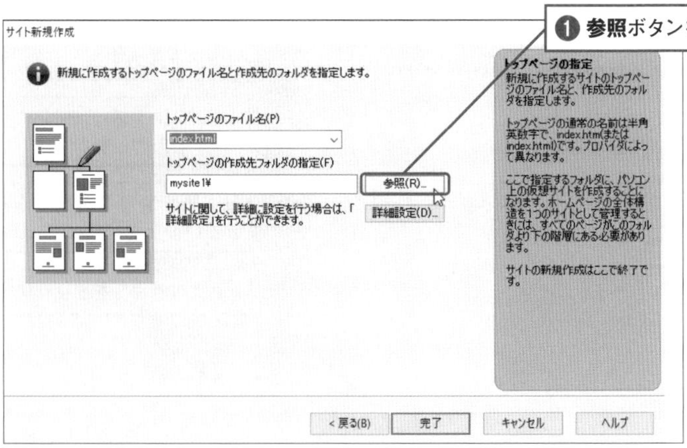

❶ **参照**ボタンをクリック

新規にフォルダーを作成する

Hint

サイト用のフォルダーを新しく作成します。フォルダーを作成しない場合は「mysite」という名前のフォルダーに保存されます。

⑦ 「フォルダーの参照」ダイアログが表示された

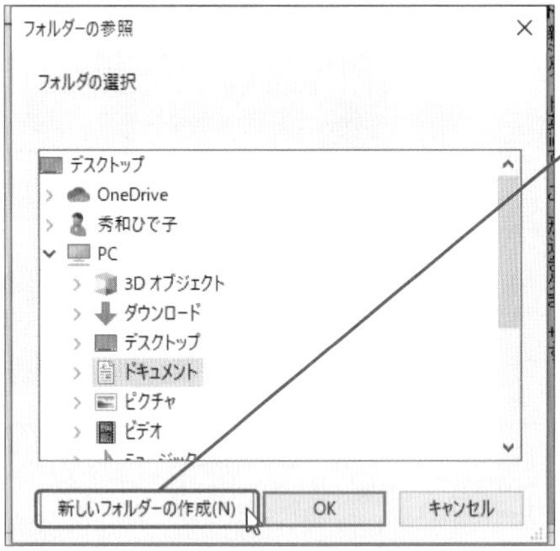

❶ **新しいフォルダーの作成**ボタンをクリック

フォルダー名

Memo

ここで入力するフォルダー名は、サーバー上では使わないので自由に付けてください。

⑧ フォルダー名を入力する

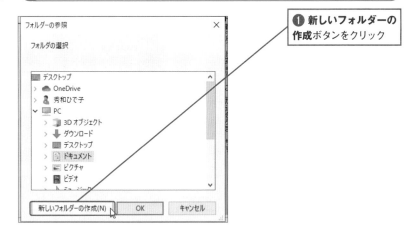

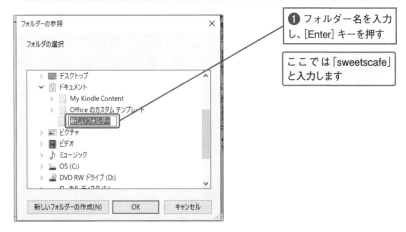

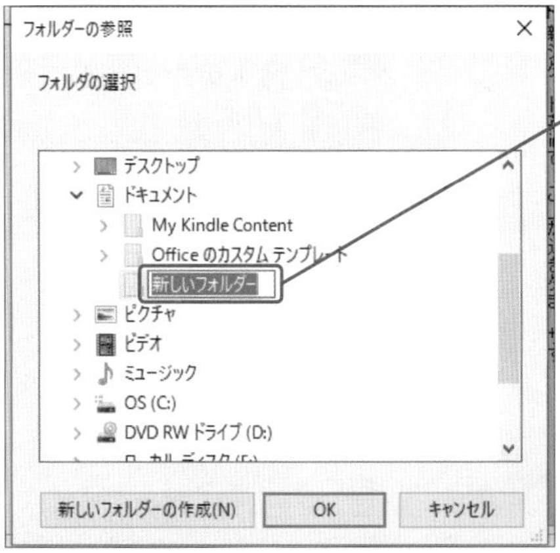

❶ フォルダー名を入力し、[Enter] キーを押す

ここでは「sweetscafe」と入力します

⑨ フォルダーを確認する

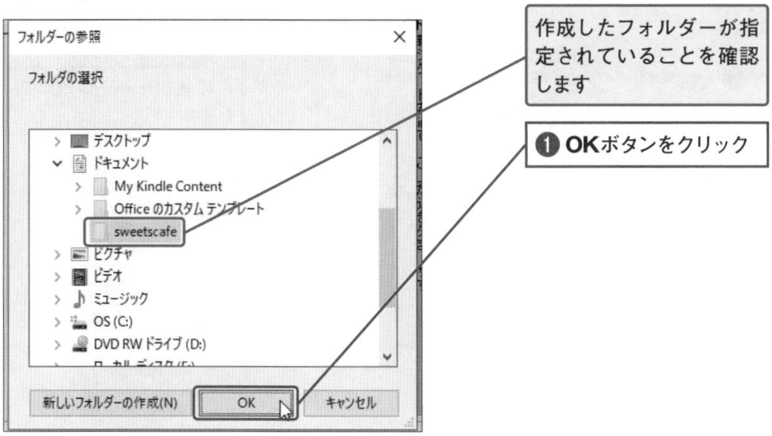

画像用のフォルダーを作成する

Technic

既定では写真やイラストなどの画像もトップページと同じ場所に保存されます。画像が増えてくるとわかりにくくなるので、画像用にフォルダーを作成しておくことをおすすめします。画像用のフォルダーを作成するには、手順6で［詳細設定］ボタンをクリックし、「サイトの設定」ダイアログを表示します。「画像ファイル」の［参照］ボタンをクリックし、「フォルダーの参照」ダイアログで［新しいフォルダーの作成］ボタンをクリックして作成します。よくある画像フォルダーの名前は「image」や「img」です。

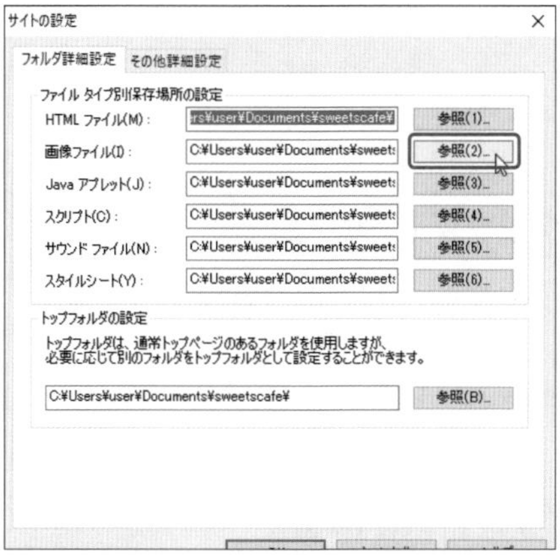

▲「画像ファイル」の［参照］ボタンをクリック

▲［新しいフォルダーの作成］ボタンをクリックしてファイル名を付ける

⑩ [完了] ボタンをクリックする

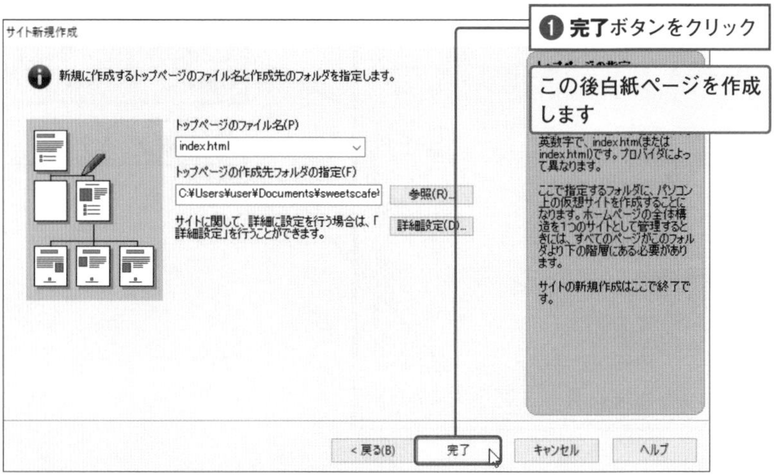

白紙のページを作成する

Memo 「ページ作成方法の選択」ダイアログを閉じてしまった

もし、「ページ作成方法の選択」ダイアログを閉じてしまった場合は、サイトが作成されないので、はじめからやり直してください。

① [白紙ページ] をクリックする

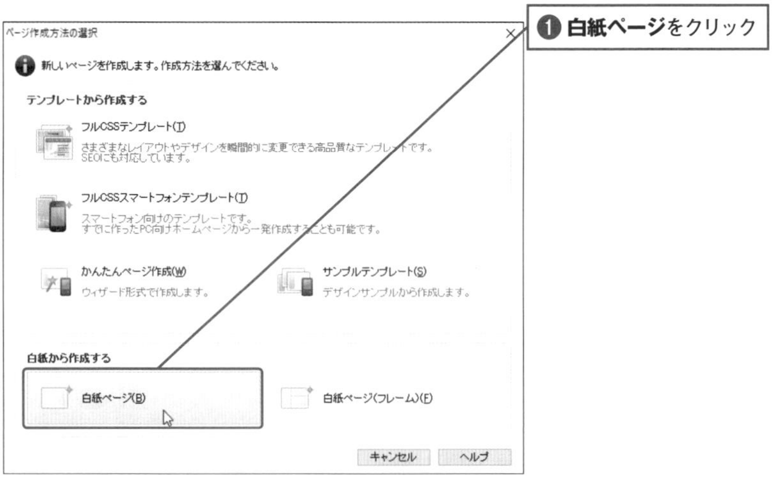

Memo 転送設定についてのメッセージ画面

転送設定はsection50で行うので、ここでは [いいえ] をクリックしておきましょう。

② [いいえ] ボタンをクリックする

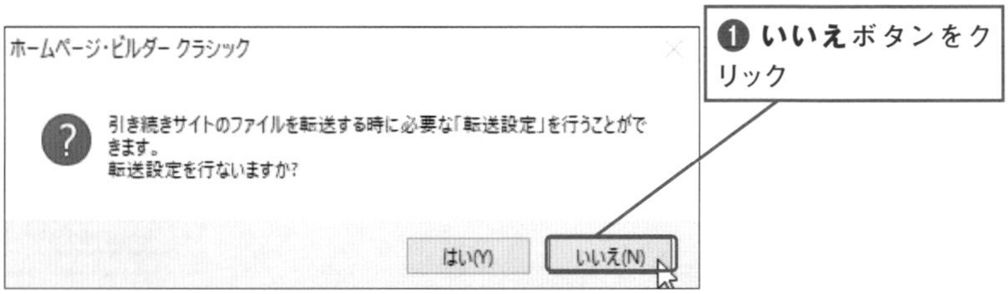

③ 白紙のページを作成できた

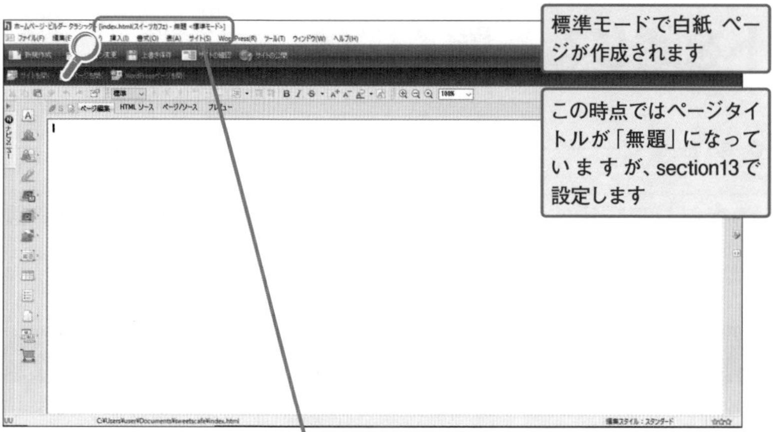
標準モードで白紙 ページが作成されます
この時点ではページタイトルが「無題」になっていますが、section13で設定します

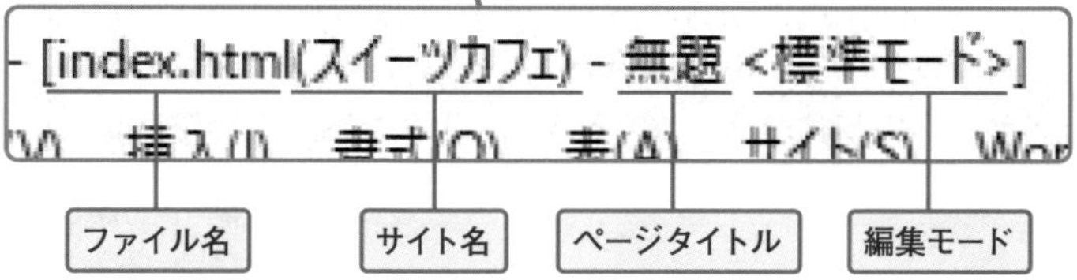
- [index.html(スイーツカフェ) - 無題 <標準モード>]
ファイル名
サイト名
ページタイトル
編集モード

どこでも配置モードを使うには

Technic

ホームページ・ビルダー クラシックには、「標準モード」以外に「どこでも配置モード」という編集モードもあります。「どこでも配置モード」は、文字や画像をドラッグ操作で移動できるホームページ・ビルダー クラシック特有のモードです。簡単なので初心者には都合がよいのですが、ブラウザーの種類によっては正しく表示できないことがあります。どこでも配置モードで作成したい場合には、「ファイル」メニューの［どこでも配置モードで新規作成］をクリックします。

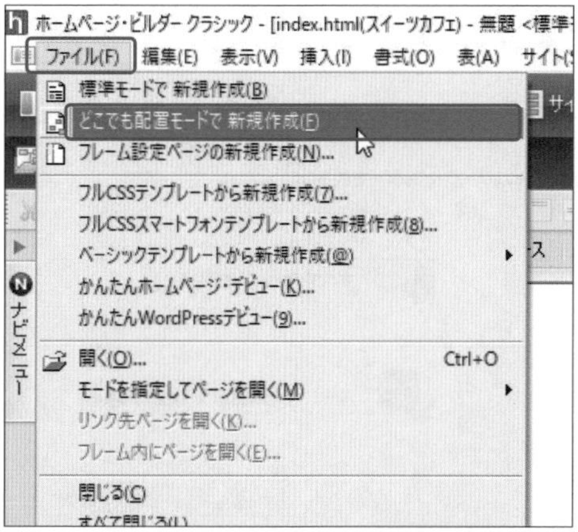

▲「ファイル」メニューからどこでも配置モードに切り替える。

▲文字や画像をドラッグアンドドロップして好きな場所に移動でき、画像を重ねることもできる。

section 8

サイトを開く/閉じる

サイトを閉じる/開くには

LEVEL ●●●●○

別サイトのページを編集する場合は、今開いているサイトを閉じなければなりません。頻繁に使う操作なので覚えておきましょう。

サイトを閉じる

① [閉じる] ボタンをクリックする

Memo サイトが閉じているときには

サイトが閉じられているときに［サイトを閉じる］をクリックすると、「サイトが開かれていません」のメッセージが表示されます。

② 「閉じる」ダイアログが表示された

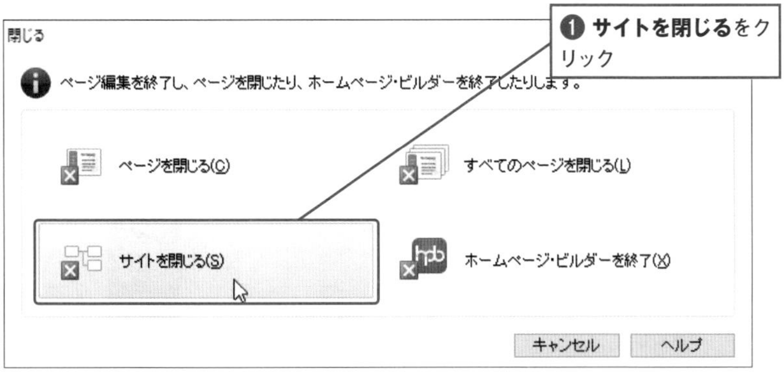

③ [はい] ボタンをクリックする

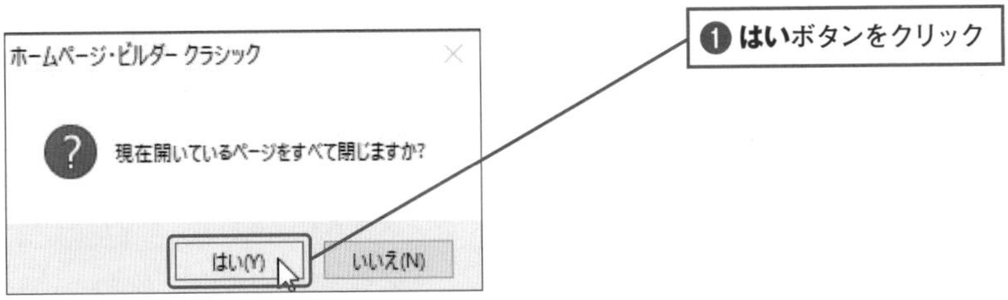

④ サイトが閉じられた

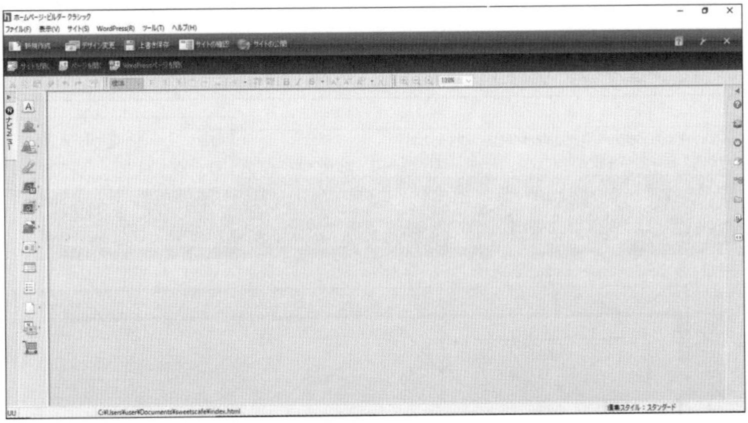

Memo 保存についてのメッセージが表示された場合

文字入力などの編集をした場合は、保存についてのダイアログが表示されるので、保存する場合は［はい］をクリックしてください。保存についてはsection24と34で説明します。

Onepoint サイトは１つしか開けない

複数のサイトを開くことはできず、開けるのは1つのサイトのみです。他のサイトを編集する場合は、現在のサイトを閉じてから操作します。

サイトを開く

① [サイトを開く] ボタンをクリックする

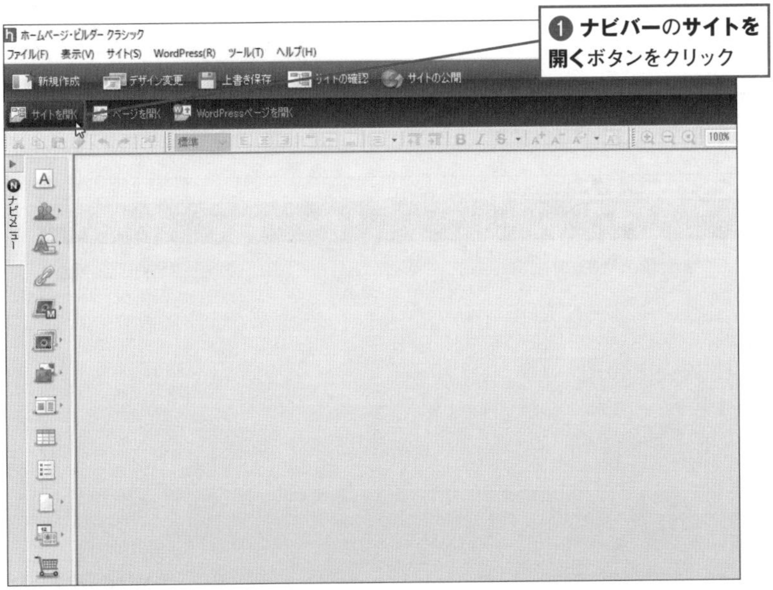

Memo ガイドメニューからサイトを開く

起動直後に表示されるガイドメニューの左下にある［サイトを開く］をクリックしても開けます。［WordPressページを開く］になっている場合は「V」をクリックして［サイトを開く］を選択します。

❷ 開くサイトを選択する

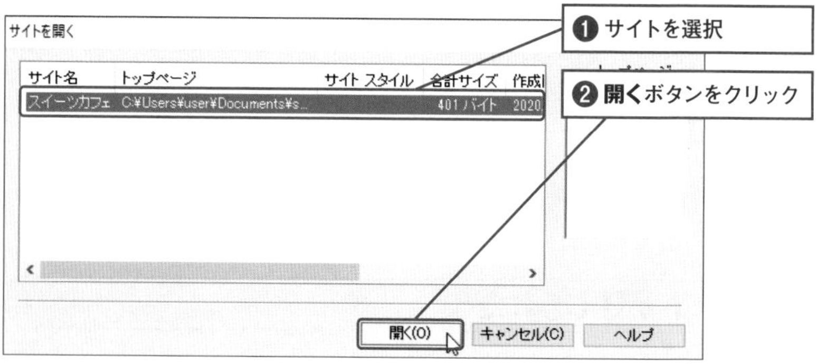

❸ ビジュアルサイトビューが表示された

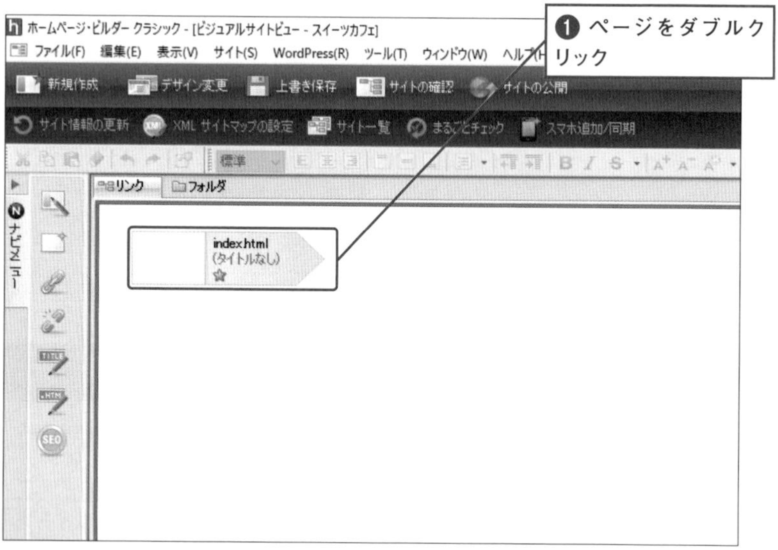

Onepoint ビジュアルサイトビューとは

ビジュアルサイトビューは、サイト内のページの構成を表示する画面です。詳しくはsection45を参照してください。

❹ ページが開いた

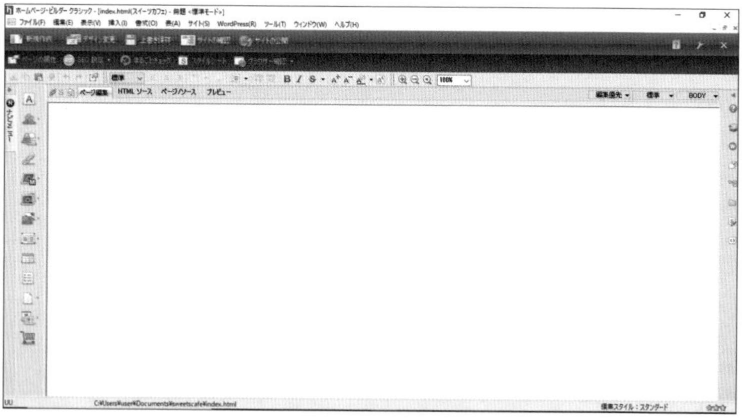

サイトを閉じずにページだけ閉じる

①▸[閉じる] ボタンをクリックする

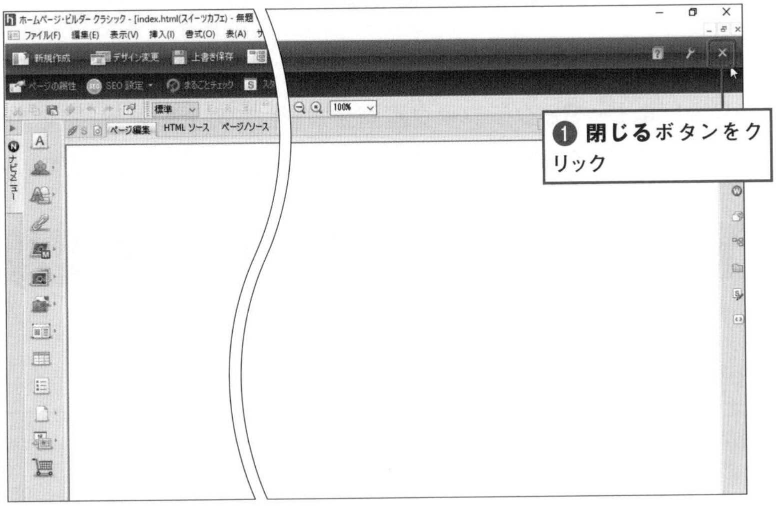
❶ 閉じるボタンをクリック

②▸「閉じる」ダイアログが開いた

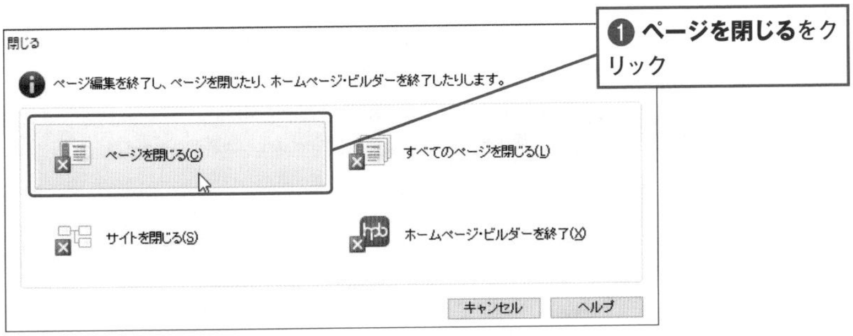

③▸ページが閉じられた

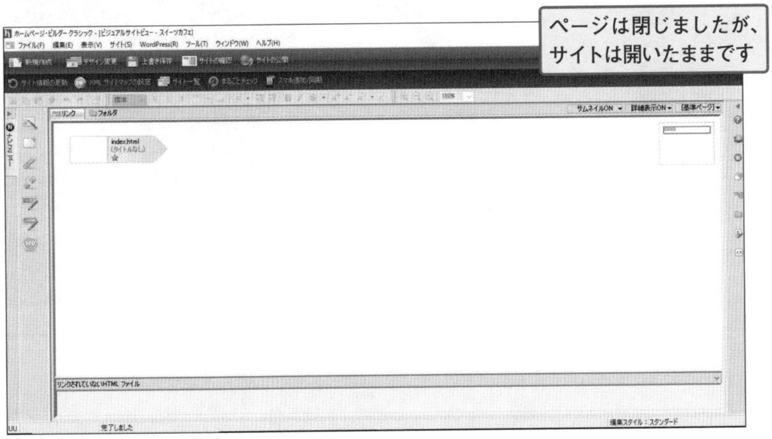
ページは閉じましたが、サイトは開いたままです

Memo　複数のページを閉じるには

複数のページが開かれていて、一度にすべてのページを閉じる場合は［すべてのページを閉じる］をクリックします。

section 9

画面各部の名称と意味

ホームページ・ビルダー22クラシックの基本画面を見てみよう

LEVEL ●●●○○

ホームページ・ビルダー22クラシック画面を確認してみましょう。ここでは「スタンダード」スタイルの「標準」モードを開いた状態で説明します。

「スタンダード」スタイルの［標準モード］

❶ タイトルバー

使っているソフトがホームページ・ビルダー クラシックであることと、現在開いているファイル名、サイト名、ページタイトルが表示されます。

❷ メニューバー

コマンド（命令）を実行する時に使います。クリックするとドロップダウンメニューが表示され機能を選択できます。

❸ ナビバー

頻繁に使う機能がボタンで表示されています。クリックするとダイアログボックスやウィンドウが表示されます。

❹ ツールバー

メニューバーにあるコマンドのうち、よく使うコマンドがボタンとして表示されています。

❺ ナビメニュー

文字、画像、表などを挿入する際のボタンが並んでいます。

❻ ▶

クリックするとナビメニューが展開されます。閉じる場合は再度クリックします。

❼ タブ

クリックするとプレビュー画面やHTMLソース画面などに切り替えることができます。

❽ ［閉じる］ボタン

一番外側にある「×」をクリックするとホームページ・ビルダー クラシックを終了できます。一番内側の「×」は「閉じる」ダイアログを表示し、真ん中の「×」はページを閉じます。

❾ プログラムの動作の設定を行います

ホームページ・ビルダー クラシックの設定を変更する場合にクリックします。

❿ガイドマップを呼び出し、ヒントを表示します

クリックするとガイドマップのウィンドウが表示され、基礎知識やヘルプを見ることができます。

⓫ビュー

ビューには編集や確認作業に必要な機能が揃っています。右側に「ページ一覧」ビューや「素材」ビューなどのタブが用意されていて、クリックすると他のビューに切り替えることができます。

⓬ ▶

クリックするとビューを閉じることができます。再度クリックすると開きます。

⓭ページ編集領域

ページを編集する領域です。この部分を使ってホームページを作成します。

⓮ステータスバー

コマンドを実行する際に説明が表示されます。また、編集スタイルやファイルの保存先などがわかります。

⓯アクシビリティメーター

誰にでも見やすいページかどうかを星の数で表しています。クリックするとチェックした内容が表示されます。

section 10

各編集スタイルの特徴

3つの編集スタイルは何が違うの?

LEVEL ●●●○○

ホームページ・ビルダー クラシックには、「かんたん」「スタンダード」「エディターズ」3つのスタイルがあります。

3つの編集スタイル

●「かんたん」スタイル

初心者向けの編集スタイルです。画面上部の「ナビバー」と画面左側の「ナビメニュー」を使って操作します。「かんたん」スタイルではHTMLを手入力することはできません。

編集スタイルとは

Onepoint

ホームページ・ビルダー クラシックには、ユーザーのレベルと作業方法に応じて3つの編集画面があります。

編集スタイルを変更するには、[表示] メニューの [編集スタイルの切り替え] をポイントして表示される一覧から選択できます。本書では「スタンダード」スタイルでの解説ですが、ホームページ作成に慣れていてHTMLを手入力して使いたい人は「エディターズ」スタイルを選ぶとよいでしょう。現在の編集スタイルは、ウィンドウ右下に表示されています。

● 「スタンダード」スタイル

標準のスタイルです。ナビバーとツールバーを使って操作ができ、画面左側にはナビメニューのアイコンだけが表示されています。「スタンダード」スタイルは、HTML編集画面に切り替えることができます。

● 「エディターズ」スタイル

上級者向けの編集スタイルで、HTMLやCSSの知識がある場合はこのスタイルを使用します。ほとんどの作業をメニューバーまたはツールバーから行うことになります。ナビバーやナビメニューを表示したい場合は、「表示」メニューの［かんたんナビ］をクリックします。

section 11

作成するホームページの概要

本書で作るホームページを確認しておこう

LEVEL ●●●○○

本書では、全部で4つのホームページを作ります。どのようなページを作るのか、最初におおまかに確認しておきましょう。

第2〜8章で作成するホームページ

ホームページ・ビルダーの基本的な操作や、ホームページを作るための一連の流れを確認しながら、カフェのホームページを作ります。シンプルな作りのホームページですが、必要最小限の要素は入っているので、操作方法をマスターすればあなたの会社やお店のホームページを作れるようになります。

▼トップページ

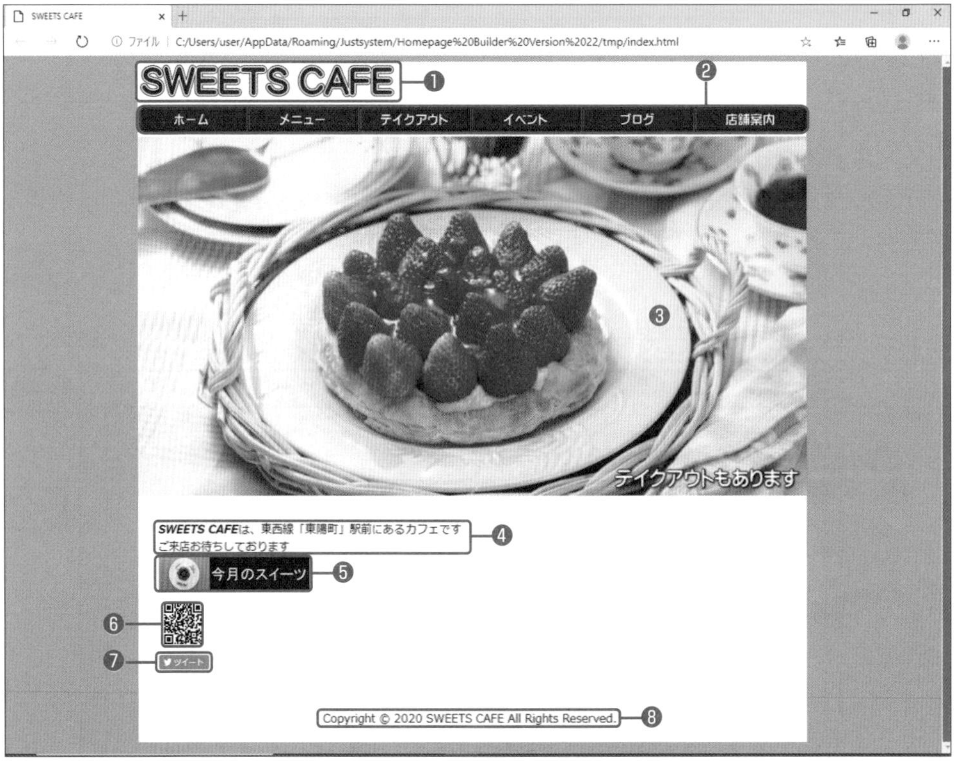

❶ **タイトルロゴ（section16）**
❷ **ナビゲーションボタン（section17、43、55）**
❸ **写真（section18、19、20、57、58）**
❹ **文章（section21、23）**
❺ **オリジナル画像（section56）**
❻ **QRコード（section59）**
❼ **ソーシャルネットワークボタン（section65）**
❽ **著作権表記（section22）**

▼店舗案内のページ

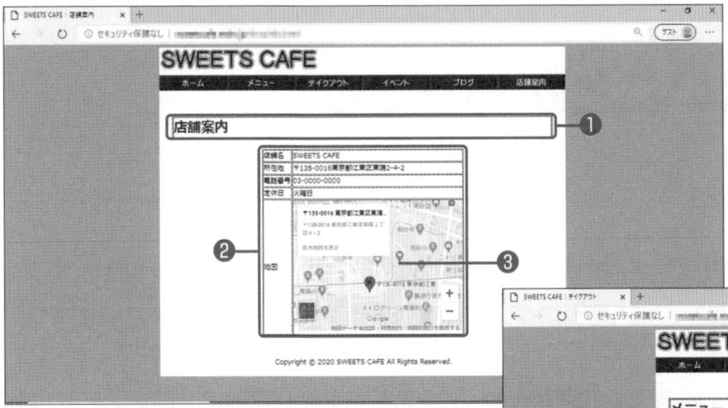

❶ 見出し（section35、36）
❷ 表（section37、38、39、40）
❸ 地図（section68）

▼メニューのページ

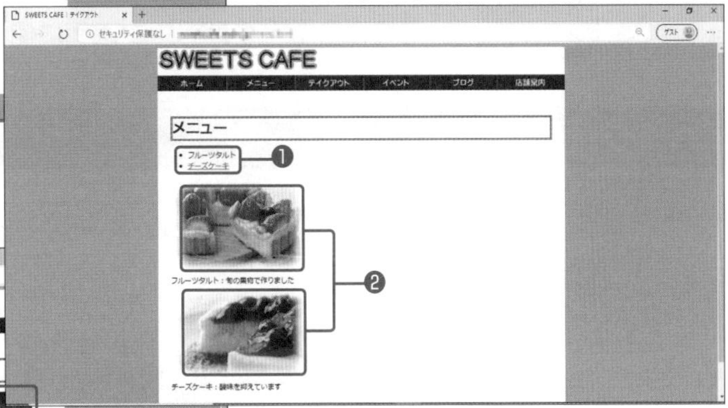

❶ 箇条書き（section41）
❷ フレーム付きの写真（section42）

▼イベントのページ

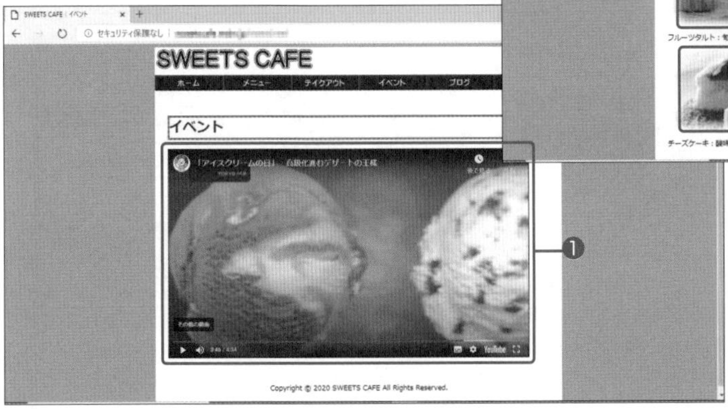

❶ YouTube動画（section67）

第9章以降で作成するホームページ

　このほか第9章では、「フルCSSテンプレート」を使ってプロ並みのデザインのホームページを作成します。第10章では、ホームページ・ビルダーSPについて解説します。最後の第11章では、次のステップとして「WordPress」というプログラムを使った、少し高度なホームページの作り方などを説明します。

▲フルCSSテンプレートを使ったホームページ（第9章）

◀ホームページ・ビルダーSPで作成したホームページ（第10章）

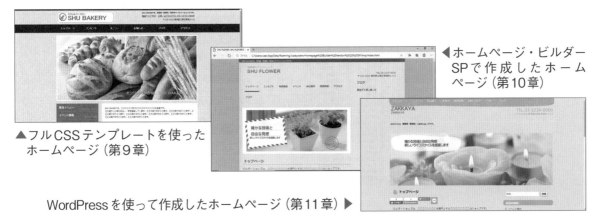

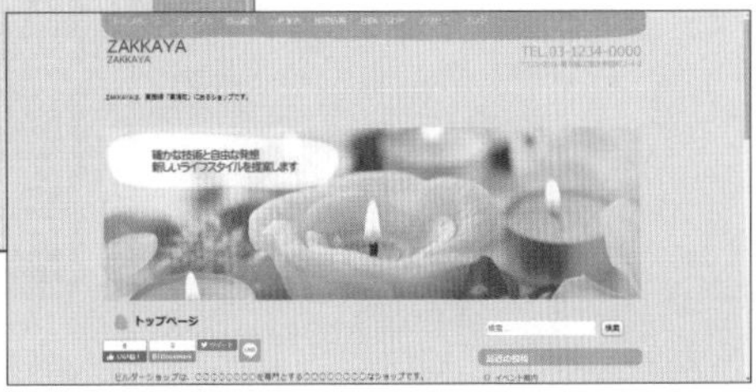

WordPressを使って作成したホームページ（第11章）▶

section 12

ヘルプ画面

わからないことがあったら

LEVEL ●●●○○

操作している途中で、わからないことが出てくることもあると思います。そのようなときはヘルプ画面に使い方の説明や注意事項が載っています。

ヘルプ画面を開く

① [ホームページ・ビルダーのヘルプ] を選択する

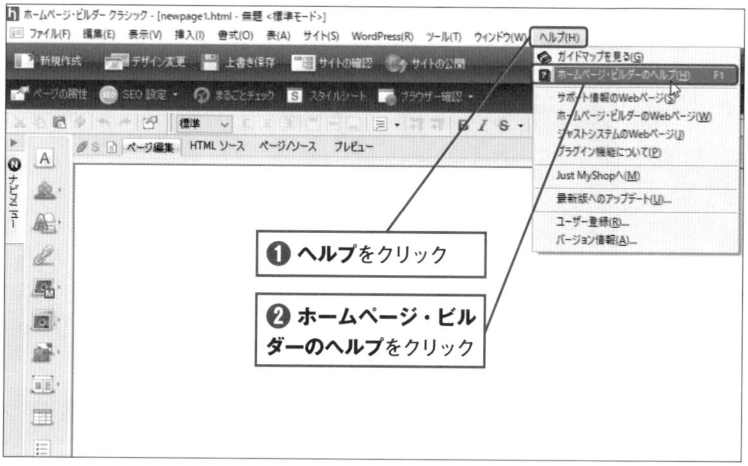
❶ ヘルプをクリック
❷ ホームページ・ビルダーのヘルプをクリック

② ヘルプ画面が表示された

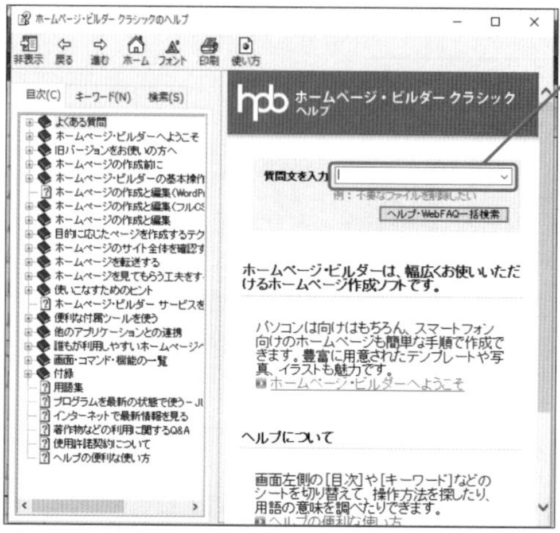
質問を入力して探すこともできます

Onepoint サポート情報を見るには

ヘルプ画面で解決しないことは、ジャストシステムサポート情報の「よくある問い合わせ」にあるかもしれません。「ヘルプ」メニューの[サポート情報のWebページ]をクリックしてアクセスし、ホームページ・ビルダー22を選択して調べてください。

第3章

3

サイトの入り口になる、メインのページを作ってみよう

この章では、ホームページの玄関となるトップページを作成します。メインとなるページなので、タイトル画像やイメージ写真などで訪問者に関心を持ってもらえるように作りましょう。他のページへ移動するためのボタンを作成する方法なども説明します。

スタート	SECTION13_1 index.html
完成	SECTION13_2 index.html

section 13

ページタイトルの設定

ページタイトルを設定するには

LEVEL ●●●●○

ページにタイトルを付ける方法を説明します。ブラウザーのタブやお気に入りに登録する際にも表示されるのでわかりやすい名前を付けましょう。

「属性」ダイアログでページタイトルを設定する

Memo ［ページの属性］ボタンがない

ナビバーの左端が［サイトを開く］ボタンになっている場合は、ページ編集領域をクリックすると［ページの属性］ボタンが表示されます。

① ［ページの属性］ボタンをクリックする

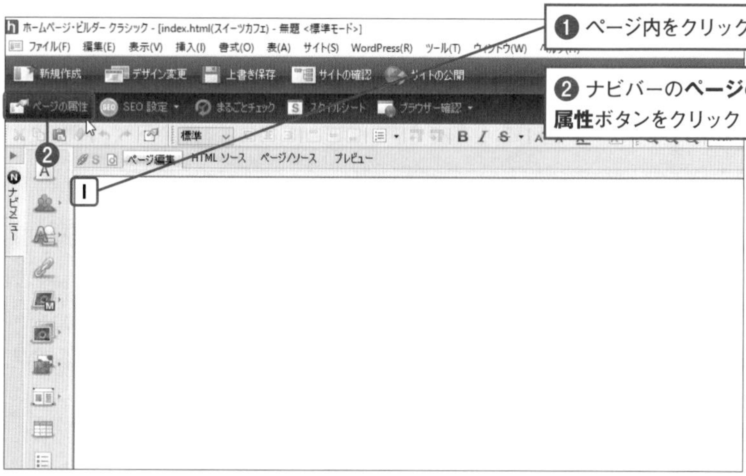

❶ ページ内をクリック
❷ ナビバーのページの属性ボタンをクリック

② 「属性」ダイアログが表示された

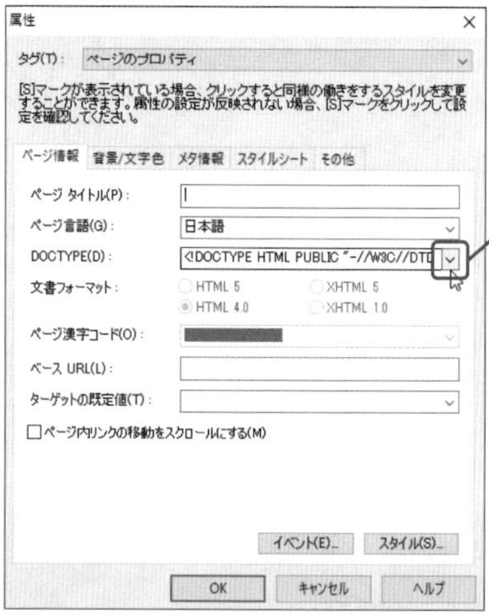

❶「DOCTYPE」の「V」をクリック

③ 文書型宣言を選択する

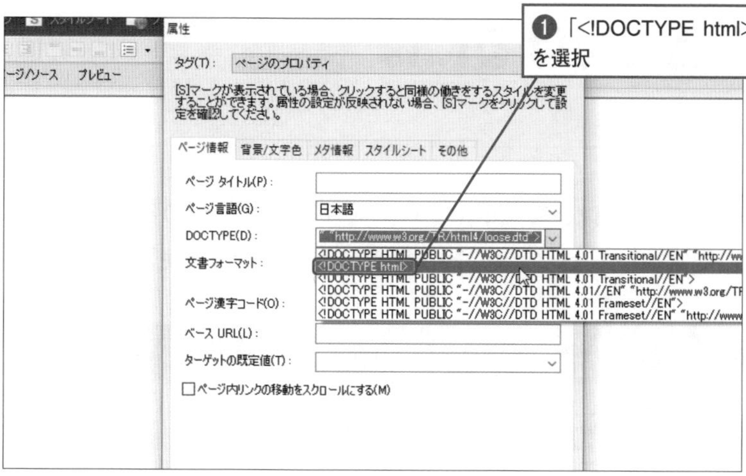

❶「<!DOCTYPE html>」を選択

④ ページタイトルを入力する

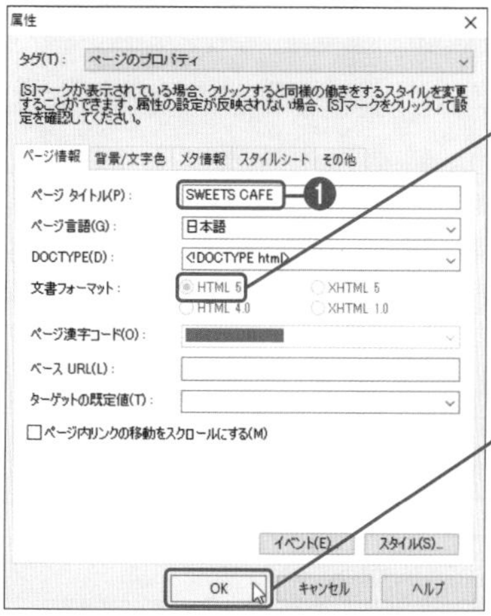

「HTML5」になった

❶ **ページタイトル**ボックスにページタイトルを入力

ここでは「SWEETS CAFE」と入力します

❷ **OK** ボタンをクリック

⑤ ページタイトルを設定できた

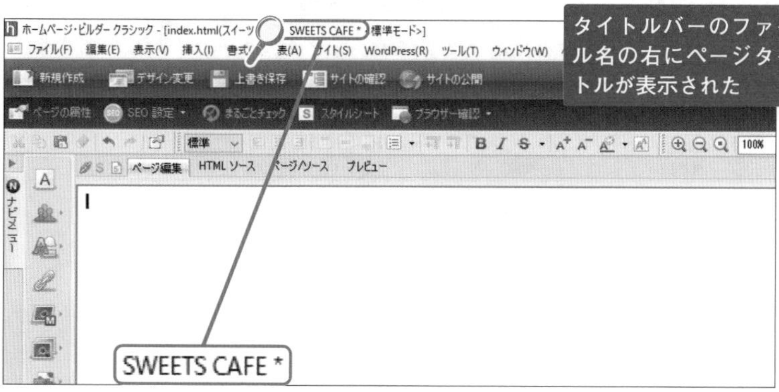

タイトルバーのファイル名の右にページタイトルが表示された

Hint HTMLのバージョン

HTMLにはバージョンがあります。サイトを作成した後の白紙のページは「HTML4.01」となっているので、解説を見て「HTML5」に変更しましょう。DOCTYPEを「<!DOCTYPE html>」にすると文書フォーマットが「HTML5」になります。

Onepoint ページタイトル

ページタイトルはブラウザーのタイトルバーやタブに表示されるものです。ブラウザーで「お気に入り」のページとして登録する際の名前にも表示されるので、訪問者のために設定しておきましょう。

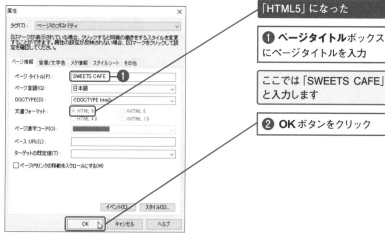

▲タブやお気に入りに表示される（Microsoft Edgeの場合）

section 14

ページの背景色

背景に色を付けるには

LEVEL ●●●○○

スタート	SECTION14_1 index.html

本書で作成するページは、スタイルシートを使ってページの背景を設定しますが、ここでは、1ページのみに背景色を設定する方法を説明します。

背景色を設定する

① [ページの属性] ボタンをクリックする

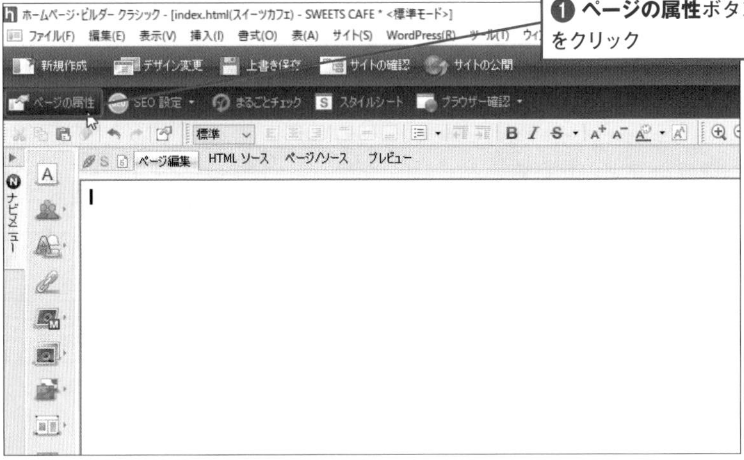
❶ ページの属性ボタンをクリック

② 背景色を選択する

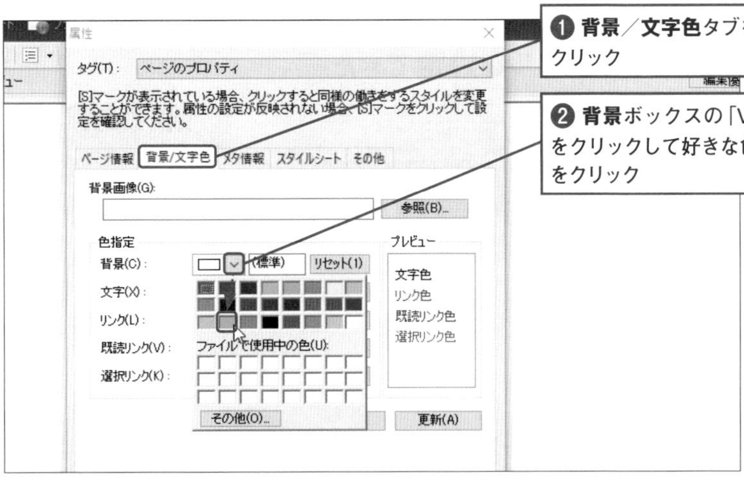
❶ 背景／文字色タブをクリック
❷ 背景ボックスの「V」をクリックして好きな色をクリック

Memo パレットに目的の色が無い場合

一覧にない色にしたい場合は［その他］ボタンをクリックして「色の設定」ダイアログで選びます。

③ [OK] ボタンをクリックする

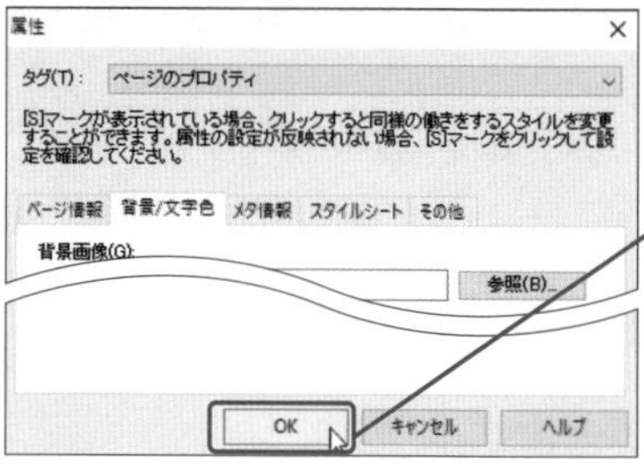

❶ **OK**ボタンをクリック

④ ページの背景に色が設定された

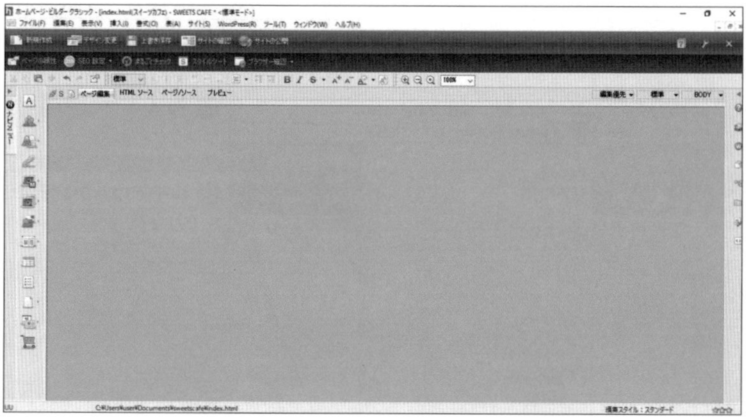

模様の付いた背景にするには

Technic

画像を設定して模様の付いた背景にすることもできます。ナビメニューの［壁紙の挿入］をクリックし、［素材集から］を選択します。「素材集から開く」ダイアログが開くので、壁紙素材から好きな画像を選択し、［開く］ボタンをクリックします。

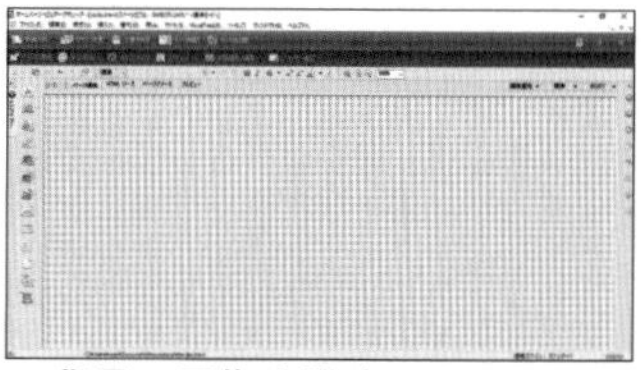

▲背景に画像を設定できる

背景色を解除する

① [リセット] ボタンをクリックする

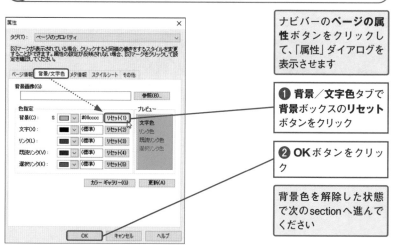

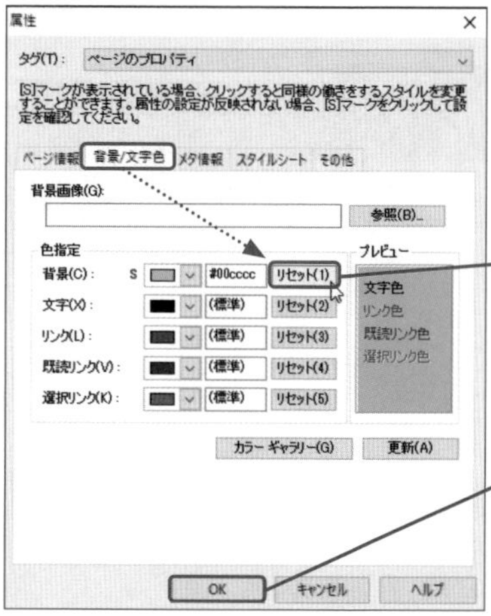

ナビバーの**ページの属性**ボタンをクリックして、「属性」ダイアログを表示させます

❶ **背景／文字色**タブで**背景**ボックスの**リセット**ボタンをクリック

❷ **OK**ボタンをクリック

背景色を解除した状態で次のsectionへ進んでください

section 15

レイアウトコンテナ

文字や画像を配置するボックスを作成するには

LEVEL ●●●○○

スタート	SECTION15_1 index.html
完成	SECTION15_2 index.htm

ページの上部や下部などを「レイアウトコンテナ」というボックスで囲むことでページのレイアウトを整えることができます。

レイアウトコンテナを挿入する

① [レイアウトコンテナ] をクリックする

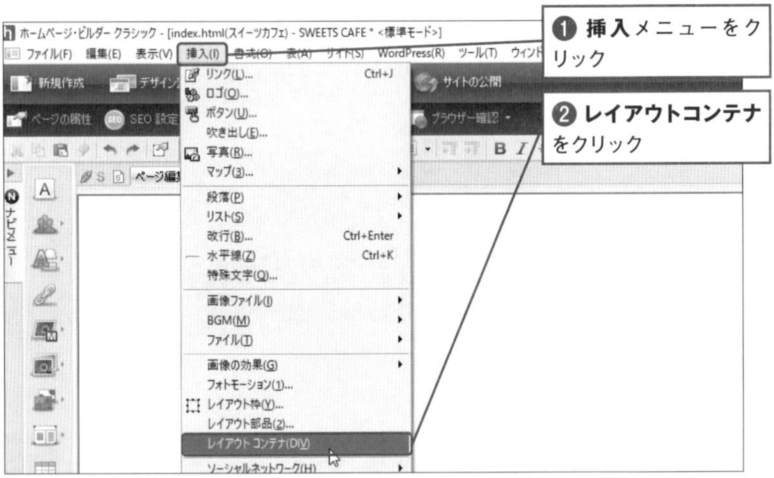
❶ **挿入**メニューをクリック
❷ **レイアウトコンテナ**をクリック

② レイアウトコンテナが挿入された

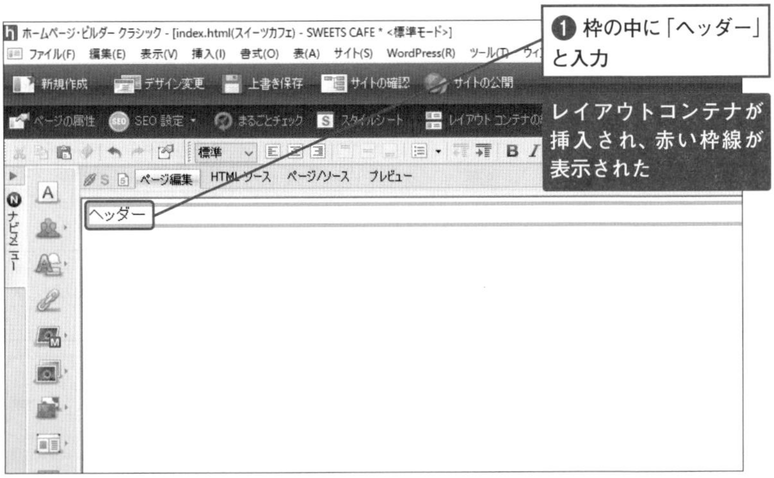
❶ 枠の中に「ヘッダー」と入力
レイアウトコンテナが挿入され、赤い枠線が表示された
ヘッダー

Onepoint レイアウトコンテナとは

ホームページは、ページの冒頭にあたるヘッダー、本文が書かれているメインなど、各部分をボックスで囲むと最終的に綺麗に仕上げられます。ボックスの作成には、HTMLタグの「div」というタグを使って記述しますが、タグの入力が不要なホームページ・ビルダー クラシックでは「レイアウトコンテナ」を使って作成できます。

なお、HTML5では、ヘッダー領域に「header」、フッター領域に「footer」などのタグを使うことも可能です。

③ ヘッダー用レイアウトコンテナを作成した

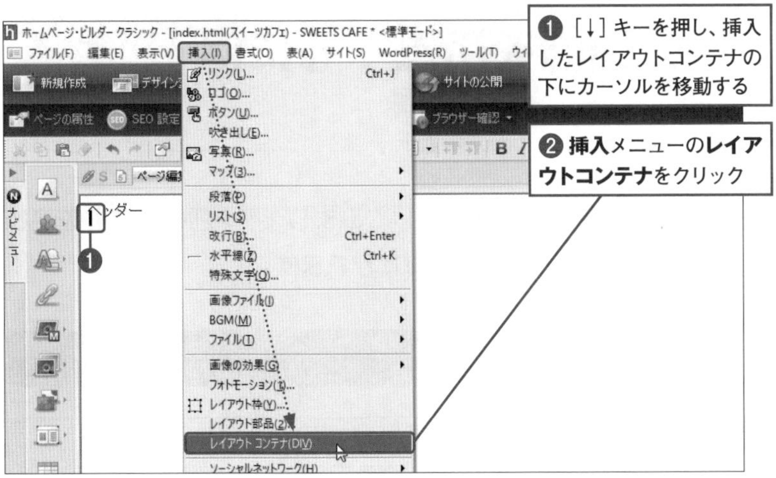
❶ ［↓］キーを押し、挿入したレイアウトコンテナの下にカーソルを移動する
❷ **挿入**メニューの**レイアウトコンテナ**をクリック
ヘッダー
レイアウト コンテナ(DIV)

④ 「ナビゲーション」と入力する

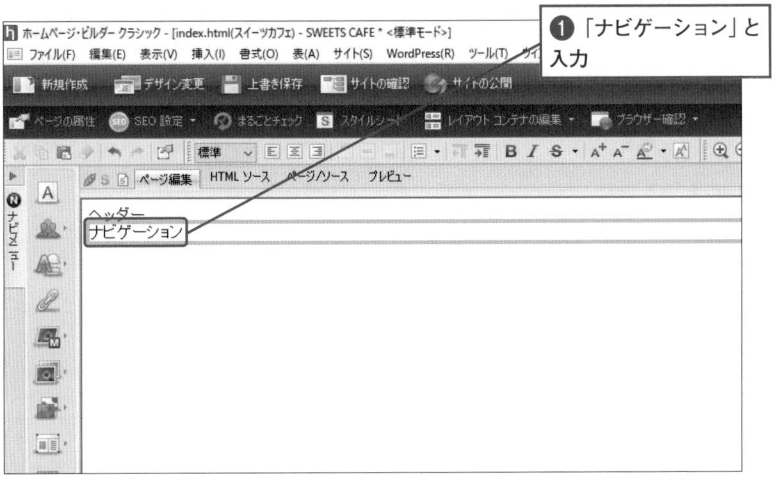

⑤ 他のレイアウトコンテナも作成する

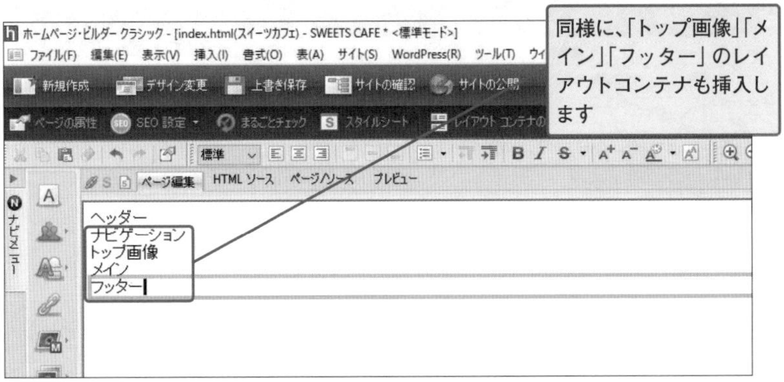

Onepoint 作成するトップページの構成

本書のサンプルサイトは、「ヘッダー」「ナビゲーション」「トップ画像」「メイン」「フッター」の5つのボックスで構成されたトップページを作成します。第4章では、作成したボックスにスタイルシートを適用させてレイアウトを整えていきます。

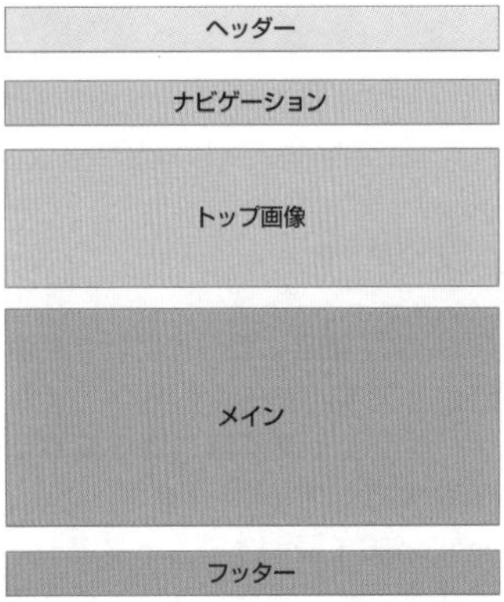

section 16

タイトルロゴ

タイトルの画像を用意するには

LEVEL ●●●●○

スタート	SECTION16_1 index.html
完成	SECTION16_2 index.html

ホームページのタイトルの画像を作成してみましょう。別のソフトを使わなくても、「ロゴ作成ウィザード」で簡単に作れます。

タイトルロゴを作成する

1 ロゴを挿入する位置をクリックする

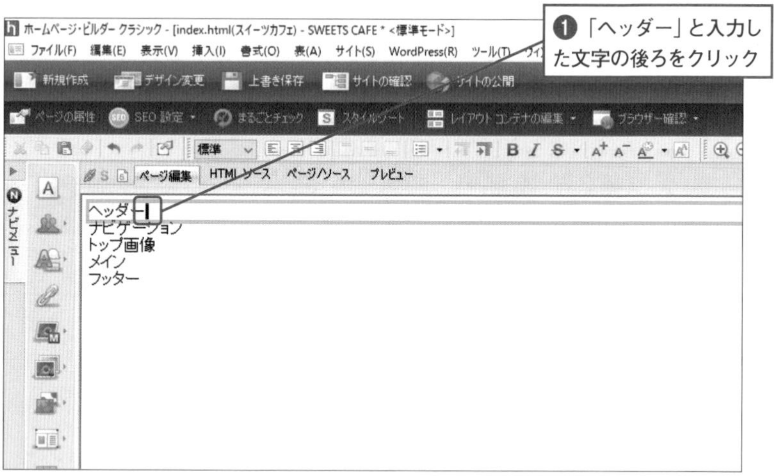

2 [ロゴ（飾り文字）] をクリックする

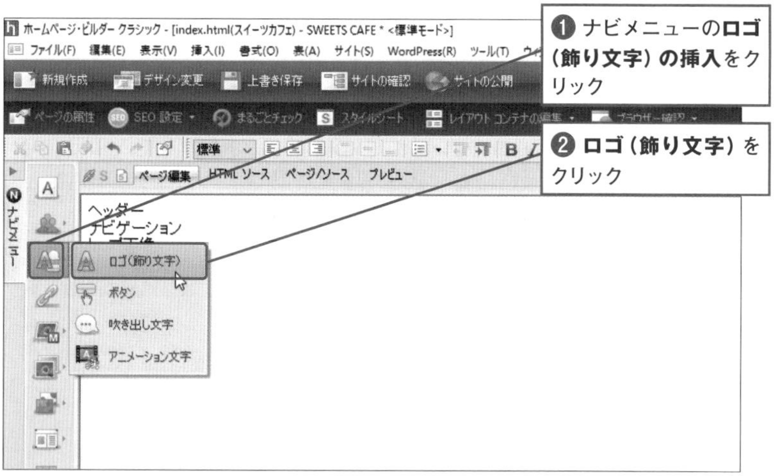

Onepoint ロゴとは

ロゴとは、文字に飾りを付けた画像のことです。ホームページ・ビルダークラシックではロゴを簡単に作成することができます。なお、section56で説明するウェブアートデザイナーを使うとロゴとイラストを組み合わせて凝ったデザインの画像を作成できます。

③ 「ロゴの作成」ダイアログが表示された

❶ **文字**ボックスにタイトルにする文字を入力

ここでは「SWEETS CAFE」と入力します

❷「000t02」のデザインをクリック

❸ **文字の詳細設定**ボタンをクリック

④ 文字のサイズを設定する

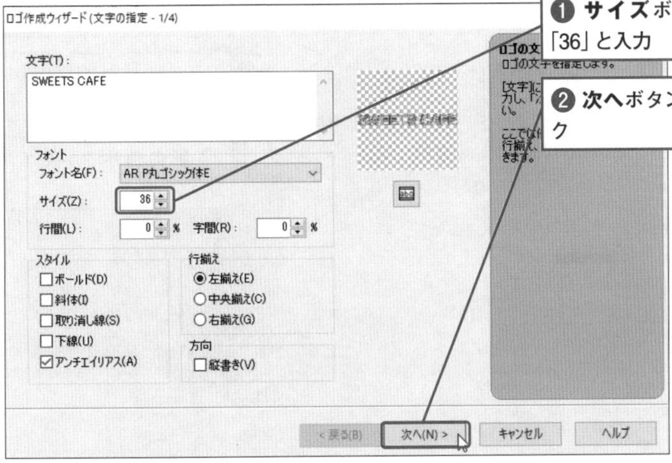

❶ **サイズ**ボックスに「36」と入力

❷ **次へ**ボタンをクリック

⑤ 種類と色を選択する

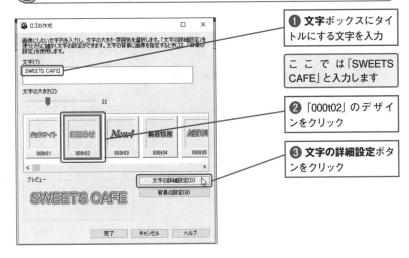

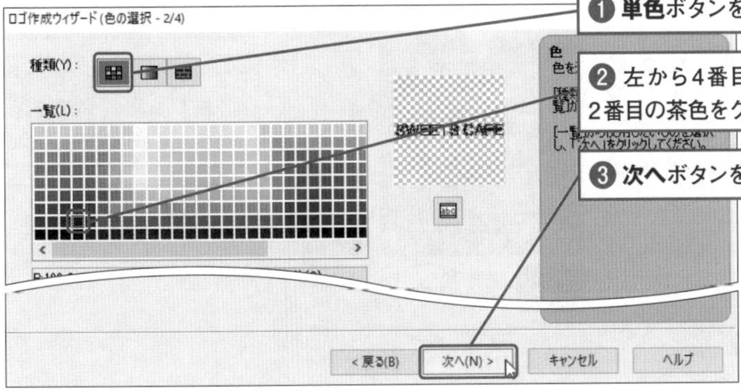

❶ **単色**ボタンをクリック

❷ 左から4番目、下から2番目の茶色をクリック

❸ **次へ**ボタンをクリック

Memo ロゴの色選択

ここでは単色を選択しますが、グラデーションやテクスチャ（布生地や石の模様など）を選択することもできます。

Memo **ロゴの縁取り**

ロゴの縁取りとは文字の周りの加工方法のことです。ロゴを囲む線の色を変えたり、膨らませたりなどができます。選択した種類によって、オプションの内容が異なり、「通常」や「白抜き」を選択した場合は、「縁の色」で文字の周囲の色を選択することもできます。

⑥ 縁取りを選択する

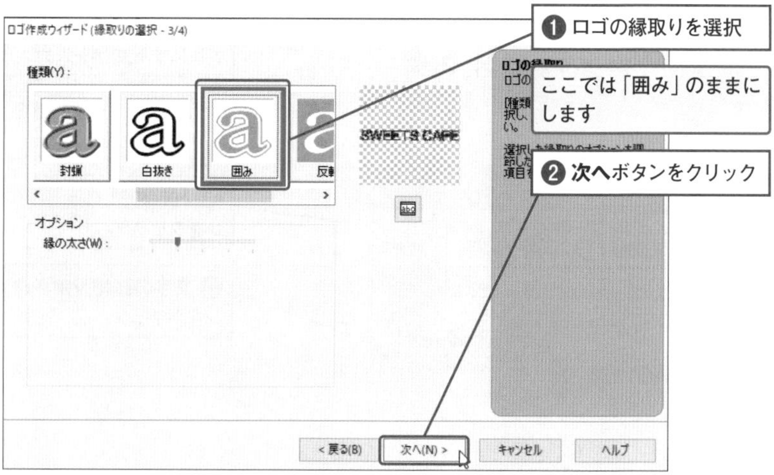

⑦ 文字効果の種類を選択する

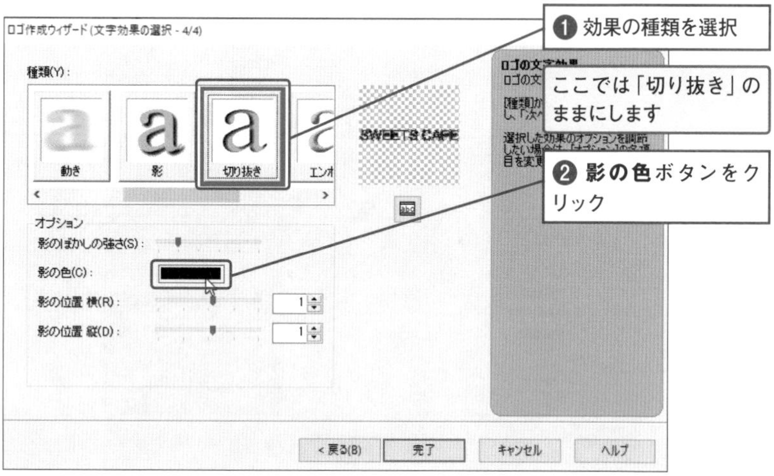

⑧ 影の色を選択する

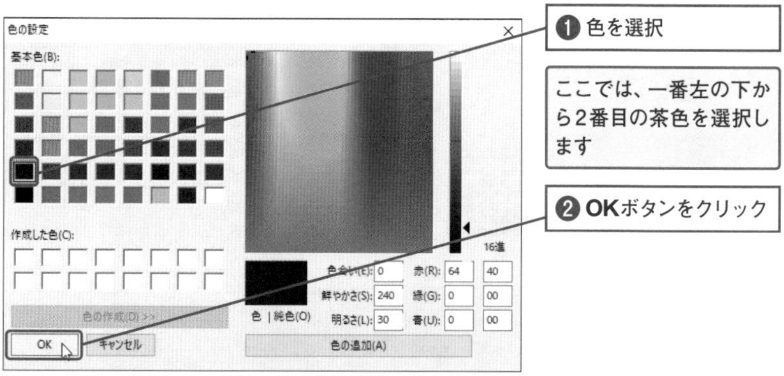

9 影の位置を設定する

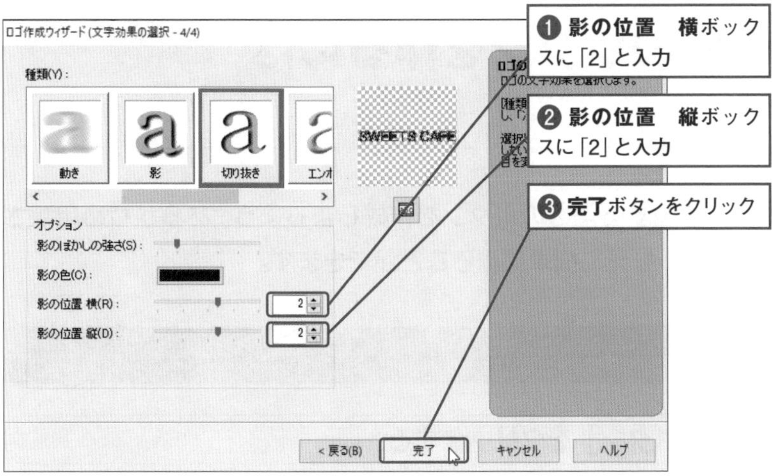

10 ［完了］ボタンをクリックする

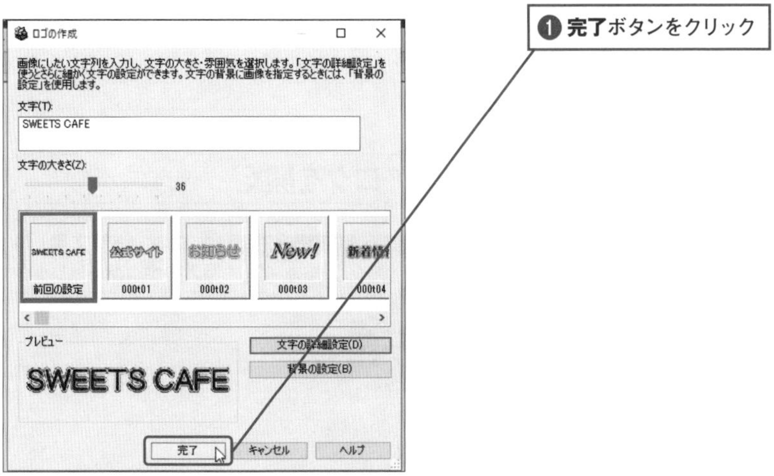

11 タイトルロゴが作成された

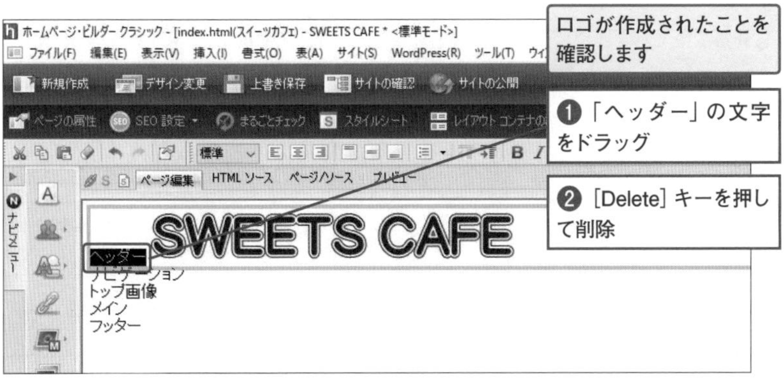

Technic ロゴの文字効果

ロゴの文字効果の選択肢として、「影」や「ぼかし」や「切り抜き」などがあります。「影」を選んだ場合は、［影の位置　横］のスライダを左方向にドラッグしてマイナスの数値にすると左に、右方向へドラッグしてプラスの数値にすると右に配置されます。［影の位置　縦］をマイナスにすると上へ、プラスにすると下へ配置されます。

Technic ロゴを変更したいときは

ロゴをクリックして選択し、ナビバーの［ロゴの編集］をクリックすると、サイズやロゴの縁取りなどを変更できます。ロゴのサイズを変更する際も「ロゴの作成」ダイアログでサイズを変更してください。ロゴの周囲にあるハンドルマークをドラッグしてサイズを変更すると画質が粗くなるので気をつけましょう。

section 17

リンクボタン

リンク用のボタンを作るには

LEVEL ●●●●○

スタート	SECTION17_1 index.html
完成	SECTION17_2 index.html

他のページへ移動するためのボタンを作成しましょう。あらかじめ用意されているサンプルを元に簡単に作ることができます。

ボタンを作成する

①▸［ボタン］をクリックする

❶「ナビゲーション」の文字の後ろをクリック

②▸「ボタンの作成」ダイアログを開く

❶ **ロゴ（飾り文字）の挿入のボタン**をクリック

③▸「ボタンの作成」ダイアログが表示された

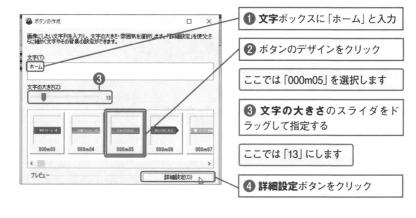

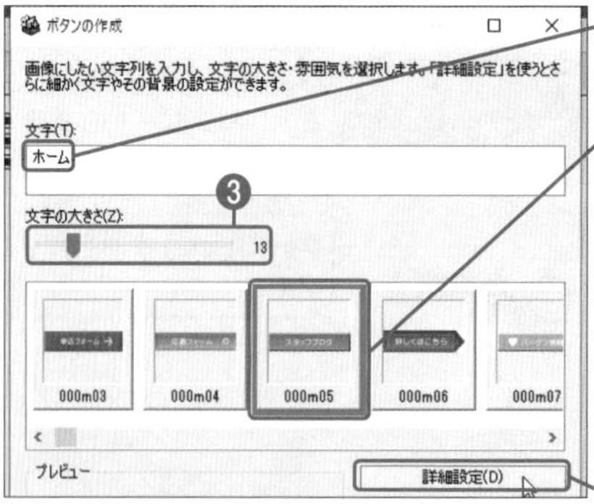

❶ **文字**ボックスに「ホーム」と入力

❷ ボタンのデザインをクリック

ここでは「000m05」を選択します

❸ **文字の大きさ**のスライダをドラッグして指定する

ここでは「13」にします

❹ **詳細設定**ボタンをクリック

Onepoint　ボタンの作成

ボタンの大きさを決めてから操作を始めましょう。ここでは、他のページへ移動するための160×40ピクセルのリンクボタンを作成します。なお、ボタンの作成は、section56で説明するウェブアートデザイナーを使うことも可能です

④ 「ボタンの詳細設定」ダイアログが表示された

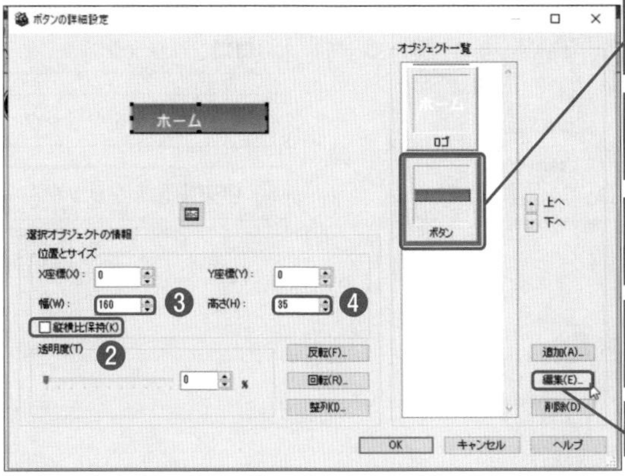

❶「オブジェクト一覧」の**ボタン**をクリック

❷ **縦横比保持**をクリックしてチェックをはずす

❸ **幅**ボックスに「160」と入力

❹ 高さボックスに「35」と入力

❺ **編集**ボタンをクリック

⑤ 「ボタンの作成ウィザード」が表示された

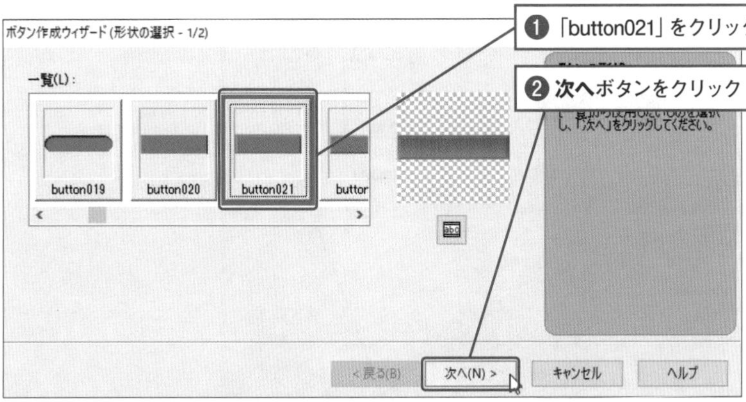

❶「button021」をクリック

❷ **次へ**ボタンをクリック

⑥ 色を選択する

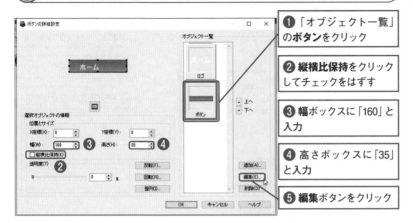

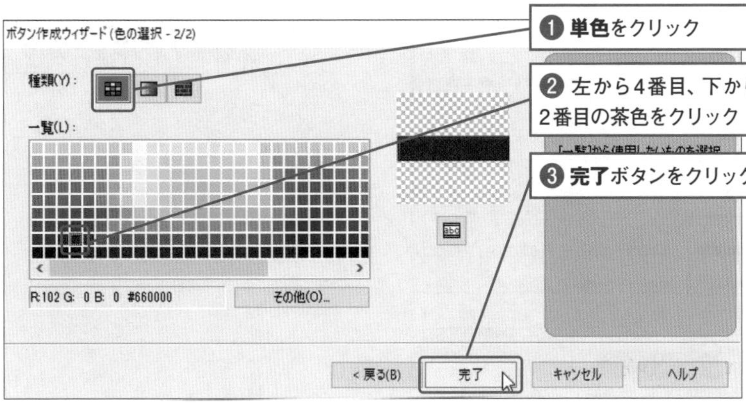

❶ **単色**をクリック

❷ 左から4番目、下から2番目の茶色をクリック

❸ **完了**ボタンをクリック

Memo 文字を変更するには

ここでは土台のサイズや色を変更するため「ボタン」を選択しますが、文字のサイズや色、書体を変えたい場合は、「ロゴ」を選択して［編集］ボタンをクリックします。文字に影や囲みなどの効果を付けることも可能です。

7 [中央揃え] をクリックする

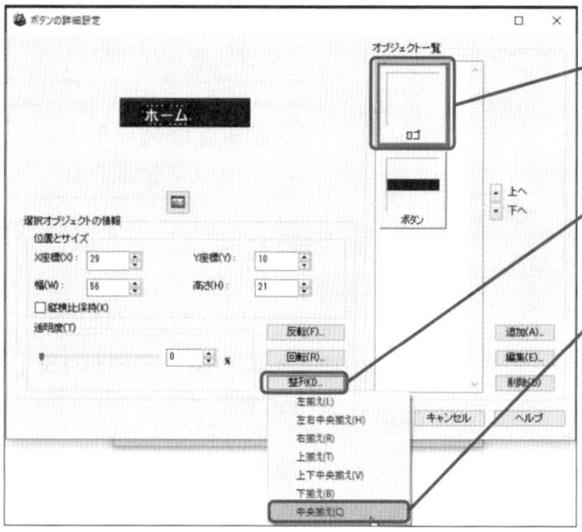
❶「オブジェクト一覧」のロゴをクリック
❷ 整列ボタンをクリック
❸ 中央揃えをクリック

8 [OK] ボタンをクリックする

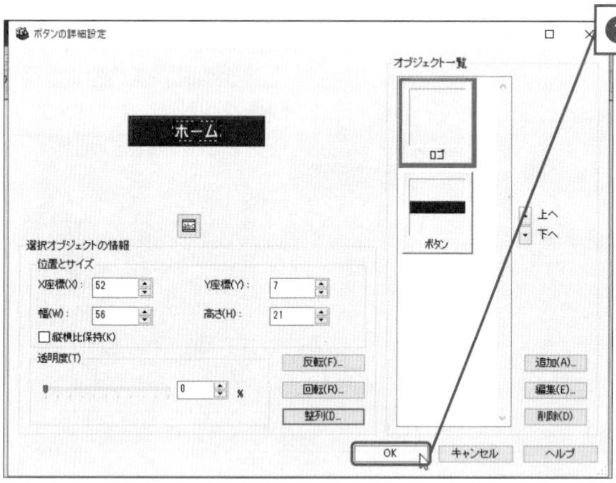
❶ OKボタンをクリック

9 「ボタンの作成」ダイアログに戻った

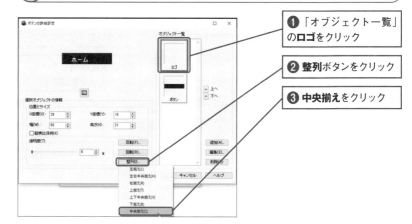

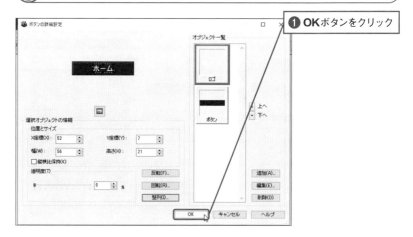

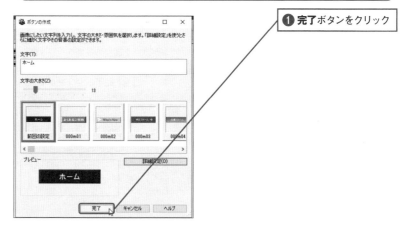

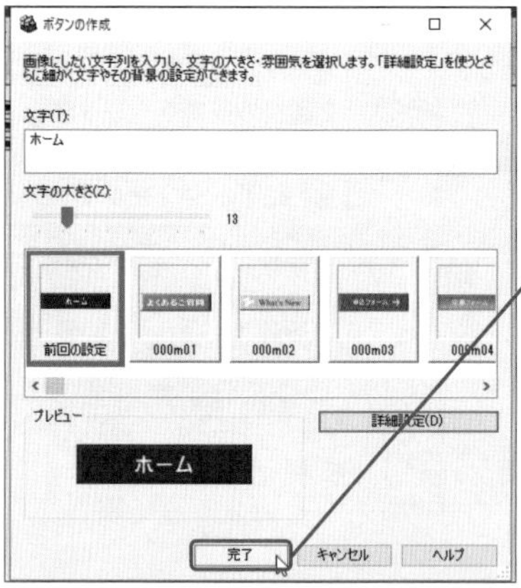
❶ 完了ボタンをクリック

Memo 写真や画像を追加したい場合は

ボタンに写真や画像などを追加したいときには、手順8の画面で [追加] ボタンをクリックします。[ファイルから] または [素材集から] をクリックすると画像を選択できます。また、別の色やサイズのロゴを追加したい場合には「ロゴ」をクリックして「ロゴ作成ウィザード」で作成します。

⑩ ボタンを作成できた

「ナビゲーション」の文字をドラッグし、[Delete] キーを押して削除します

> **Memo ボタンを編集するには**
>
> 後からボタンを編集したい場合は、ボタンをクリックしてナビバーの［ボタンの編集］をクリックします。「ボタンの作成」ダイアログが表示され、編集できます。

他のボタンを作成する

① ボタンを挿入する位置をクリックする

❶ 1つ目のボタンの右をクリック

❷ **ロゴ（飾り文字）の挿入**の**ボタン**をクリック

② 文字を入力する

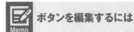

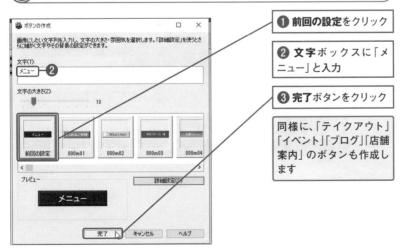

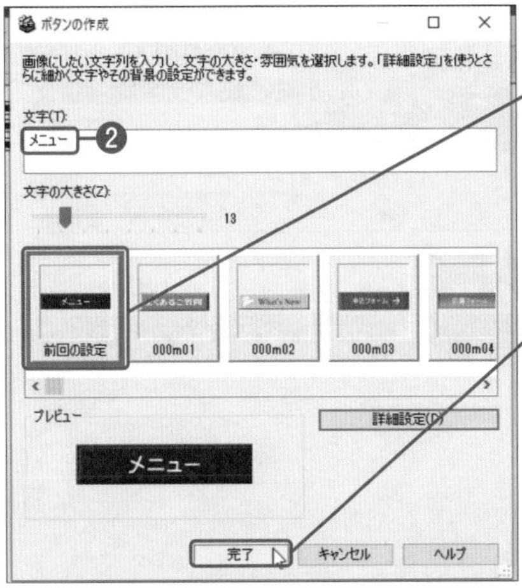

❶ **前回の設定**をクリック

❷ **文字**ボックスに「メニュー」と入力

❸ **完了**ボタンをクリック

同様に、「テイクアウト」「イベント」「ブログ」「店舗案内」のボタンも作成します

> **Memo 文字の位置を整える**
>
> 前回の文字列と文字数が違う場合は、前ページ手順7の方法で中央に整列させましょう。

section 18	
スタート	SECTION18_1 index.html
完成	SECTION18_2 index.html

画像の挿入

デジカメで撮った写真を追加するには

LEVEL ●●●●○

デジタルカメラで撮った写真などハードディスクに保存してある写真を挿入する方法を説明します。サイズの縮小や画像の補正もできます。

画像を挿入する

1 画像を挿入する位置をクリックする

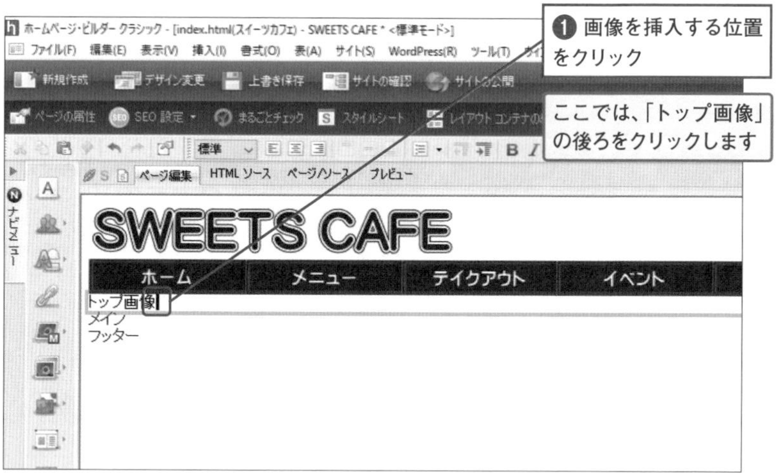

ナビメニューから写真を開く Memo

ナビメニューの［写真や画像の挿入］の［ファイルから］でも写真を開けますが、写真挿入ウィザードを使った方が、写真サイズの縮小や補正、縁取りなどができるので便利です。

2 ［デジカメ写真］をクリックする

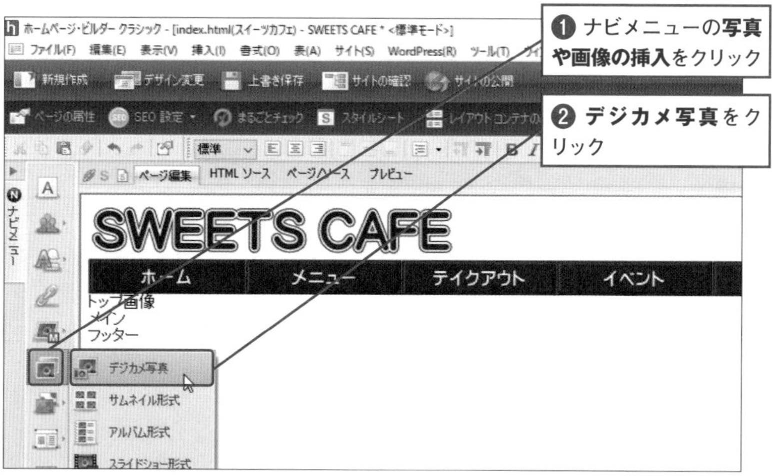

③ 「写真挿入ウィザード」が表示された

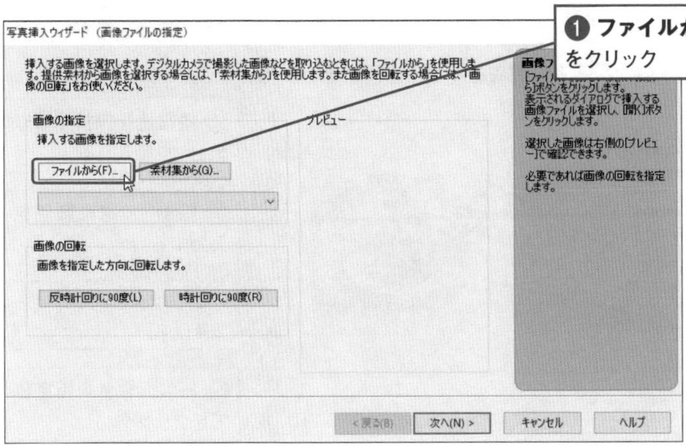

❶ **ファイルから**ボタンをクリック

④ 写真を選択する

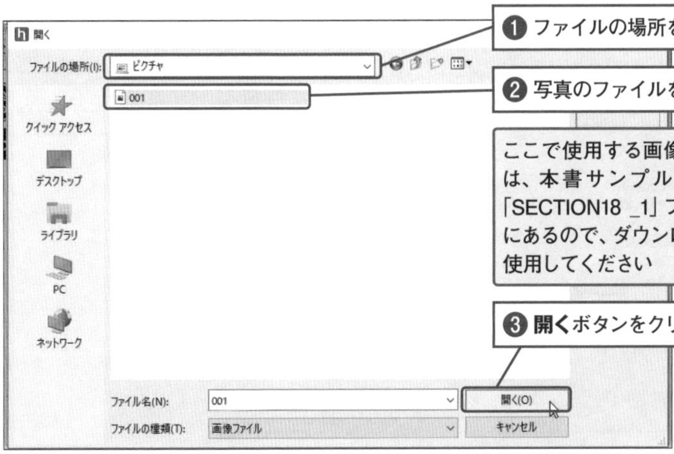

❶ ファイルの場所を選択

❷ 写真のファイルをクリック

ここで使用する画像ファイルは、本書サンプルデータの「SECTION18 _1」フォルダーにあるので、ダウンロードして使用してください

❸ **開く**ボタンをクリック

⑤ 選択した写真がプレビューに表示された

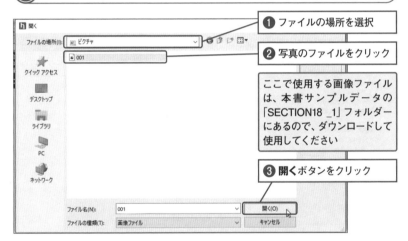

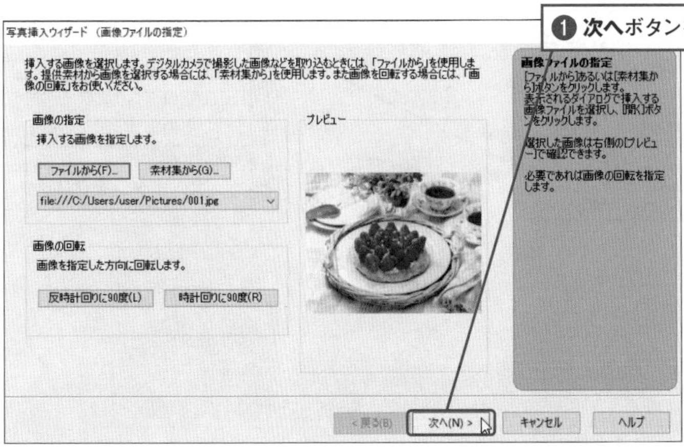

❶ **次へ**ボタンをクリック

Memo 素材集の写真を使う場合

ホームページ・ビルダーの素材集の画像を挿入する場合は［素材集から］ボタンをクリックします。

⑥ 写真のサイズを選択する

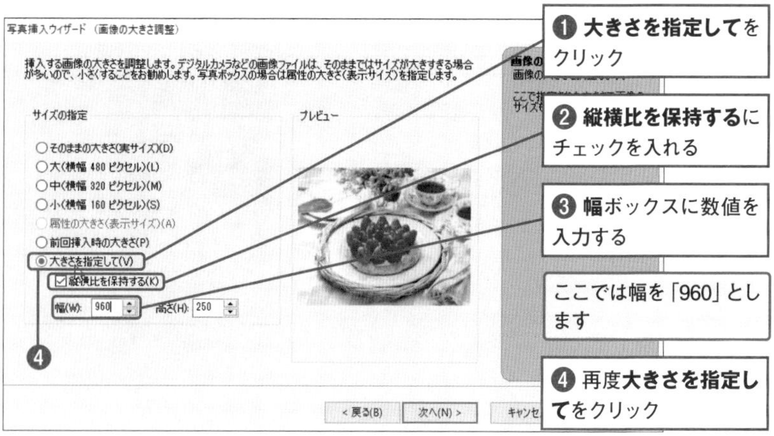

⑦ 高さが設定された

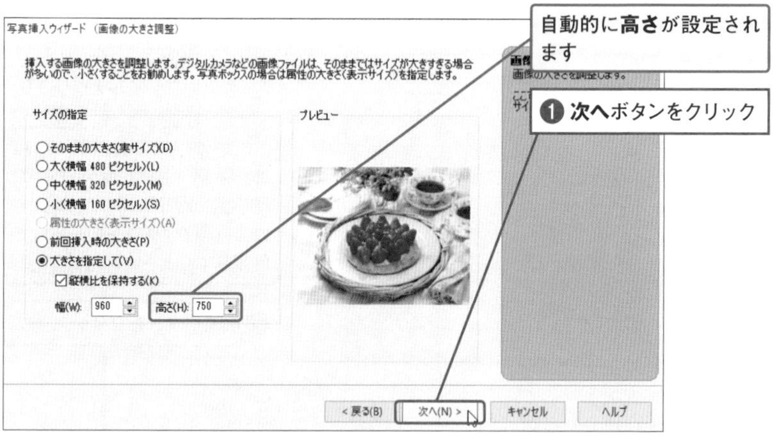

Memo 写真サイズを縮小する

デジタルカメラで撮影した写真が大きすぎることがありますが、写真挿入ウィザードを使えば縮小して挿入できます。一覧にあるサイズ以外を指定する場合は、[大きさを指定して] を選択します。その際、[縦横比を保持する] にチェックを入れると、写真の縦横比を維持したまま縮小できます。

⑧ [次へ] ボタンをクリックする

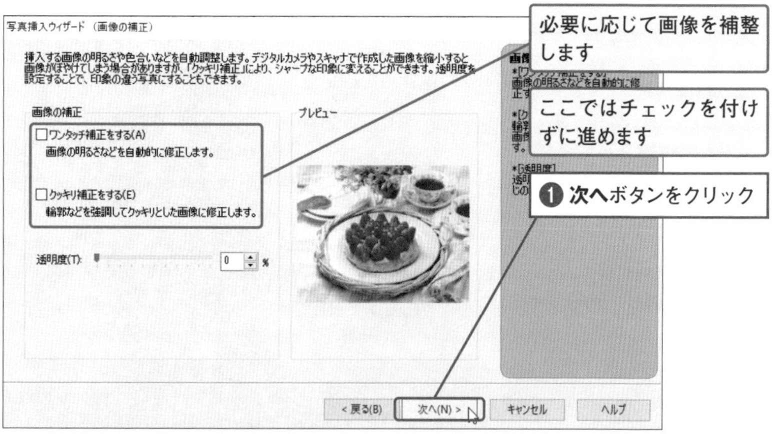

Memo 画像の補整

[ワンタッチ補正をする] にチェックを入れると明るさなどを自動的に補正できます。また、[クッキリ補正をする] にチェックを入れると輪郭を強調させてはっきりとした写真になります。

9 特殊効果を選択する

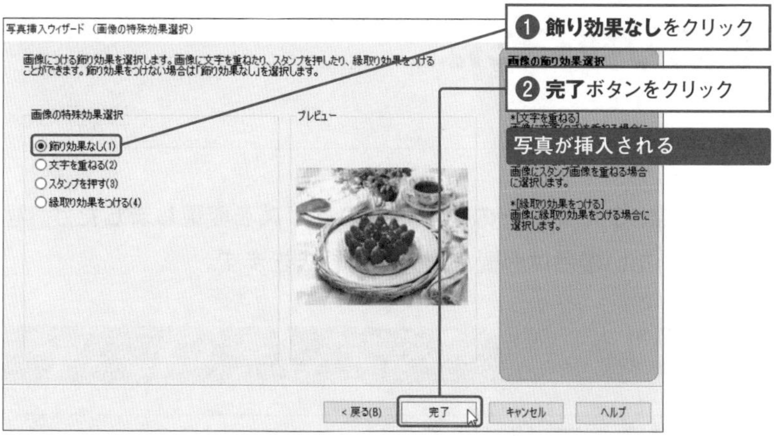

Memo 飾り効果

手順9の画面で「縁取り効果をつける」を選択すると、簡単なフレームを付けることができますが、イラストや好みの色のフレームを付けるにはsection42の方法を使います。

画像に代替テキストを設定する

1 [属性の変更] をクリックする

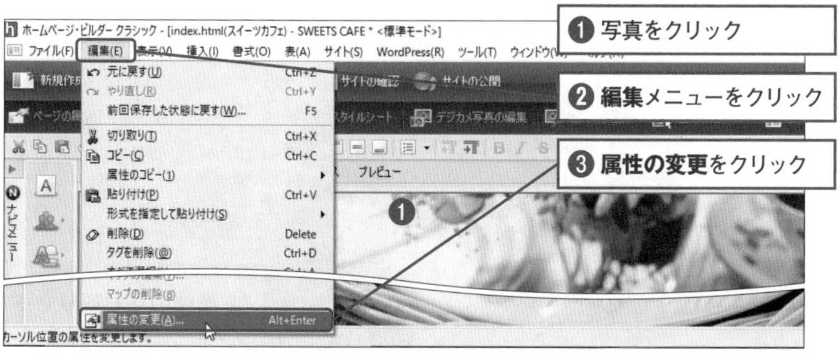

2 「属性」 ダイアログが表示された

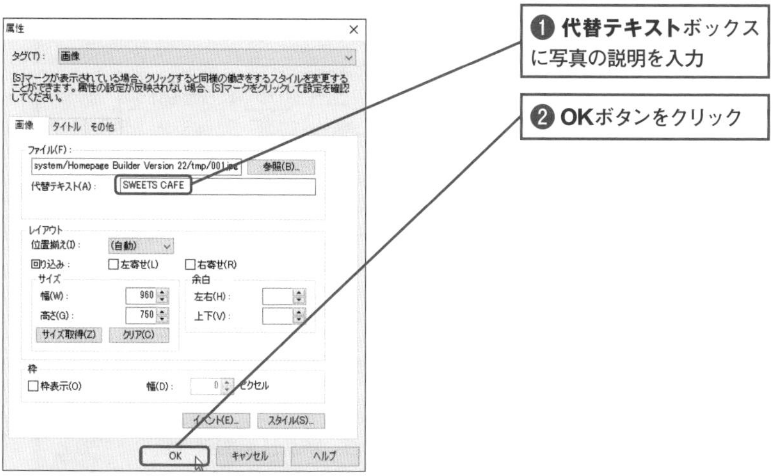

Onepoint 代替テキストとは

何らかの理由で、画像を表示できない場合、そこに何の画像があるかがわかるように設定するのが代替テキストです。また、音声読み上げソフトにも認識されます。写真だけでなくイラストなどにも設定しておきましょう。

section 19

画像のトリミング

写真を切り抜くには

LEVEL ●●●○○

スタート	SECTION19_1 index.html
完成	SECTION19_2 index.html

写真を挿入する際、ウィザードの中で写真のサイズを変更しましたが、写真の一部分を使いたい場合は必要な部分を切り抜きます。

画像の必要な部分を切り抜く

Onepoint 写真の切り抜き

挿入した写真の一部分を使いたいときには、写真を切り抜いて使います。section56で説明するウェブアートデザイナーでも可能ですが、ここでは簡単に切り抜く方法を説明します。

① [画像の切り取り] をクリックする

❶ 画像を選択
❷ **画像の調整**をクリック
❸ **画像の切り取り**をクリック

Memo 「画像の切り取り」画面の大きさを変更する

写真のサイズが大きいと、全体が表示されません。そのようなときには「画像の切り取り」画面を最大化しましょう。

② 「画像の切り取り」ダイアログが表示された

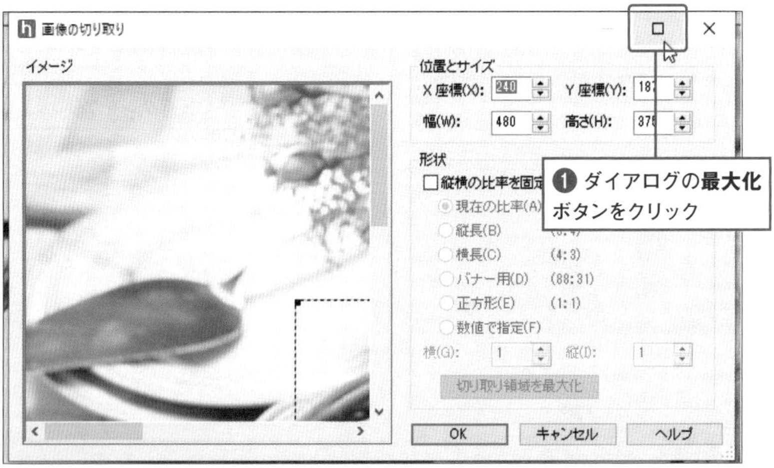
❶ ダイアログの**最大化**ボタンをクリック

③ 大きさを指定する

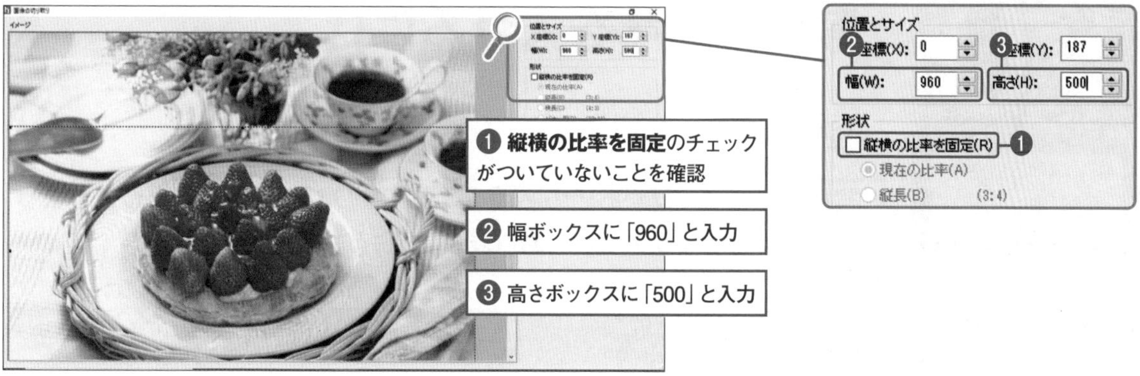
位置とサイズ
②座標(X): 0
③座標(Y): 187
幅(W): 960
高さ(H): 500
形状
縦横の比率を固定(R) ①
現在の比率(A)
縦長(B) (3:4)

❶ **縦横の比率を固定**のチェックがついていないことを確認

❷ 幅ボックスに「960」と入力

❸ 高さボックスに「500」と入力

④ 位置を決める

❶ 点線で囲まれた部分をドラッグして使用する部分を指定する

❷ **OK**ボタンをクリック

⑤ 写真を切り抜くことができた

「トップ画像」の文字をドラッグし、[Delete] キーで削除します

Memo 思い通りに切り取れない

[縦横の比率を固定] がオンになっていると、縦と横の割合が固定されてしまうので、思い通りに切り取ることができません。

Technic 切り抜く場所を変えたいときには

切り抜いてはみたが、別の部分にしたいと思ったときには、操作を取り消します。ツールバーの [元に戻す] ボタンあるいは「編集」メニューの [元に戻す] をクリックして、やり直してください。

section 20

写真と画像の合成

写真に文字を入れるには

LEVEL ●●●○○

スタート	SECTION20_1 index.html
完成	SECTION20_2 index.html

写真にメッセージやお店の名前を入れてオリジナリティを出しましょう。ここでは、「テイクアウトもあります」という文字を入れます。

写真に文字を追加する

❶ ［合成画像の編集］をクリックする

Onepoint 写真に文字を追加するには

写真にサイト名や説明を加えたいときには、「合成画像の編集」画面で簡単に追加することができます。または、section56で説明するウェブアートデザイナーを使って追加します。

❷ 「合成画像の編集」ダイアログが表示された

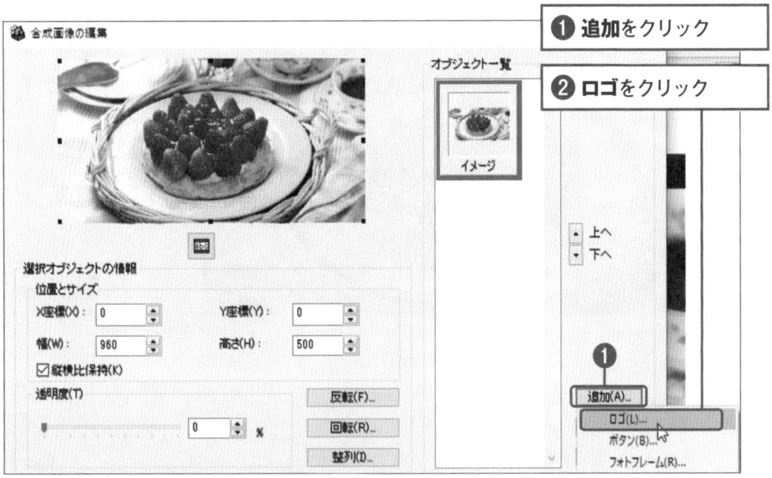

③ 文字を入力する

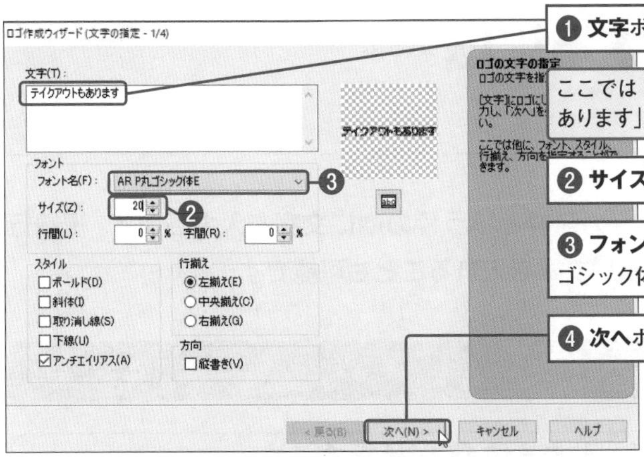

❶ **文字**ボックスに入力

ここでは「テイクアウトもあります」と入力します

❷ **サイズ**を「20」にする

❸ **フォント名**を「AR P丸ゴシック体E」にする

❹ **次へ**ボタンをクリック

section16の手順5以降と同様に進みます。ただし、ウィザードの2画面目で「白」を選択し、3画面目で「通常」、4画面目で「影」を選択します

④ 文字を移動する

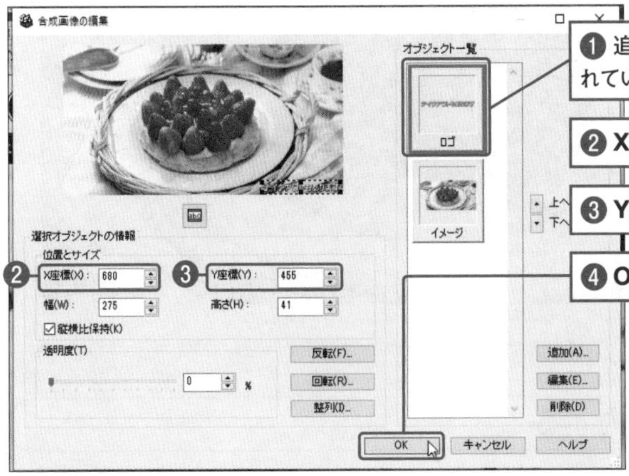

❶ 追加した文字が選択されていることを確認

❷ **X座標**に「680」と入力

❸ **Y座標**に「455」と入力

❹ **OK**ボタンをクリック

Memo ドラッグで移動する場合

ここでは、X座標とY座標を使って追加した文字の位置を指定しますが、ドラッグ操作でも移動できます。ただし、文字の大きさを変えてしまうことがあるので気を付けてください。

⑤ 画像に文字を入れることができた

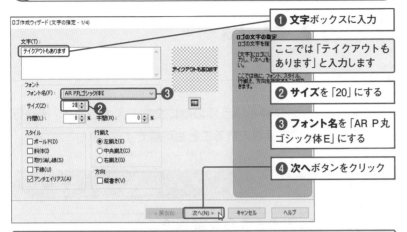

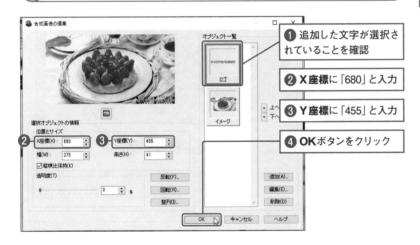

テイクアウトもあります

section 21

フォーカス枠

文章を入力するには

LEVEL ●●●●○

スタート	SECTION21_1 index.html
完成	SECTION21_2 index.html

標準モードでは、フォーカス枠という枠の中に文字を入力します。複数行の入力も可能なので、長い文章を入れることも可能です。

文字を入力する

1 文字を挿入する位置を選択する

❶「メイン」の文字の後ろをクリック

2 文字を入力する

❶「SWEETS CAFEは、東西線「東陽町」駅前にあるカフェです」と入力

❷ [Enter] キーを押す

Hint 「どこでも配置モード」と「標準モード」の文字入力の違い

section7のHintで説明した「どこでも配置モード」では、テキストボックスという枠の中に文字を入力します。テキストボックスは枠をドラッグして他の場所へ移動させたり、枠の幅を調節したりができます。一方、「標準モード」では、ピンク色のフォーカス枠の中に文字を入力します。テキストボックスと違いドラッグで移動することも幅を変えることもできません。

③ 改行された

1行目の行末に改行マークが付きます
ページ編集 HTMLソース ページ/ソース プレビュー
テイクアウトもありま
メインSWEETS CAFEは、東西線「東陽町」駅前にあるカフェ
フッター

④ 2行目以降を入力する

❶「ご来店お待ちしております」と入力
ページ編集 HTMLソース ページ/ソース プレビュー
テイクアウトもありま
メインSWEETS CAFEは、東西線「東陽町」駅前にあるカフェです
ご来店お待ちしております
フッター

Memo　段落を変えるには

共通した主旨でまとまっている文章を段落といい、話が変わるときに段落を変えます。[Shift] キーを押しながら [Enter] キーを押すと段落を変えることができます。同じ段落内の文字を入力している時にはフォーカス枠で囲まれ、段落を変えると別のフォーカス枠が表示されます。なお、ここではレイアウトコンテナ内に入力しているため、[Shift] ＋ [Enter] キーで段落を変えることはできません。

⑤ 文章を入力できた

「メイン」の文字列をドラッグし、[Delete] キーを押して削除します
ページ編集 HTMLソース ページ/ソース プレビュー
テイクアウトもありま
メインSWEETS CAFEは、東西線「東陽町」駅前にあるカフェです
ご来店お待ちしております
フッター

Technic　区切りを入れるには

内容を区切る個所で線を入れたい場合は、ナビメニューの「レイアウト部品の挿入」をクリックし、「水平線」をクリックします。

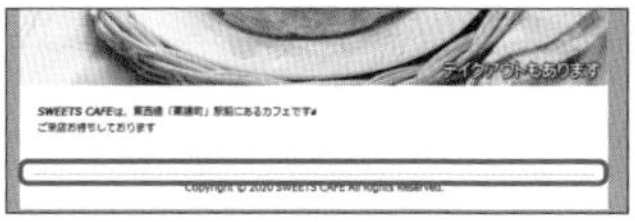

section 22

特殊文字の入力

著作権を入力するには

LEVEL ●●●○○

スタート	SECTION22_1 index.html
完成	SECTION22_2 index.html

ホームページにも著作権があります。必須ではないですが、ページの下部に入れているホームページもあるので説明しましょう。

コピーライトを入力する

Onepoint コピーライトとは

ホームページも著作物として保護されているので、「Copyright」または「©」で著作権を表記しているホームページを見かけます。必ず入れなければいけないものではないですが、例として紹介します。

① 「Copyright」と入力する

② [特殊文字] をクリックする

③ 「特殊文字」ダイアログが表示された

❶ ©をクリック

❷ **閉じる**ボタンをクリック

④ 著作権記号を挿入できた

❶ ©が挿入されたことを確認

❷ 半角スペースを入力

❸ 「2020 SWEETS CAFE All Rights Reserved.」と入力

⑤ コピーライトを入力できた

「フッター」の文字をドラッグし、[Delete] キーを押して削除します

Memo 登録商標記号を入力するには

同様に、登録商標記号の「®」も、「特殊文字」ダイアログの一覧から挿入することができます。

Memo 複数の特殊文字を入力する

「特殊文字」ダイアログは、[閉じる] ボタンをクリックするまで挿入することができます。複数の特殊文字を入力する場合は、ダイアログを閉じずに続けて入力しましょう。

section 23

文字飾り

太字や斜めの文字にするには

LEVEL ●●●○○

スタート	SECTION23_1 index.html
完成	SECTION23_2 index.html

文字を斜めにしたい場合は「斜体」、太くしたい場合は「太字」を設定します。斜体または太字を設定することで文字列を強調させることができます。

文字列を斜体にする

① 文字列を選択する

❶ 文字列をドラッグ
ここでは「SWEETS CAFE」をドラッグします
HTML ソース
ページ/ソース
プレビュー
テイクアウトもあります
SWEETS CAFEは、東西線「東陽町」駅前にあるカフェです。
ご来店お待ちしております
Copyright © 2020 SWEETS CAFE All Rights Reserved.

② [斜体] ボタンをクリックする

❶ 斜体ボタンをクリック
HTML ソース
ページ/ソース
プレビュー
テイクアウトもあります
SWEETS CAFEは、東西線「東陽町」駅前にあるカフェです。
ご来店お待ちしております
Copyright © 2020 SWEETS CAFE All Rights Reserved.

Onepoint 文字飾りとは

太字や斜体など文字を装飾することを文字飾りといいます。文字飾りには「斜体」、「太字」以外にも「取り消し線」「下線」などがあります。

Memo ボタンがわからないときは

ツールバーのボタンをポイントすると、ボタン名が表示されます。慣れるまでは表示を確認しながら操作しましょう。

③ 文字列が斜体になった

ページ編集
HTML ソース
ページ/ソース
プレビュー
SWEETS CAFE
テイクアウトもあります
SWEETS CAFEは、東西線「東陽町」駅前にあるカフェです
ご来店お待ちしております
Copyright © 2020 SWEETS CAFE All Rights Reserved.

文字列を太字にする

① [太字] ボタンをクリックする

❶ 文字列をドラッグ
❷ 太字ボタンをクリック
B
ページ編集
HTML ソース
ページ/ソース
プレビュー
テイクアウトもあります
SWEETS CAFEは、東西線「東陽町」駅前にあるカフェです
ご来店お待ちしております
Copyright © 2020 SWEETS CAFE All Rights Reserved.

② 文字列が太字になった

SWEETS CAFE
テイクアウトもあります
SWEETS CAFEは、東西線「東陽町」駅前にあるカフェです
Copyright © 2020 SWEETS CAFE All Rights Reserved.

Memo 太字と斜体を解除するには

太字と斜体を解除するには、設定した文字列の上をダブルクリックして選択し、再度ツールバーの [太字] または [斜体] ボタンをクリックします。

section 24

ページの保存

ページを上書き保存するには

LEVEL ●●●●○

ページが完成したら保存しましょう。画像を追加した場合は画像の保存についてのダイアログが表示されます。

上書き保存する

Onepoint 上書き保存とは

上書き保存は、すでにあるファイルを編集した際に保存する方法です。名前を付けて保存する方法はsection34で説明します。

①[上書き保存]ボタンをクリックする

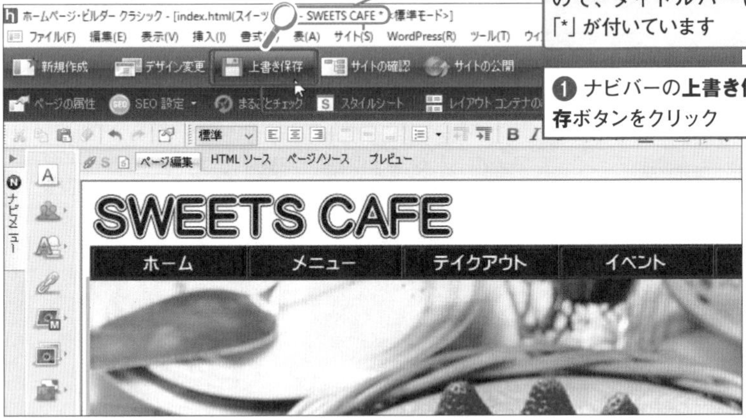

Memo 日本語のファイル名は修正する

画像を挿入した場合は、保存の際に「素材ファイルをコピーして保存」ダイアログが表示され、画像のファイル名や保存先を指定できます。インターネット上では半角英数字のファイル名を使うため、画像のファイル名が日本語になっている場合は必ず修正してください。

②「素材ファイルをコピーして保存」ダイアログが表示された

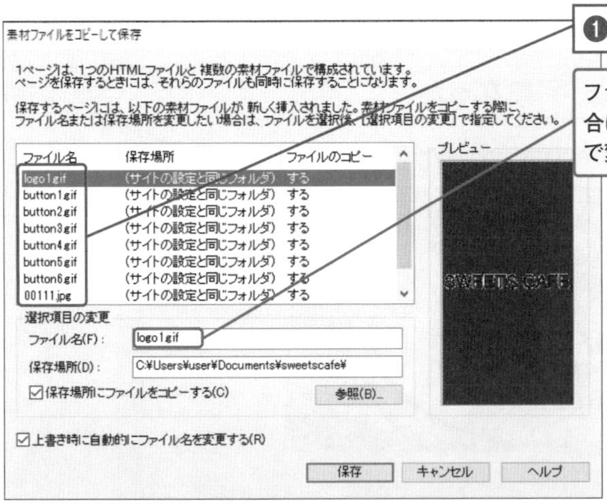

③ ファイル名を確認する

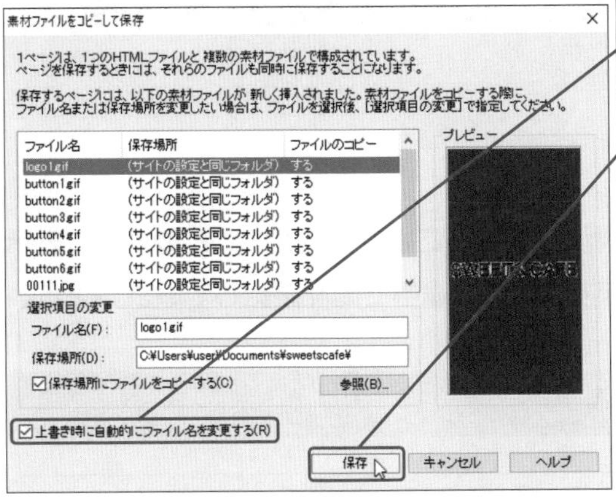

❶ **上書き時に自動的にファイル名を変更する**にチェックを入れる

❷ **保存**ボタンをクリック

Memo 同じ名前のファイルがある場合

[上書き時に自動的にファイル名を変更する] にチェックを入れておくと、同じファイル名の画像があった場合、上書きしないようにできます。

④ 「再編集用フォルダについて」ダイアログが表示された

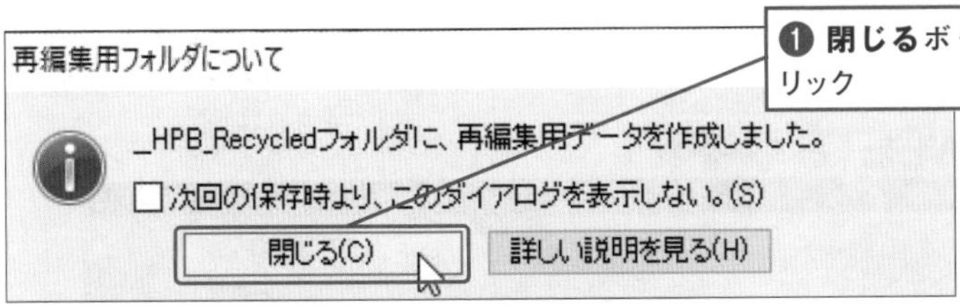

❶ **閉じる**ボタンをクリック

Onepoint 「再編集用フォルダ」とは

「再編集用フォルダ」は、ロゴやボタンを再編集するために必要なファイルが入ったフォルダーのことです。それらを保存したことを知らせるためにダイアログが表示されます。

⑤ 保存された

SWEETS CAFE

タイトルバーの「*」が消えた

section 25

ブラウザーでの確認

どのように公開されるかを確認するには

LEVEL ●●●●○

スタート	SECTION25_1 index.html

ブラウザーによってページの表示が異なることもあるので、どのように表示されるか確認する必要があります。編集の途中で時々確認してみましょう。

ブラウザーで確認する

①[Microsoft Edge]をクリックする

❶ **ブラウザー確認**をクリック

❷ **Microsoft Edge**をクリック

②Microsoft Edgeが起動した

作成したページが表示された

Memo 複数のブラウザーで確認する

ブラウザーでのプレビューは、パソコンにインストールされているブラウザーを選択できます。訪問者がMicrosoft Edgeを使っているとは限らないので、FirefoxやGoogle Chromeなどもインストールして表示を確認しておきましょう。

第4章

4

作ったページをスタイルシートで見栄え良く仕上げよう

前の章で作成したトップページを、スタイルシート（CSS）というものを使って整えます。最初は「難しそう」と思うかもしれませんが、一つずつ操作していけば大丈夫です。ゆっくり進めていきましょう。

section 26

CSSファイルの概要

CSS（スタイルシート）とは

LEVEL ●●●○○

見栄えの良いホームページのほとんどは、CSSを使っています。まずは、CSSがどのようなものかを確認しておきましょう。

CSSとは?

「文字色を青にする」「文字を中央に配置する」などの見栄えを全体で統一したいときに「スタイル」という機能が使われます。そのスタイルを使う技術のことを「スタイルシート」と言い、Web上で使われるスタイルシートにCSS（Cascading Style Sheets）があります。

もし、CSSを使わずにホームページを作成するとしたら、文字の色や位置などは、該当箇所に記述することになります。その場合、別の個所でも同じ色や位置にしようとしたときには、再度同じことを記述しなければなりません。CSSを使えば、色や位置など見た目に関する部分を一か所に記述して、それを各箇所に適用させることができます。

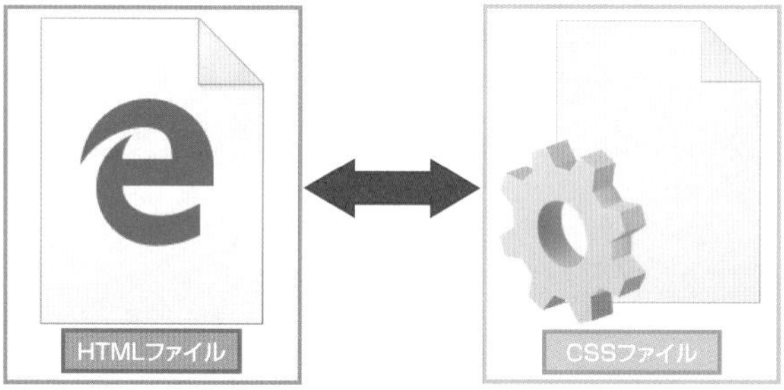
HTMLファイル
CSSファイル

見出し、本文、箇条書きなどの内容を記述する

文字や画像のサイズ、背景色など見栄えに関する部分を記述する

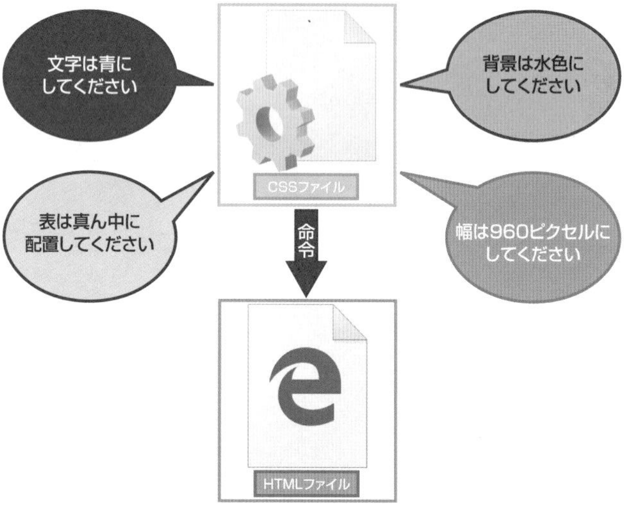
文字は青にしてください
背景は水色にしてください
表は真ん中に配置してください
幅は960ピクセルにしてください
CSSファイル
命令
HTMLファイル

CSSの記述方法

CSSの記述方法は2つあります。一つは、「ページ内に埋め込む方法」です。ページ内に埋め込む方法には、適応したい箇所のタグ内に記述する方法と、ヘッダー（ページの上部）部分に記述する方法があります。どちらもそのページ内でのみ有効です。ホームページ・ビルダーではタグを入力する必要がないので、難しく考えずにイメージしておくだけで大丈夫です。

もう一つは、「CSSファイルに書き込む方法」です。CSSファイルを用意して、「文字色を青にする」「文字を中央に配置する」などのスタイルを記述し、各ページとつなげます。

● ページ内に埋め込む方法

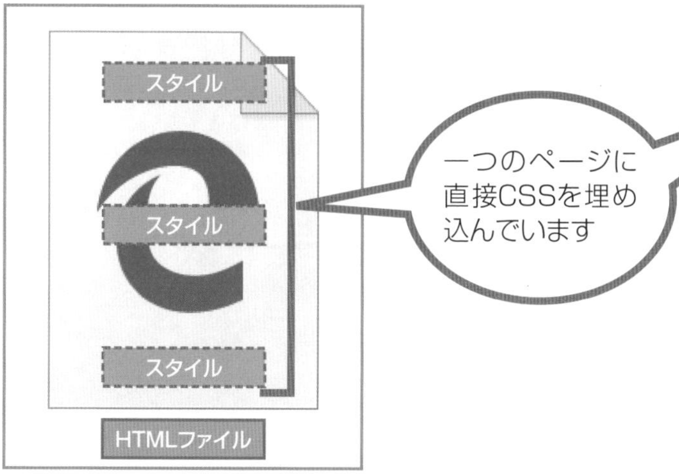

▲タグにスタイルを記述する

▲ページの上部に記述する

● CSSファイルにスタイルを書き込む方法

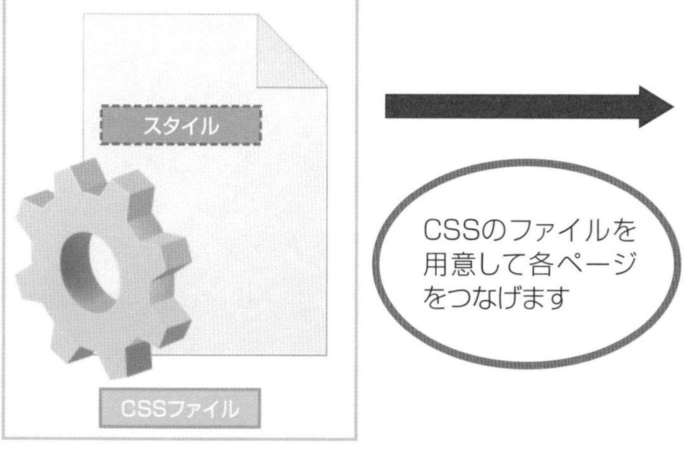

CSSファイルのメリット

CSSファイルを使うと、デザインやレイアウトをホームページ全体で統一することができます。たとえば、「ホームページ全体を緑の基調色としたい」といったときに、CSSファイルに「背景色を緑」「見出しは濃い緑」「線は薄い緑」などと記述すれば、全体の背景、見出し、線が同一色になります。

ホームページ全体に共通しているので、「背景色を緑から青に変えたい」といったときに、1ページずつ変更しなくても一括で変更することができます。

また、CSSを使わない場合はページ内に色や位置などをその都度記述することになるので記述量が多くなりますが、CSSファイルを使えば記述が少なくてすむので、閲覧時の表示速度が速くなります。

● サイト全体のデザインとレイアウトを統一できる

● デザインを一括で変更できる

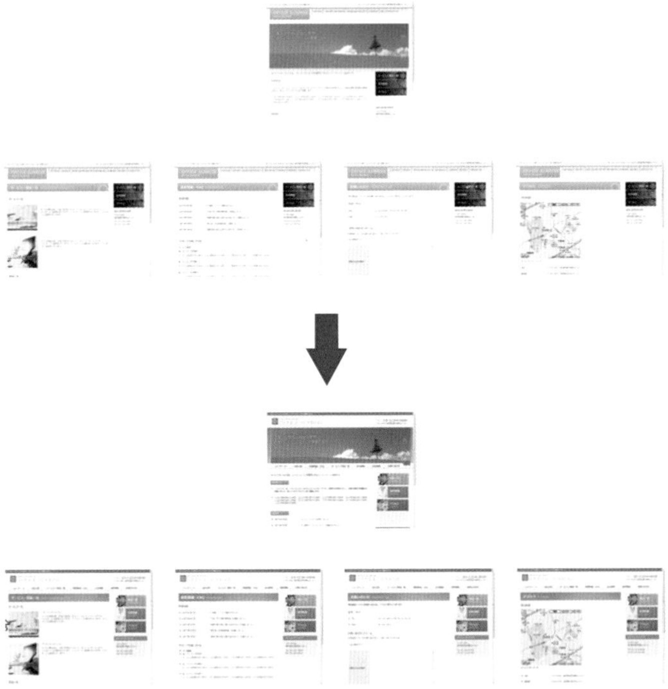

複数のCSSファイルを使える

CSSファイルは1つしか作れないというわけではありません。複数のCSSファイルを作成して、各ページに適用することができ、「メインのCSSファイル」「コンテンツ用のCSSファイル」などに分けておくことで、編集しやすくなります。この章では一つのCSSファイルで作りますが、第9章で解説するフルCSSテンプレートは、複数のCSSファイルで作られています。

もう一つは、「CSSファイルに書き込む方法」です。CSSファイルを用意して、「文字色を青にする」「文字を中央に配置する」などのスタイルを記述し、各ページとつなげます。

本書でもCSSファイルを使って作成します。

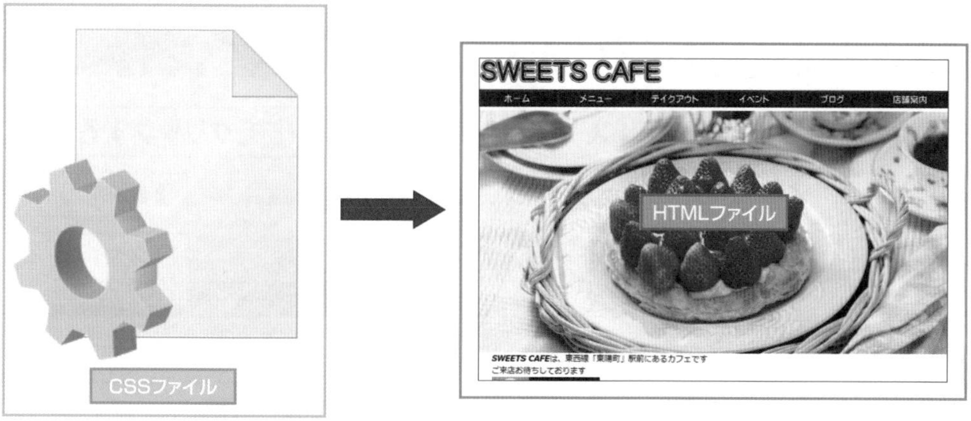

この章では一つのCSSファイルを使います

第9章では複数のCSSファイルを使っています

section 27	
スタート	SECTION27_1 index.html
完成	SECTION27_2 index.html

CSSファイルの作成

スタイルを記述するファイルを作成するには

LEVEL ●●●○○

これからいろいろなスタイルを作成しますが、まずはスタイルを書き込むためのファイルを作成しましょう。

外部スタイルシートファイルを作成する

① [スタイルシートマネージャ] をクリックする

❶ 表示メニューをクリック
❷ スタイルシートマネージャをクリック

Onepoint スタイルシートマネージャとは

スタイルシートマネージャは、スタイルの追加や編集ができるツールです。新規スタイルシートの作成や既存のスタイルシートへのリンク、スタイルの追加・削除などを1つの画面で行うことができます。

② スタイルシートマネージャが表示された

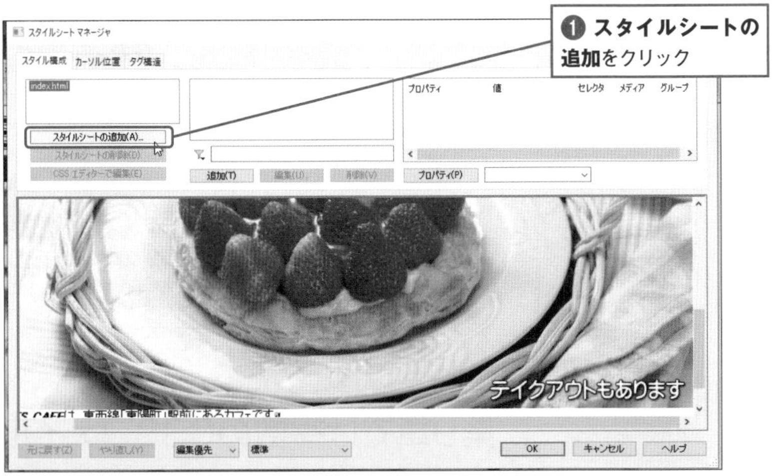
❶ スタイルシートの追加をクリック

Onepoint CSSファイルの作成

次のsection以降で設定するスタイルを記述するファイルを作成します。ファイル名は自由に付けられますが、半角英数字で入力してください。なお、作成したCSSファイルの拡張子は「.css」となります。

③ 「外部スタイルシートの選択」ダイアログが表示された

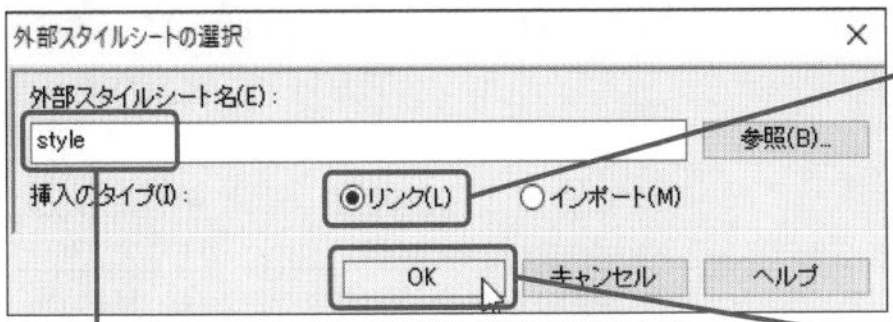

❶ **リンク**をクリック

ここでは、ファイルをつなげるので「リンク」を選択します

❷ ファイル名を半角数字で入力

ここでは「style」と入力します

❸ **OK**ボタンをクリック

④ CSSファイルが追加された

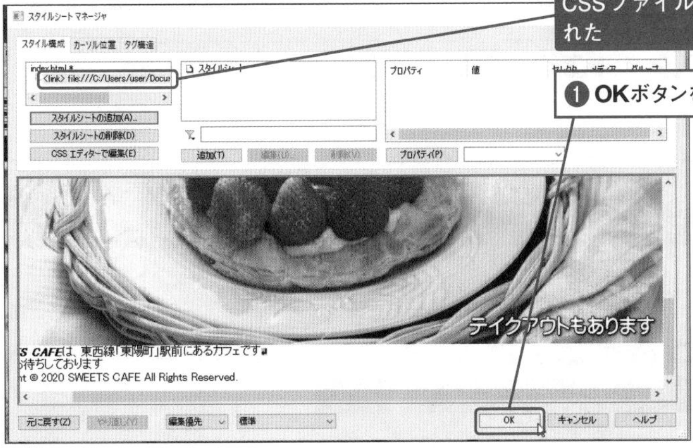

CSSファイルが追加された

❶ **OK**ボタンをクリック

⑤ スタイルシートへのリンクを確認する

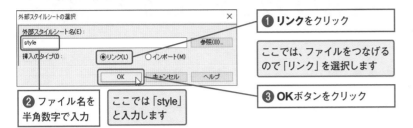

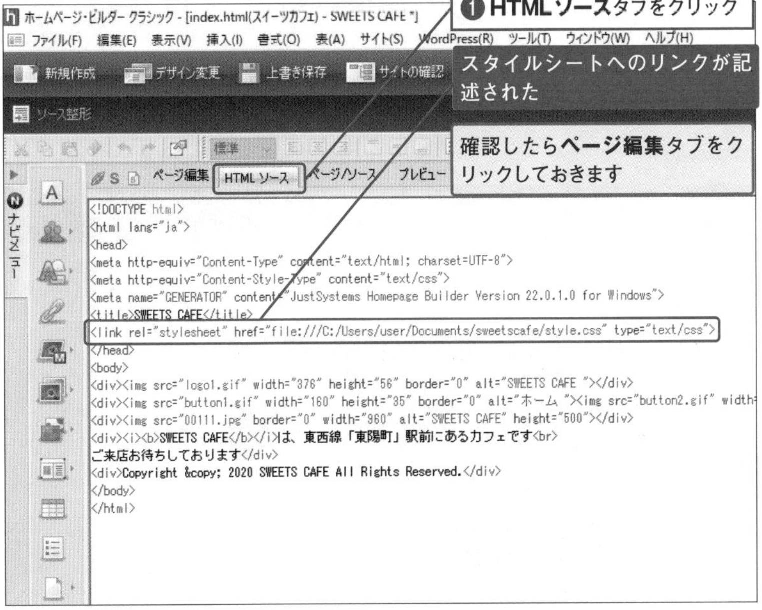

❶ **HTMLソース**タブをクリック

スタイルシートへのリンクが記述された

確認したら**ページ編集**タブをクリックしておきます

Technic CSSファイルのリンクを解除するには

CSSファイルのリンクを解除するには、手順4の画面でCSSファイルを選択し、[スタイルシートの削除] ボタンをクリックします。

Hint CSSファイルへのリンク

この時点では、CSSファイルへのリンクは「href="file:///C：～」のようにファイルの保存場所が記載されるパスで記述されていますが、ファイルを保存すると「href="style.css"」のようにファイル名のみになります。

section 28

フォントのスタイル設定

ページ全体のフォントの種類を設定するには

LEVEL ●●●○○

スタート	SECTION28_1 index.html
完成	SECTION28_2 index.html

フォントとは、文字のデザインのことです。フォントを指定しておけば、ホームページを見に来た人のパソコン画面でも同じフォントで表示されます。

フォントのスタイルを設定する

Memo ［スタイルエクスプレス］タブがない

［スタイルエクスプレス］タブがない場合は、「表示」メニューの［スタイルエクスプレスビュー］をクリックして表示させます。

① ［スタイルエクスプレス］タブをクリックする

Onepoint スタイルエクスプレスビューとは

スタイルエクスプレスビューは、スタイルシートの構成や内容がひと目で分かるビューです。［スタイル構成］タブでは、CSSファイルごとにタグやIDなどに設定されたスタイルを確認できます。［カーソル位置］タブでは、カーソルがある位置のタグやIDに設定されたスタイルを確認できます。

② 「スタイルエクスプレス」ビューが表示された

③ [ルールの新規作成] をクリックする

④ 「ルールの追加」ダイアログが表示された

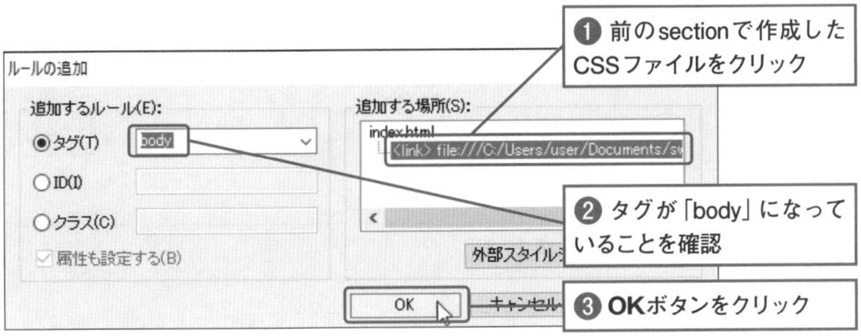

⑤ 「外部CSSファイルの更新確認」ダイアログが表示された

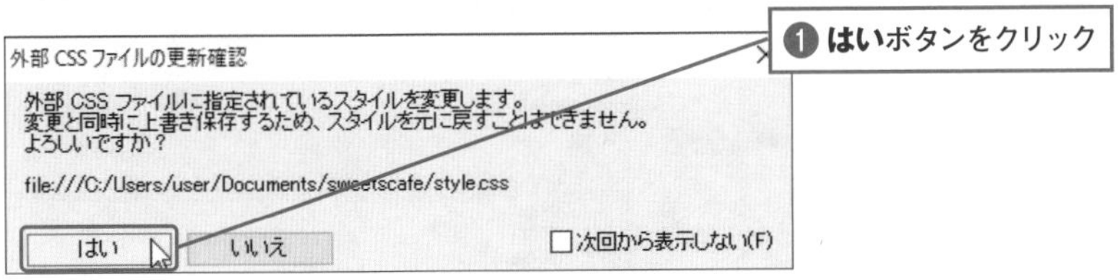

Hint bodyタグ

bodyタグは、ページ全体を構成するタグです。ここでは、ページ全体のフォントを設定するので、「body」にスタイルを設定します。

❻「スタイルの設定」ダイアログが表示された

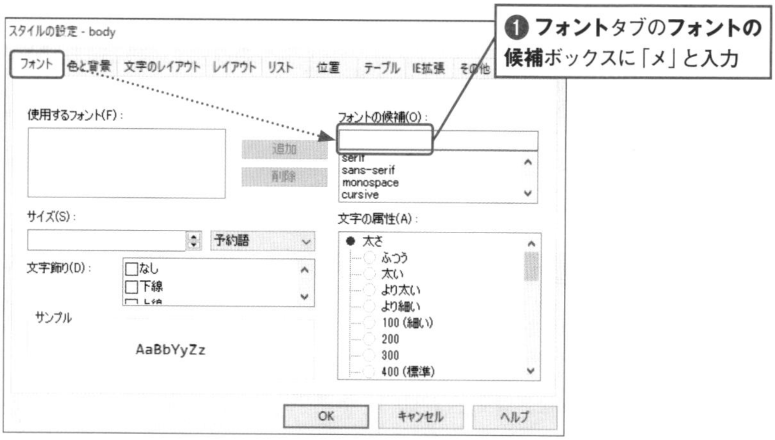

Memo 複数のフォントを設定する理由

訪問者のパソコンにそのフォントがインストールされていないと同じように表示されないので、1つのフォントだけでなく、複数のフォントを設定して、他のフォントで代用できるようにしましょう。

❼「メイリオ」を選択する

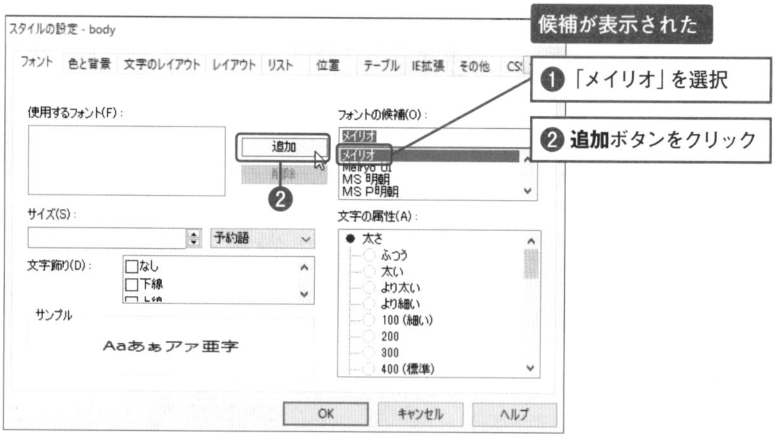

Memo フォントの候補

パソコンにインストールされているフォントは、「フォントの候補」ボックスから選択できます。その際、フォントの頭文字を入力すれば、絞り込んで表示されます。

❽フォントが追加された

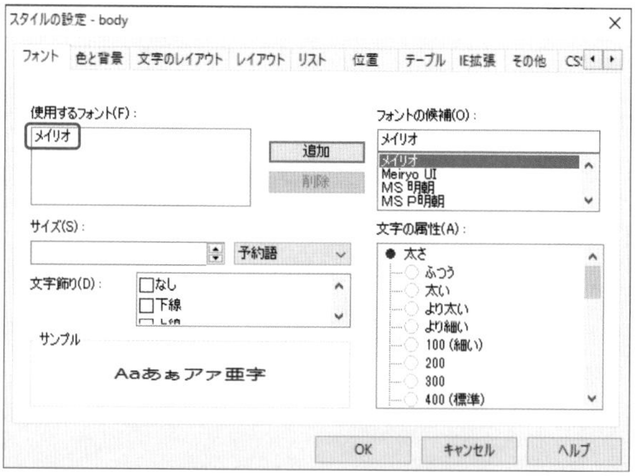

9 他のフォントも追加する

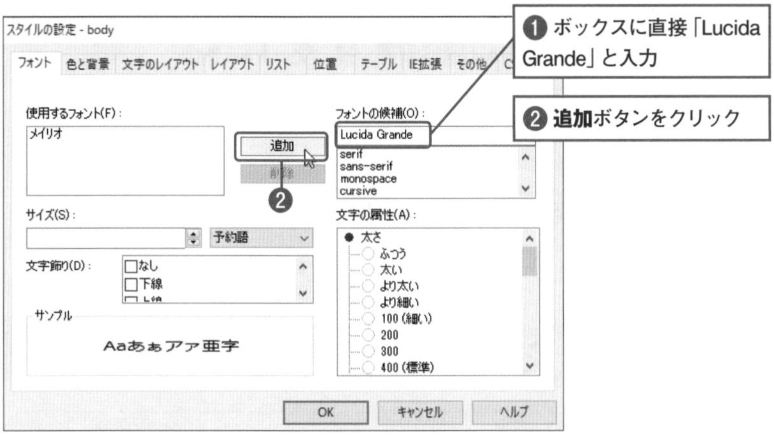

10 入力したフォントが追加された

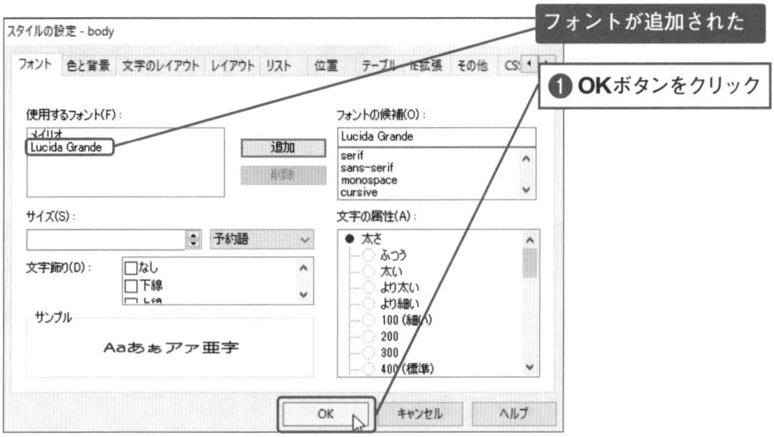

11 フォントが設定された

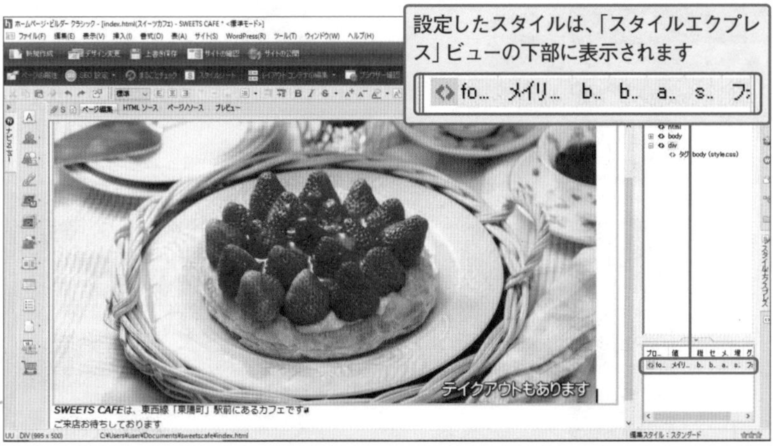

Memo メイリオとLucida Grande

メイリオ（Meiryo）は、Windowsパソコンに入っているフォントで、「Lucida Grande」は、Macパソコンに入っているフォントです。

Technic 一覧にないフォントを設定するには

「フォントの候補」ボックスには、一覧から選択するだけなく、直接フォント名を入力して追加することができます。自分のパソコンにインストールされていないフォントは、手入力して設定します。「Hiragino Kaku GothicProN」や「sans-serif」などのフォントも設定しておくとよいでしょう。

section 29

配置のスタイル設定

内容全体を中央に配置するには

LEVEL ●●●○○

スタート	SECTION29_1 index.html
完成	SECTION29_2 index.html

内容全体が左に寄っているので、中央に配置しましょう。全体を囲むレイアウトコンテナを新たに作成してスタイルを設定します。

全体を囲むレイアウトコンテナを作成する

Onepoint 全体を囲むレイアウトコンテナ

全体を中央に配置するために、内容全体をひとまとめにするレイアウトコンテナを作成します。すべてを選択した状態にしてから、ルールを新規作成します。

① 全体を選択する

❶ **編集**メニューの**すべて選択**をクリック

② [レイアウトコンテナ] をクリックする

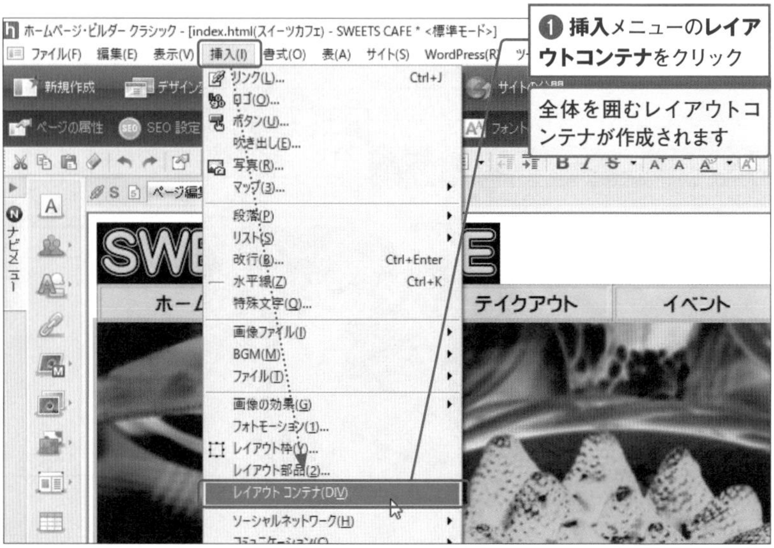

❶ **挿入**メニューの**レイアウトコンテナ**をクリック
全体を囲むレイアウトコンテナが作成されます

全体を中央に配置するスタイルを設定する

①［ルールの新規作成］をクリックする

②「ルールの追加」ダイアログが表示された

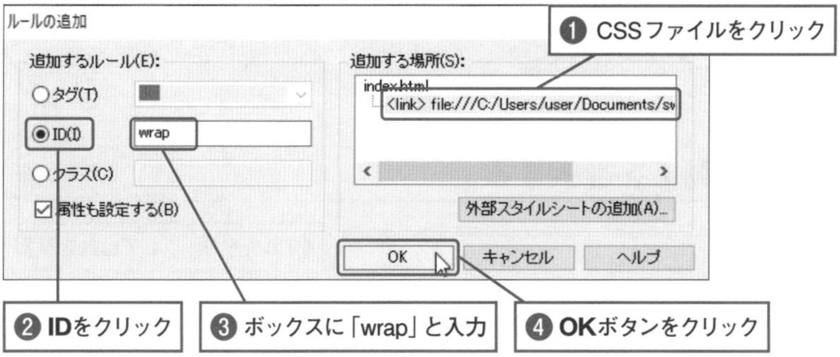

③「外部CSSファイルの更新確認」ダイアログが表示された

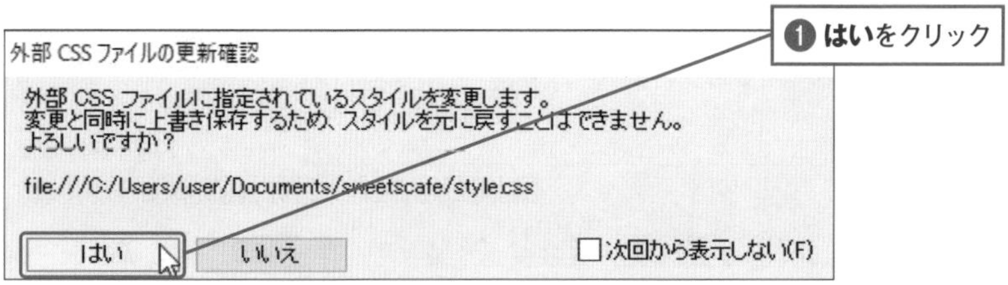

Memo divタグの選択

レイアウトコンテナは、HTMLではdivタグで記述するので、「div」タグにスタイルを設定します。複数のdivのうち上位にあるdivが全体をひとまとめにしたレイアウトコンテナのdivで、下位にあるのがヘッダーやフッターレイアウトコンテナのdivです。ここでは、全体を中央に配置するので、上位のdivを選択します。

Memo IDを設定する

レイアウトコンテナにスタイルを設定するとすべてのレイアウトコンテナに影響してしまいます。そのため、固有のIDを付けて、1つのレイアウトコンテナのみにスタイルが適用されるようにします。

Onepoint マージンとは

レイアウトコンテナのdiv、ページ全体のbodyなど各要素は四角い「ボックス」という領域で構成されています。ボックスには、「ボーダー」という枠があり、「マージン」はボーダーより外側の余白のことです。

マージン
ボーダー

▲ボーダーより外側がマージン

Memo 左右のマージンを自動にする

左右のマージンを自動にすることで、文字や画像をページの中央に配置することができます。

④ 「スタイルの設定」ダイアログが表示された

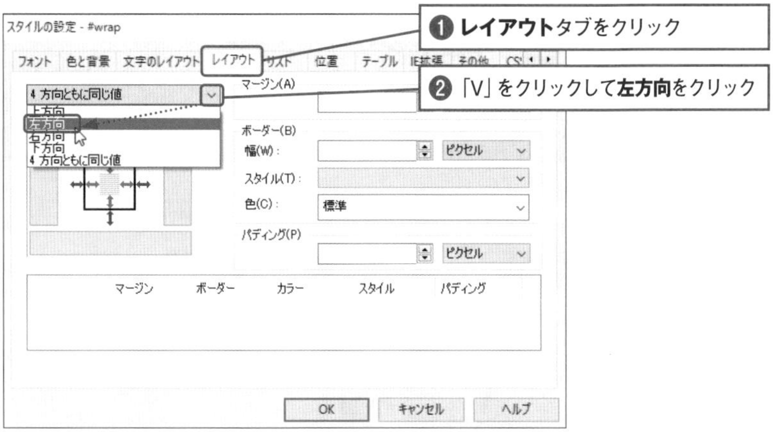
❶ **レイアウト**タブをクリック
❷「V」をクリックして**左方向**をクリック
スタイルの設定 - #wrap

⑤ 「予約語」を選択する

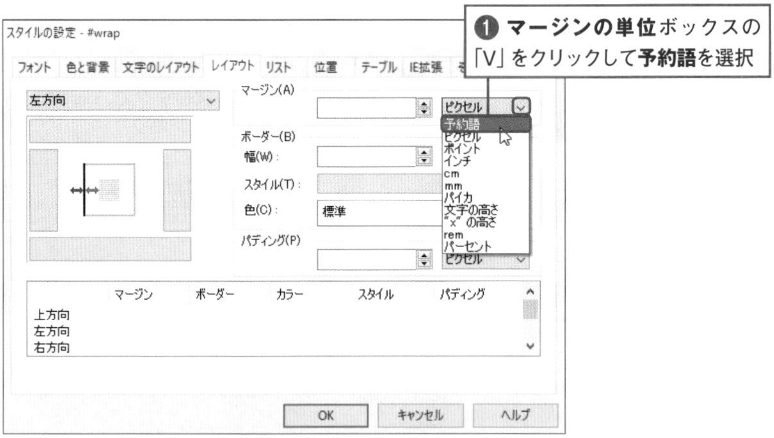
❶ **マージンの単位**ボックスの「V」をクリックして**予約語**を選択
スタイルの設定 - #wrap

⑥ 「自動」を選択する

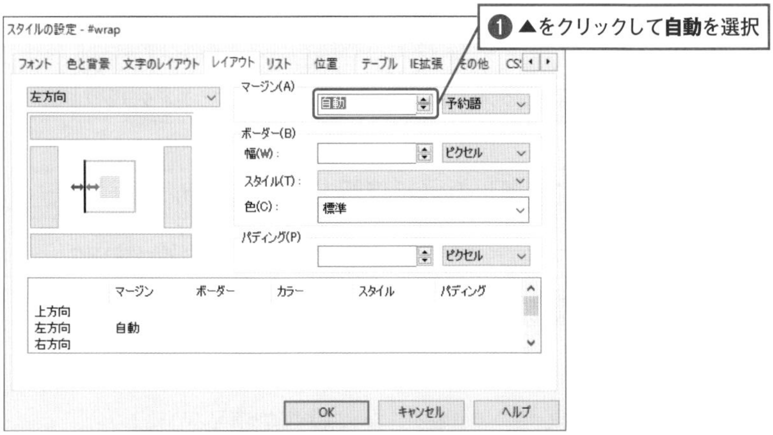
❶ ▲をクリックして**自動**を選択
スタイルの設定 - #wrap

⑦ [右方向] をクリックする

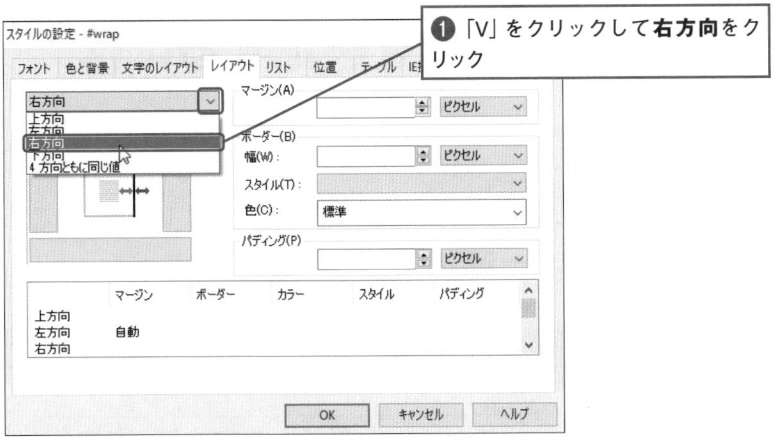

⑧「自動」にする

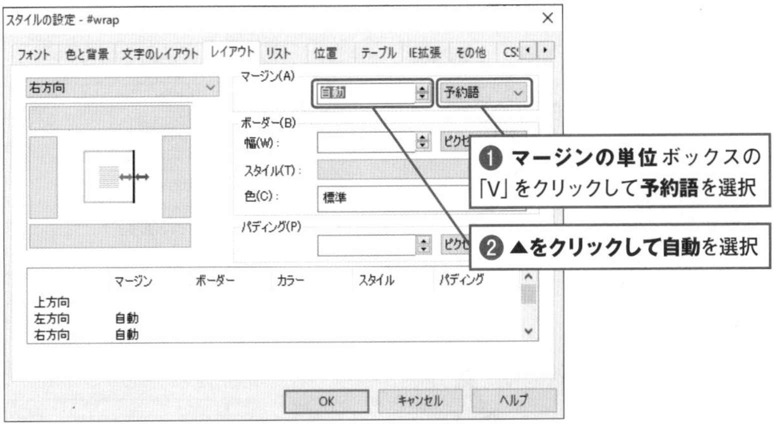
スタイルの設定 - #wrap
❶ マージンの単位ボックスの「V」をクリックして予約語を選択
❷ ▲をクリックして自動を選択

⑨「幅」ボックスを設定する

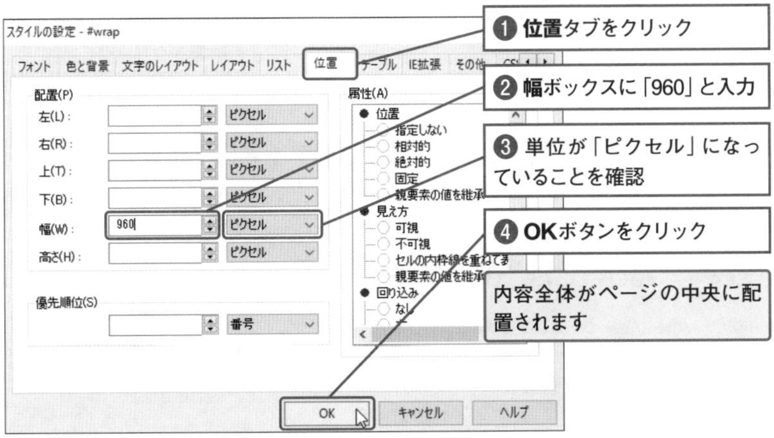
スタイルの設定 - #wrap
❶ 位置タブをクリック
❷ 幅ボックスに「960」と入力
❸ 単位が「ピクセル」になっていることを確認
❹ OKボタンをクリック
内容全体がページの中央に配置されます

Memo 「幅」の設定

全体を中央にする設定と同時に、幅も設定します。ここでは、960ピクセルの幅にするため値を「960」、単位を「ピクセル」とします。

背景画像のスタイル設定

section 30

ページの背景に画像を設定するには

LEVEL ●●●○○

スタート	SECTION30_1 index.html
完成	SECTION30_2 index.htm

section14では、開いているページの背景に色を設定しましたが、ここでは、CSSを使ってすべてのページの背景に画像を設定します。

背景画像のスタイルを設定する

Onepoint **ページの背景画像の設定**

ページ全体の背景画像を設定するには、bodyタグにスタイルを設定します。section28でbodyにスタイルを設定しているので、「タグ(body)スタイルを編集」を選択して追加します。

①［タグ（body）スタイルを編集］を右クリックする

❶ 文字または画像がある箇所をクリック

❷ **スタイルエクスプレス**タブの**カーソル位置**タブで、「body」を右クリック

❸ **タグ(body)スタイルを編集**をクリック

②「外部CSSファイルの更新確認」ダイアログが表示された

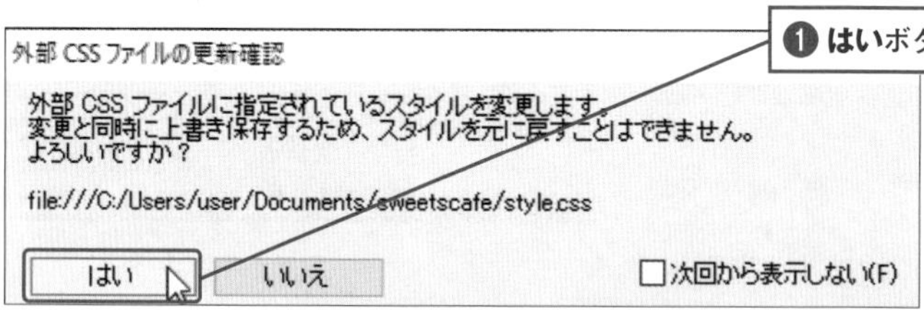

❶ **はい**ボタンをクリック

③「スタイルの設定」ダイアログが表示された

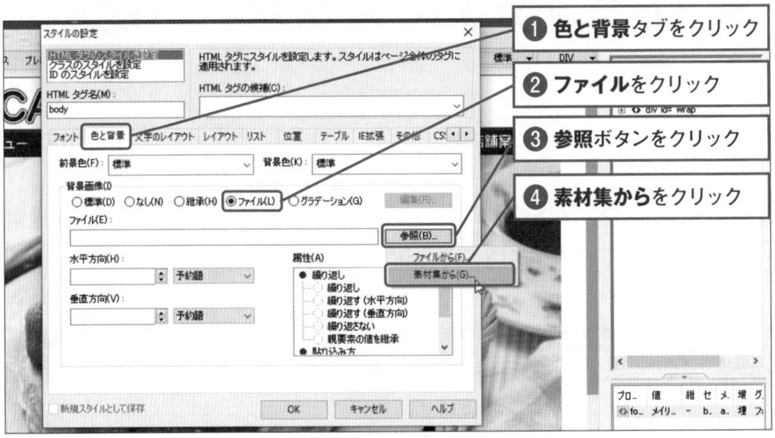

❶ **色と背景**タブをクリック

❷ **ファイル**をクリック

❸ **参照**ボタンをクリック

❹ **素材集から**をクリック

Hint 背景色を指定するには

画像ではなく、色を設定する場合は、「背景色」ボックスの「V」をクリックして選択します。

④「素材集から開く」ウィンドウが表示された

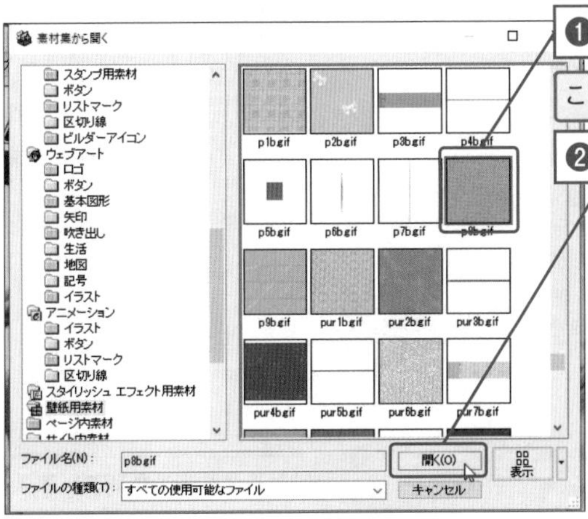

❶ 画像を選択

ここでは「p8b.gif」を選択します

❷ **開く**ボタンをクリック

Memo 背景に使用する画像

素材集には、背景用の小さな画像が用意されていて、何枚も敷き詰めて設定できるようになっています。設定するとイメージと違ったということもありますが、その場合は別の画像を選びなおしてください。

⑤「スタイルの設定」ダイアログに戻った

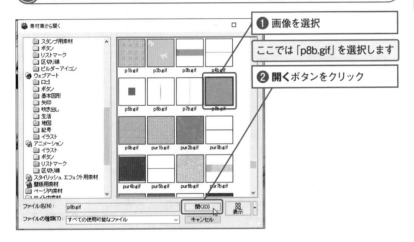

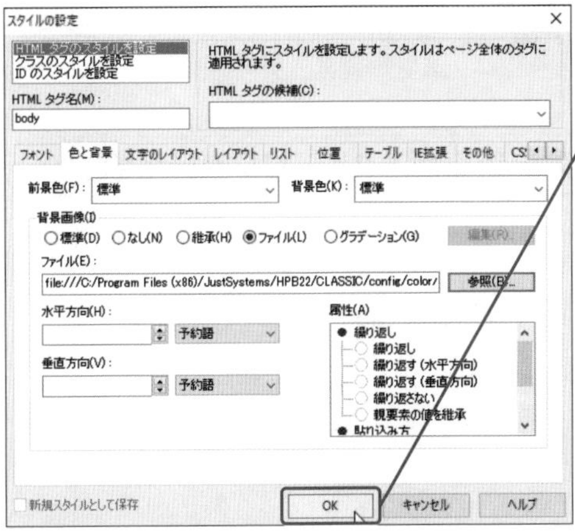

❶ **OK**ボタンをクリック

背景が設定されます

section

31

レイアウトコンテナの背景色

レイアウトコンテナに背景色を設定するには

LEVEL ●●●○○

| スタート | SECTION31_1
index.html |
| 完成 | SECTION31_2
index.html |

ページの背景に画像や色を設定すると、レイアウトコンテナにもその背景が表示されるので、レイアウトコンテナにも背景を設定しましょう。

4

作ったページをスタイルシートで見栄え良く仕上げよう

レイアウトコンテナに背景色のスタイルを設定する

 レイアウトコンテナの背景色を設定する

前のsectionで背景画像を設定しましたが、ページ全体に適用されるため、レイアウトコンテナの背景にも表示されています。このままでは文章が見えないので、レイアウトコンテナ「wrap」の背景色を白に設定します。

①▶ [ID（wrap）のスタイルを編集] を右クリックする

❶ 文字や画像がある上をクリック

❷ スタイルエクスプレスタブの カーソル位置 タブで、「div id="wrap"」を右クリック

❸ ID（rap）のスタイルを編集をクリック

②▶「外部CSSファイルの更新確認」ダイアログが表示された

❶ はいボタンをクリック

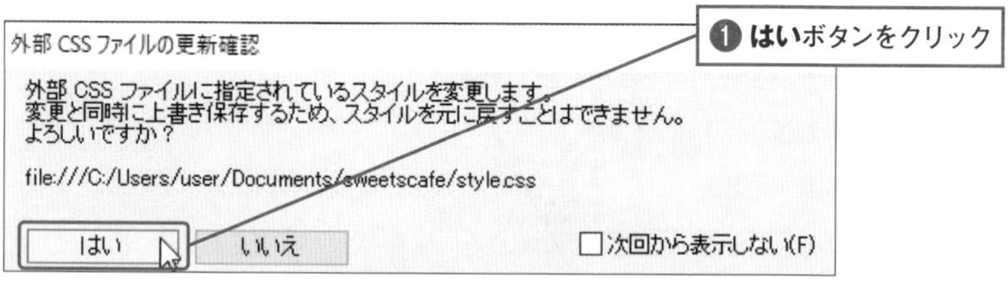

③ 「スタイルの設定」ダイアログが表示された

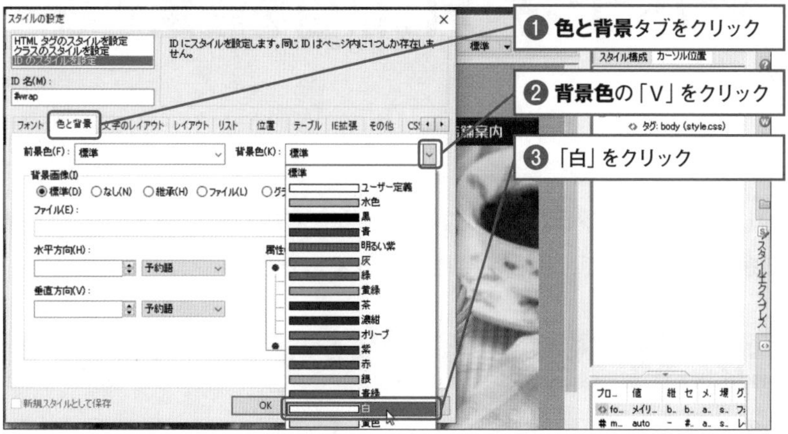
❶ 色と背景タブをクリック
❷ 背景色の「V」をクリック
❸「白」をクリック

④ [OK] ボタンをクリックする

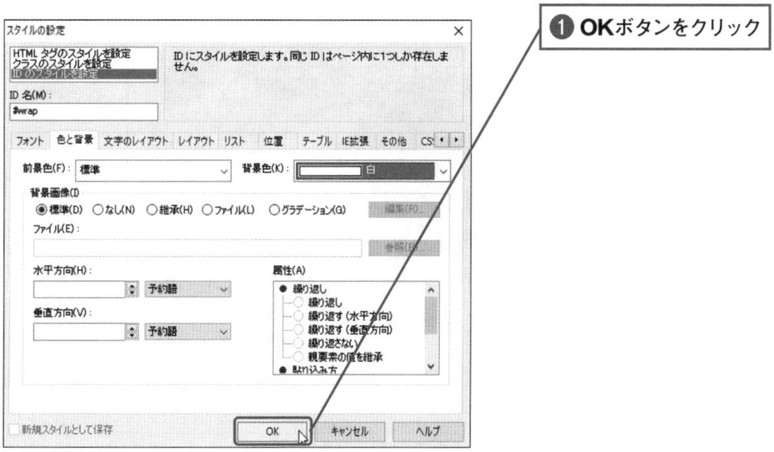
❶ OKボタンをクリック

Memo 前景色と背景色

前景色は文字の色を設定します。ここでは、背景の設定なので背景色を指定します。

⑤ レイアウトコンテナの背景が白になった

内容全体を囲んでいるレイアウトコンテナ「wrap」の背景が白色になります

section 32

レイアウトコンテナの余白

レイアウトコンテナに余白を設定するには

LEVEL ●●●○○

スタート	SECTION32_1 index.html
完成	SECTION32_2 index.html

メインのレイアウトコンテナに入力してある文章が窮屈に見えるので、枠の内側に余白を設定して、余裕を持たせてみましょう。

レイアウトコンテナに余白のスタイルを設定する

Onepoint レイアウトコンテナに余白を設定する

何も設定しないと、レイアウトコンテナの枠ぴったりに文章があるため、窮屈に見えます。マージンを設定して余白を作ると、読みやすくなり、綺麗に仕上がります。

① レイアウトコンテナをクリックする

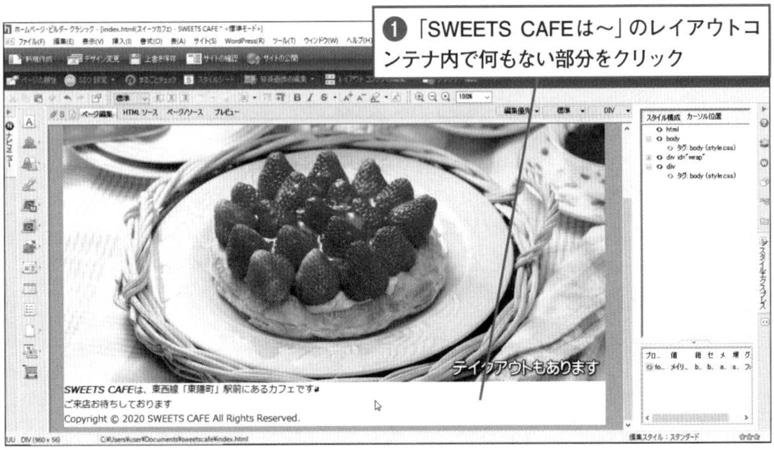
❶「SWEETS CAFEは～」のレイアウトコンテナ内で何もない部分をクリック
テイクアウトもあります
SWEETS CAFEは、東西線「東陽町」駅前にあるカフェです
ご来店お待ちしております
Copyright © 2020 SWEETS CAFE All Rights Reserved.

② [ルールの新規作成] をクリックする

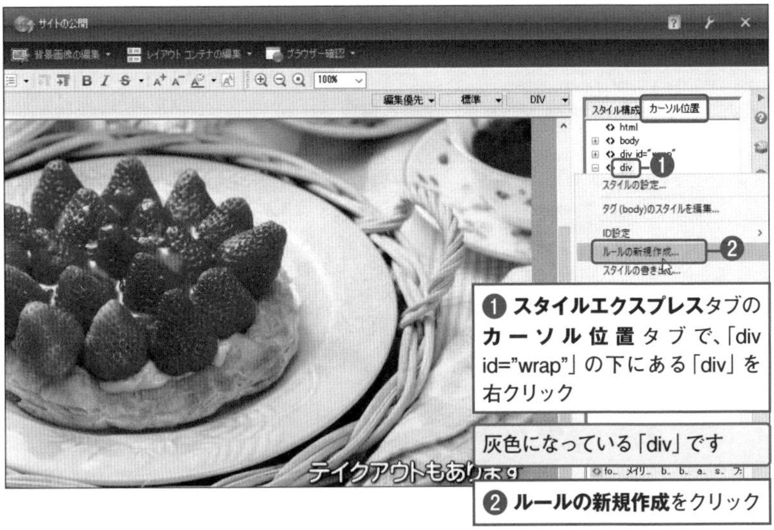
サイトの公開
カーソル位置
div
スタイルの設定...
タグ(body)のスタイルを編集...
ID設定
ルールの新規作成...
スタイルの書き出し...
❶ **スタイルエクスプレス**タブの**カーソル位置**タブで、「div id="wrap"」の下にある「div」を右クリック
灰色になっている「div」です
❷ **ルールの新規作成**をクリック
テイクアウトもあります

③ 「ルールの追加」ダイアログが表示された

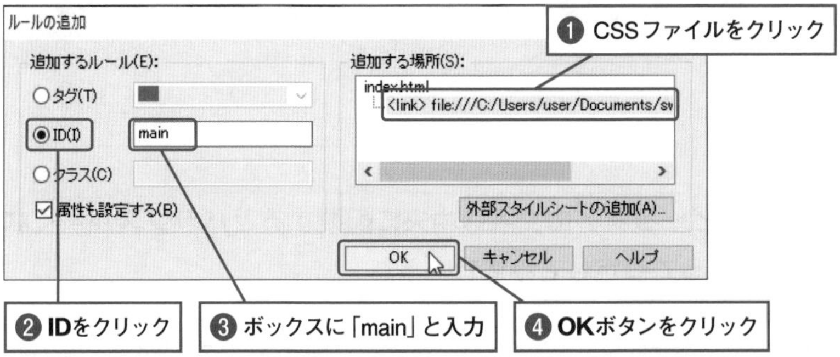

④ 「スタイルの設定」ダイアログが表示された

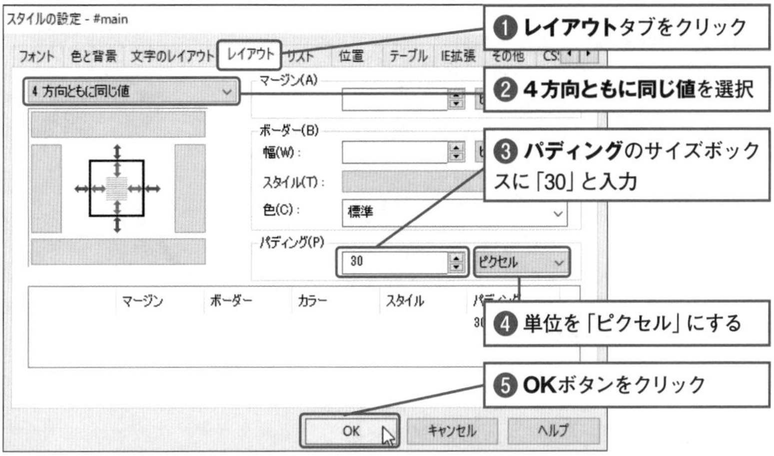

⑤ 周囲に余白ができた

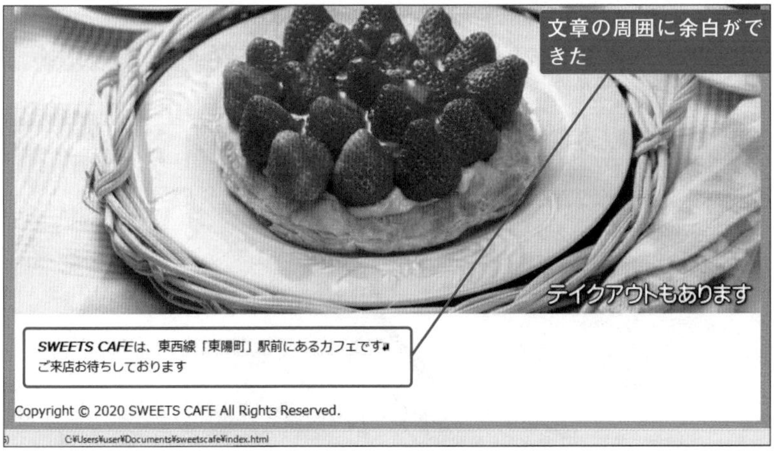

Memo **「外部CSSファイルの更新確認」ダイアログが表示された**

「外部CSSファイルの更新確認」ダイアログが表示されたら、[はい]ボタンをクリックします。

Onepoint **パディングとは**

92ページで説明したマージンはボーダーから外側の余白のことですが、パディングは文字または画像からボーダーまでの余白のことです。ここでは、ボーダーまでのスペースに余裕を持たせたいのでパディングに「30」ピクセルを設定します。

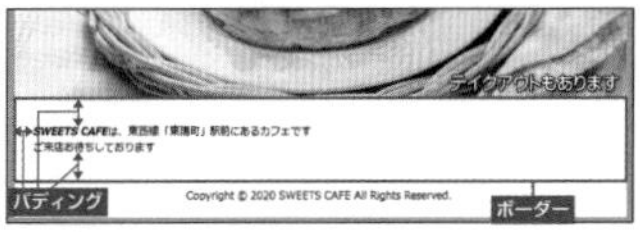

▲ボーダーより内側がパディング

section 33

フッターのスタイル設定

フッターの文字列を中央に配置させるには

LEVEL ●●●○○

スタート	SECTION33_1 index.html
完成	SECTION33_2 index.html

フッターにあるコピーライトの文字は中央に配置するとバランスがよくなります。CSSを使って設定してみましょう。

文章を中央に配置するスタイルを設定する

Onepoint 文章を中央に配置させる

文章を入力すると左端から表示されます。中央に配置させたいときには、文字のレイアウトを中央にするスタイルを適用します。

❶ フッターのレイアウトコンテナをクリックする

❶「Copyright～」をクリック
テイクアウトもあります
SWEETS CAFEは、東西線「東陽町」駅前にあるカフェです
ご来店お待ちしております
Copyright © 2020 SWEETS CAFE All Rights Reserved.

❷ ［ルールの新規作成］をクリックする

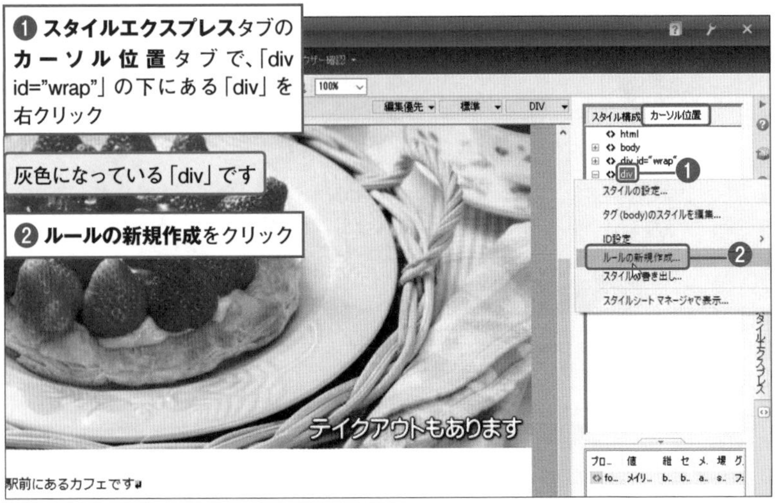
❶ スタイルエクスプレスタブのカーソル位置タブで、「div id="wrap"」の下にある「div」を右クリック
灰色になっている「div」です
❷ ルールの新規作成をクリック
スタイル構成
カーソル位置
html
body
div id="wrap"
div
スタイルの設定...
タグ (body)のスタイルを編集...
ID設定
ルールの新規作成...
スタイルの書き出し...
スタイルシート マネージャで表示...
テイクアウトもあります
駅前にあるカフェです

③ 「ルールの追加」ダイアログが表示された

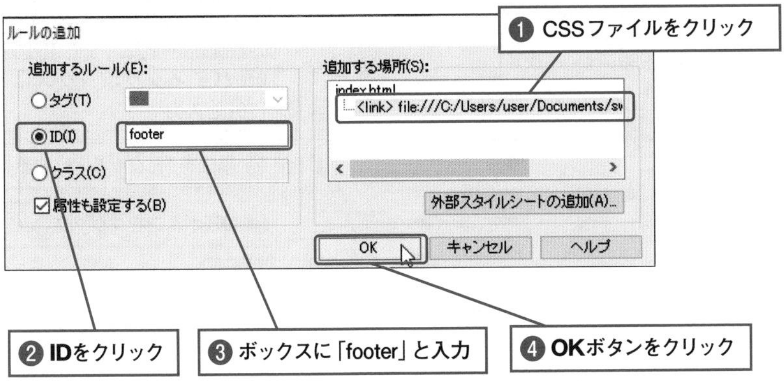

「外部CSSファイルの更新確認」ダイアログが表示されたら**はい**をクリックします

④ 「スタイルの設定」ダイアログが表示された

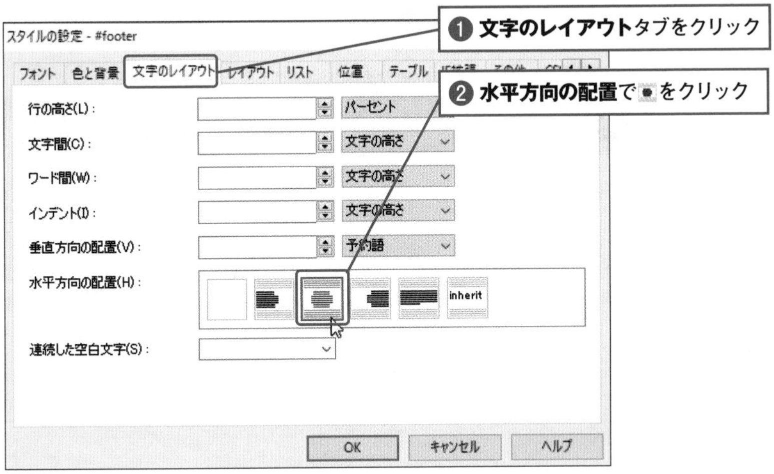

⑤ レイアウトを選択する

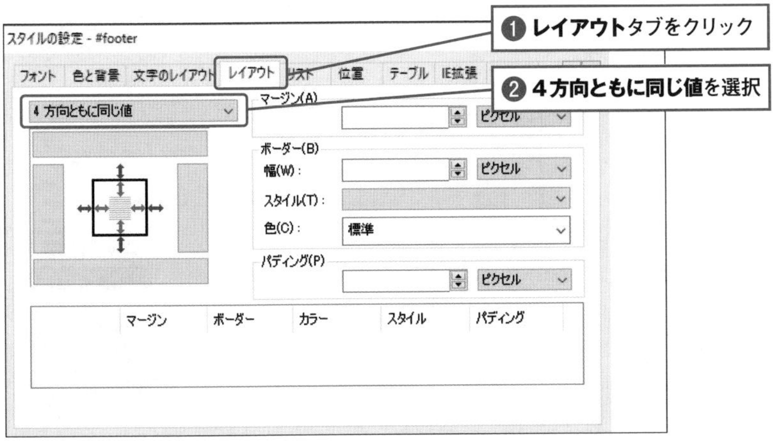

Memo 文字列の配置を設定するには

「文字列を中央に配置したい」「右寄せにしたい」といったときは、「スタイルの設定」ダイアログの「文字のレイアウト」タブで、水平方向の位置で設定できます。

Hint CSSを使いこなしたい

本書は、初心者向けの解説書なので、CSSについては最小限の説明にしています。CSSをさらに使えるようになりたい人は、CSS専門の解説書で学習するとよいでしょう。

⑥ パディングを設定する

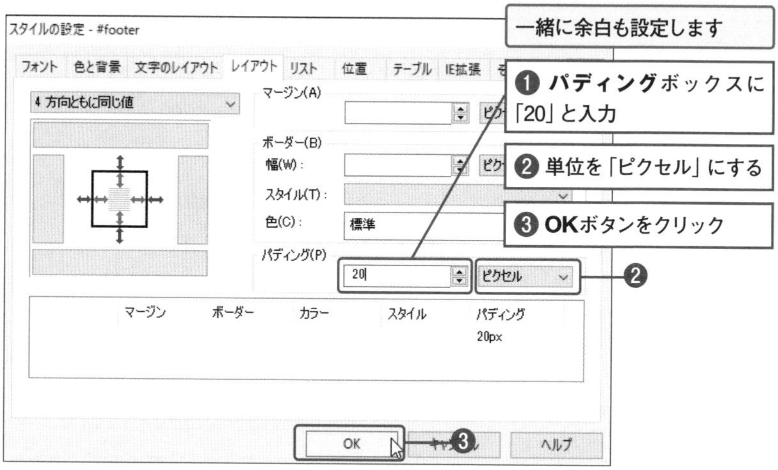

⑦ フッターにスタイルを適用した

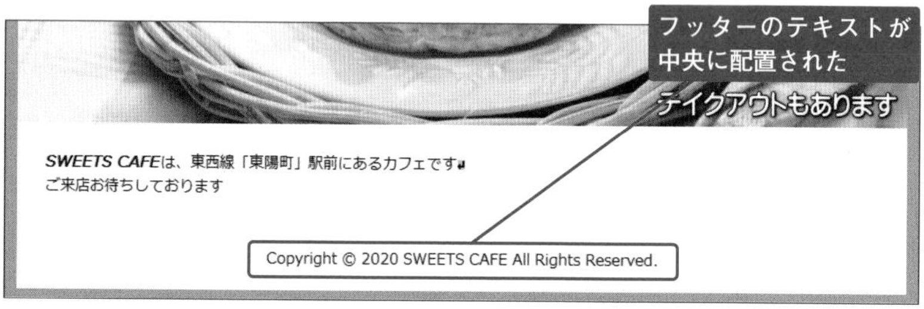

Technic CSSエディターで手入力する

本書では、スタイルシートマネージャやスタイルエクスプレスビューを使ってスタイルを設定していますが、知識が付いてきたらCSSエディターを使って手入力することも可能です。CSSエディターは、「ツール」メニューの［CSSエディターの起動］をクリックして表示できます。既存のCSSファイルを編集する場合は、「表示」メニュー→［スタイルシートマネージャ］でCSSファイルを選択し、［CSSエディターで編集］ボタンをクリックして開くことができます。

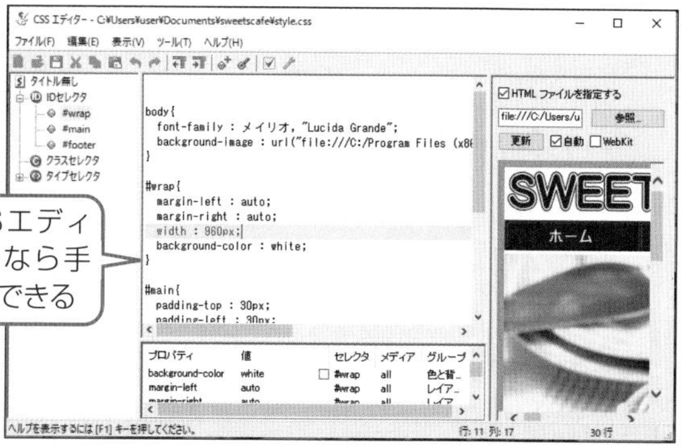

第5章

5

メインのページからつながる他のページも作成しよう

トップページ以外のページをサブページといいます。作成したトップページをもとに、サブページを作成してみましょう。サブページができたら、トップページや他のページへ移動できるように設定します。また、表の入れ方や写真のフレームについても説明します。

section 34

ページを複製して保存するには

LEVEL ●●●○○○

スタート	SECTION34_1 index.html
完成	SECTION34_2 info.html

作成したトップページを複製してサブページを作成しましょう。複製したら、名前を付けて保存します。ページタイトルも変更しておきましょう。

ページを複製する

ページを複製して活用する

それぞれのページのデザインを統一させたい場合には、コピーして活用すると便利です。1ページ分のみがコピーされるので、複数のページが必要な場合は操作を繰り返します。

ここで使用するデータ

ここで使用するファイルは、秀和システムのホームページからダウンロードできます。詳しくは12ページを参照してください。

① ▶ [ページの複製] をクリックする

作成したサイトとトップページを開きます

❶ ファイルメニューをクリック

❷ ページの複製をクリック

② ▶ ページをコピーした

タイトルバーに「newpage1.html」と表示された

[newpage1.html]

5

メインのページからつながる他のページも作成しよう

名前を付けて保存する

①［名前を付けて保存］をクリックする

②「名前を付けて保存」ダイアログが表示される

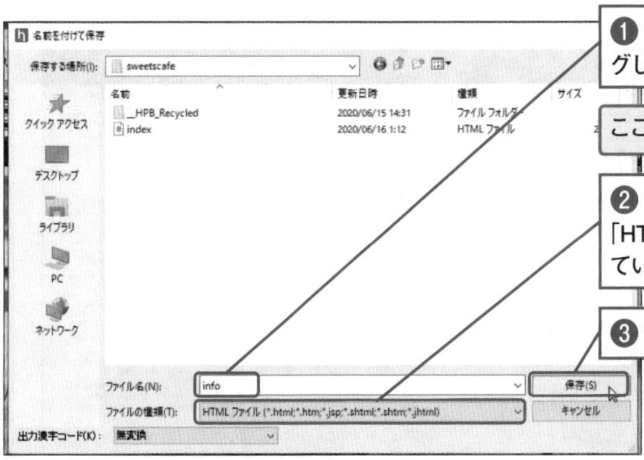
❶「newpage1」をドラッグしてファイル名を入力
ここでは「info」とします
❷ファイルの種類が「HTMLファイル」になっていることを確認
❸保存ボタンをクリック

③保存できた

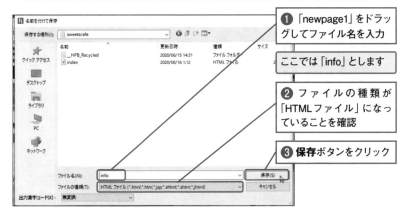

タイトルバーにファイル名が示された
[info.html(

Onepoint ページを保存する

ページを作成したらなるべく早く保存しておきましょう。一度保存すれば、次回からは［上書き保存］ボタンで保存できます。

Hint ファイル名の付け方

ファイル名はURLの一部になるので、半角英数字を使わなければなりません（ハイフン「-」とアンダースコア「_」は可能）。インターネット上では大文字と小文字は区別され、同じ綴りでも別々のページと見なされます。通常は小文字を使います。

トップ画像のレイアウトコンテナを削除する

❶ レイアウトコンテナを削除する

❶ 写真上で右クリック
❷ レイアウトコンテナをポイント
❸ レイアウトコンテナの削除をクリック
SWEETS CAFE

Memo トップ画像を削除する

トップ画像はサイズが大きいので、サブページでは削除します。または、代わりに小さめの画像を用意して使用します。

❷ トップ画像のレイアウトコンテナが削除された

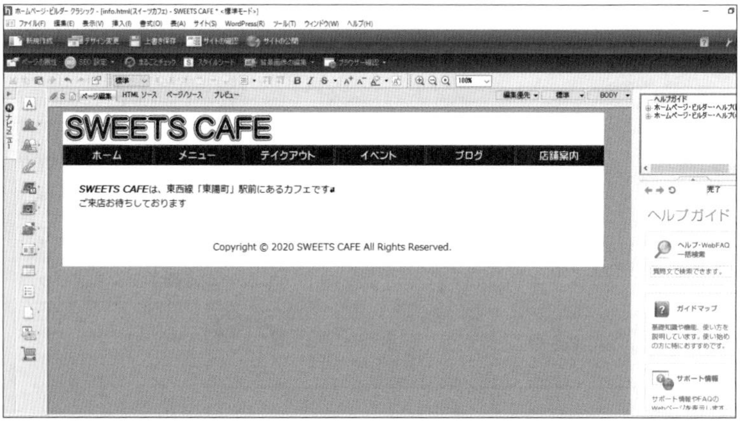

ページタイトルを変更する

❶「属性」ダイアログを表示する

② ページタイトルを変更する

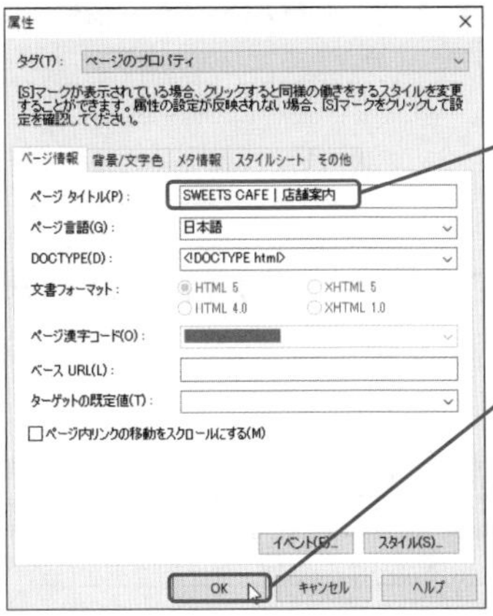

❶ **ページタイトル**ボックスに「SWEETS CAFE | 店舗案内」と入力

❷ **OK**をクリック

Memo 「|」の入力方法

「|」を入力するには、[Shift] キーを押しながら [¥] キーを押します。

③ ページタイトルが変更された

Memo 複製したページのタイトルを変更する

複製したページは、元のページのタイトルが引き継がれるので、内容がわかるように変更します。

④ 上書き保存する

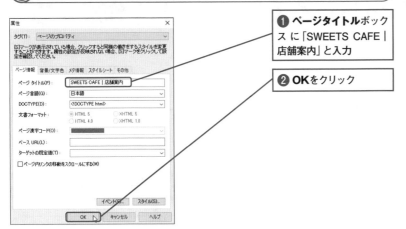

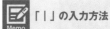

❶ **上書き保存**をクリック

Memo 上書き保存

先ほどファイル名を付けて保存しているので、ここでは上書き保存をします。

section 35

スタート	SECTION35_1 info.html
完成	SECTION35_2 info.html

見出しの作成

内容がわかるように見出しを作成するには

LEVEL ●●●●○

見出しは、内容がわかるように付ける題名のことです。このsectionで見出しを設定し、次のsectionで見出しにスタイルを設定します。

見出しを作成する

① カーソルを移動する

❶「ご来店お待ちしております」の後ろをクリック
SWEETS CAFE
ホーム
メニュー
テイクアウト
イベント
SWEETS CAFEは、東西線「東陽町」駅前にあるカフェです
ご来店お待ちしております
Copyright © 2020 SWEETS CAFE All Rights Reserved.

② 「見出し1」をクリックする

❶ ツールバーの**段落の挿入／変更**ボックスをクリック
❷ **見出し1**をクリック
SWEETS CAFE
SWEETS CAFEは、東西線「東陽町」駅前にあるカフェです
ご来店お待ちしております
Copyright © 2020 SWEETS CAFE All Rights Reserved.

Onepoint 見出しとは

見出しとは、内容がわかるように付ける題名のことです。「見出し1」は大見出しです。「見出し2」が中見出しで、見出し6まであり、数値が大きくなるほど小さな見出しになります。見出しに設定した文字列は、検索サイトで高く評価されるので、重要な文字列を見出しとして設定しておくことで、検索サイトの上位に表示させるための対策となります。ここでは、「店舗案内」という文字を見出し1として設定します。

③ 見出しを入力する

❶「店舗案内」と入力

📝 **Memo**　「段落の挿入／変更」がない

[段落の挿入／変更] は「書式」
ツールバーにあります。「書式」ツー
ルバーが非表示になっている場合
は、「表示」メニューの [ツール
バー] をポイントして [書式] をク
リックします。

④ 文章を削除する

❶「SWEETS CAFE
〜」の文章をドラッグ
し、[Delete] キーを押し
て削除

⑤ 見出しを作成できた

 Technic　見出しを解除するには

設定した見出しを解除して、通常
の段落にするには、見出しをクリッ
クしてから、ツールバーの [段落の
挿入／変更] をクリックし、「標準」
をクリックします。

section 36

見出しのスタイル設定

スタイルシートを使って見出しを目立たせるには

LEVEL ●●●○○

スタート	SECTION36_1 info.html
完成	SECTION36_2 info.html

前sectionで設定した見出しにスタイルを適用します。ここでは、茶色の文字色で、二重線で囲まれた見出しになるように設定します。

見出しにスタイルを設定する

Memo **見出しのタグ**

大見出しのタグは「h1」なので、「h1」を選択して［ルールの新規作成］をクリックします。

①［ルールの新規作成］をクリックする

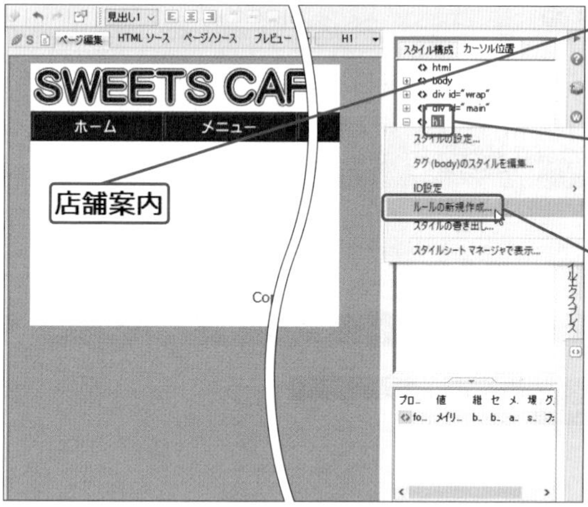

❶「店舗案内」の見出しをクリック

❷スタイルエクスプレスの**カーソル位置**タブで「h1」を右クリック

❸**ルールの新規作成**をクリック

②「ルールの追加」ダイアログが表示された

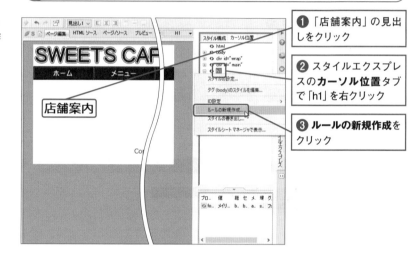

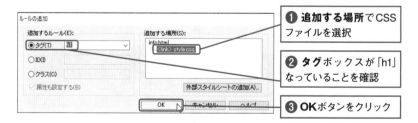

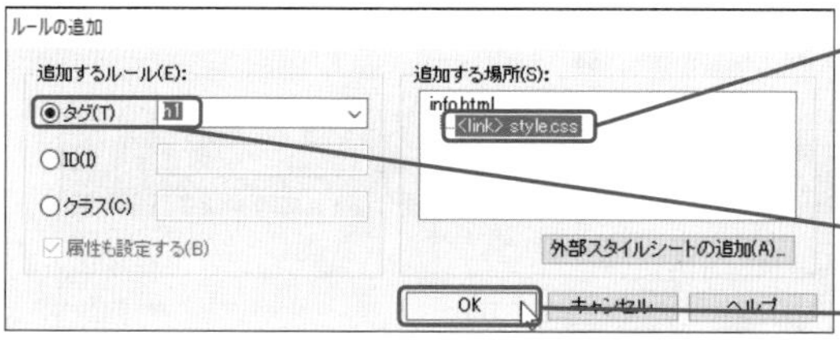

❶**追加する場所**でCSSファイルを選択

❷**タグ**ボックスが「h1」なっていることを確認

❸**OK**ボタンをクリック

「外部CSSファイル更新確認」ダイアログが示されたら**はい**をクリックします

5 メインのページからつながる他のページも作成しよう

③ 「スタイルの設定」ダイアログが表示された

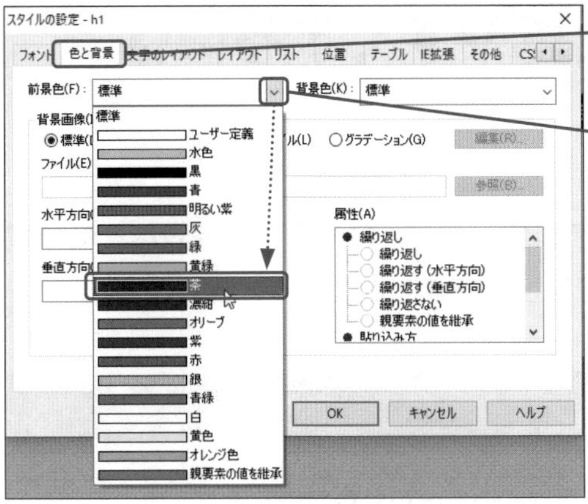

❶ **色と背景**タブをクリック

❷ **前景色**の「V」をクリックして「茶」を選択

④ 「二重線」を選択する

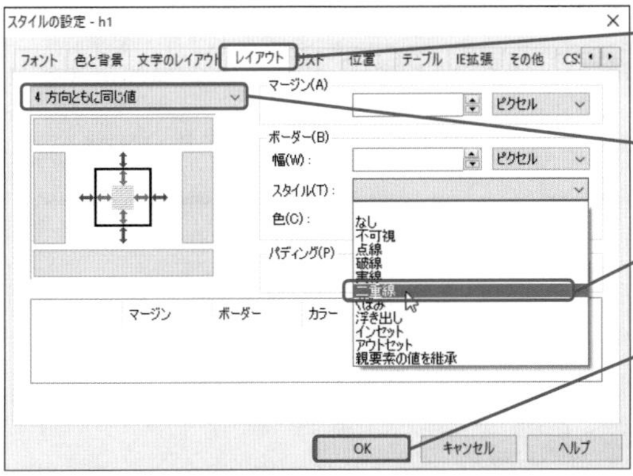

❶ **レイアウト**タブをクリック

❷ **4方向ともに同じ値**になっていることを確認

❸ **ボーダーのスタイル**ボックスで**二重線**を選択

❹ **OK**ボタンをクリック

⑤ 見出しにスタイルが適用された

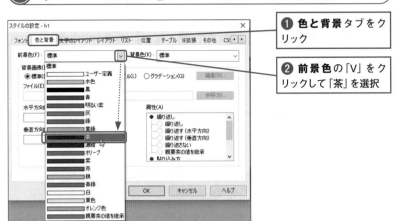

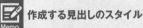

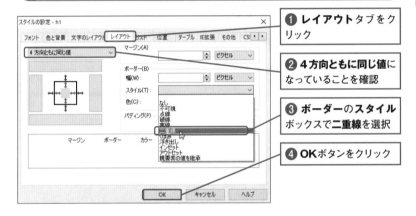

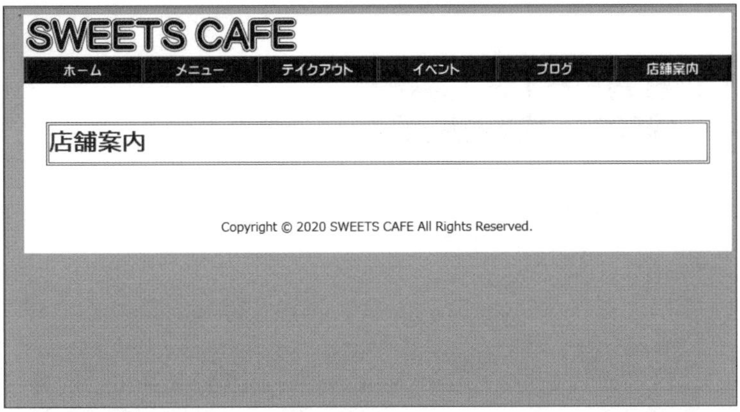

Memo 作成する見出しのスタイル

ここで作成するスタイルは、茶色の文字にするスタイルです。前景色で「茶」を選択します。

Memo ボーダーとは

文字や画像の周囲に枠線を付けるときに、ボーダーを使用します。ここでは二重線で四角く囲むので「4方向ともに同じ値」を選択しますが、下線のみにするには［下方向］を選択します。

section 37

表の挿入

表を使って内容を見やすくするには

LEVEL ●●●●○

スタート	SECTION37_1 info.html
完成	SECTION37_2 info.html

ここで、店舗情報を記載した表を作成します。料金表や実績表などを作成する際にも使えるので、挿入方法をしっかりと覚えておきましょう。

表を挿入する

1 表を挿入する位置にカーソルを移動する

Hint 表／セルとは

データを見やすいように線で区切ったものを表といい、表の中にある四角形ひとつひとつをセルといいます。セルの中に文章を入力したり、画像を追加したりします。

2 [表の挿入] をクリックする

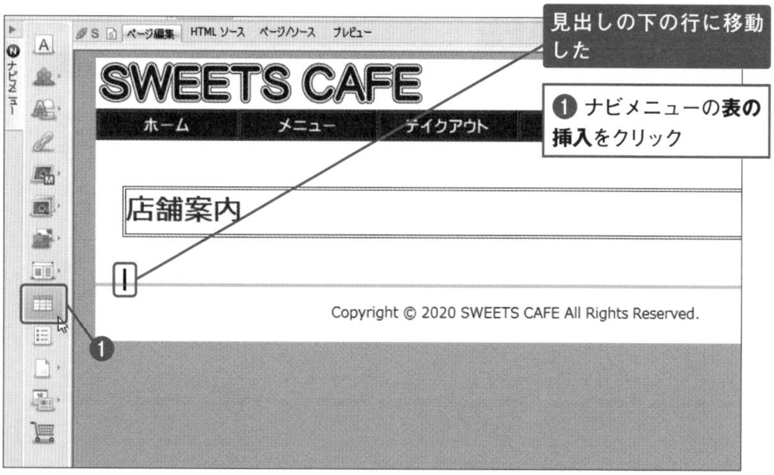

③ 「表の挿入」ダイアログが開いた

ここでは4行2列の表を作成します

❶ **行数**を「4」にする

❷ **列数**を「2」にする

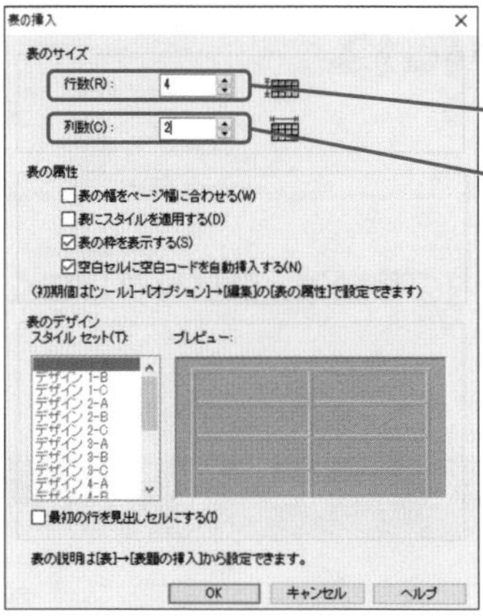

④ [空白セルに空白コードを自動挿入する]をオフにする

❶ **空白セルに空白コードを自動挿入する**のをチェックを外す

❷ **OK**ボタンをクリック

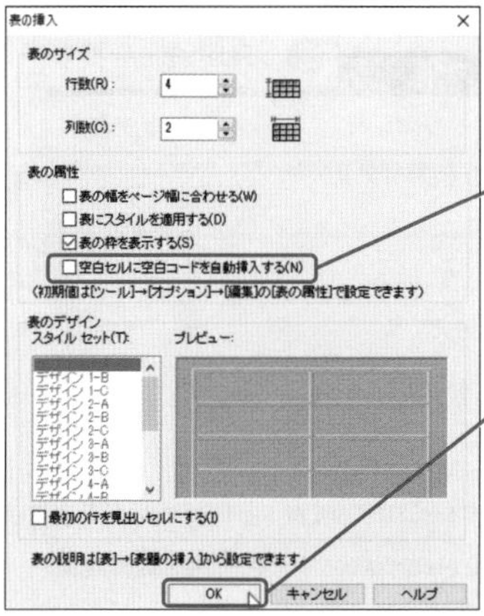

セルの中に半角スペースを入れない

セルの中に半角スペースを入れたくない場合は、[空白セルに空白コードを自動挿入する]をオフにします。後からスペースを入れる場合は、ナビメニューの[その他の挿入]の[特殊文字]をクリックし、一覧の■をクリックします。

⑤ 表が挿入された

4行×2列の表が作成された

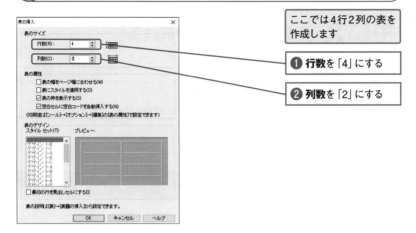

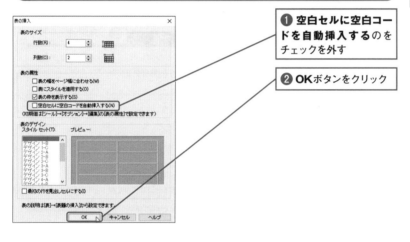

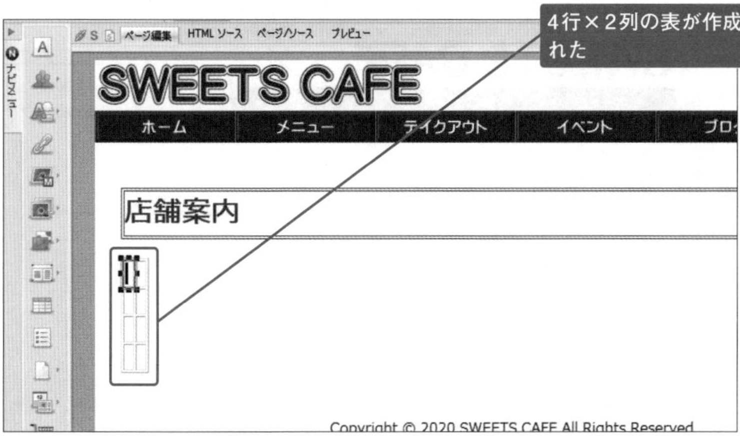

表を削除するには

表を削除したいときは、表の中をクリックし、「表」メニューの[表の削除]をクリックします。

section 38

スタート	SECTION38_1 info.html
完成	SECTION38_2 info.html

セルへの文字入力

表の中に文字を入力するには

LEVEL ●●●○○

表の中に、店舗情報の内容を入力します。セル内の移動は、クリックしなくても [Tab] キーを使うと楽に移動できます。

セルに文字を入力する

1 セルに文字を入力する

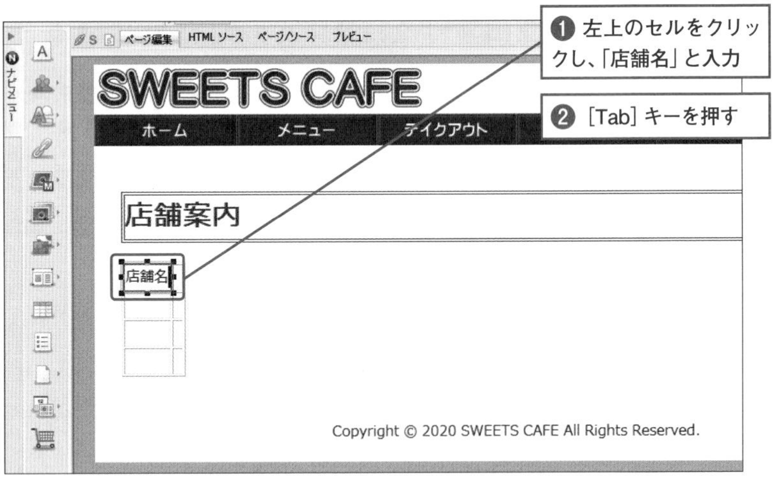

2 次のセルに移動した

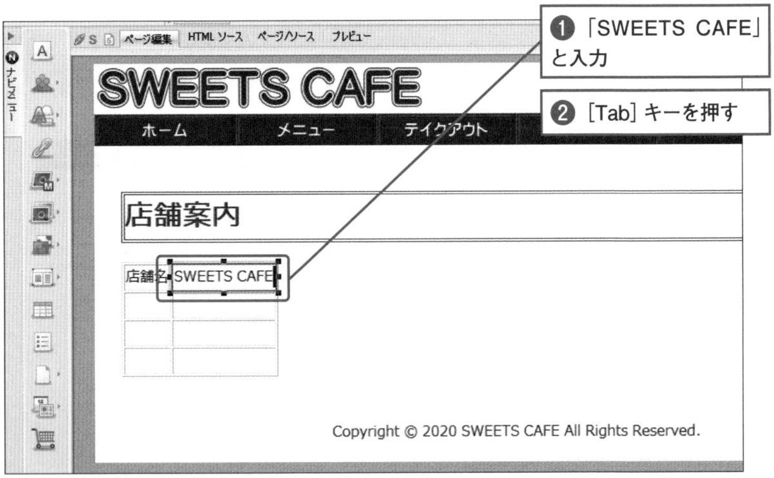

Memo セル間を移動する

セルに文字を入力していく際には、[Tab] キーを押しながら次のセルに移動します。右端のセルから次の行の左端のセルに移動するときも、[Tab] キーを押すことで移動できます。前のセルに移動する場合は、[Shift] + [Tab] キーを押します。

③ 次の行の先頭のセルに移動した

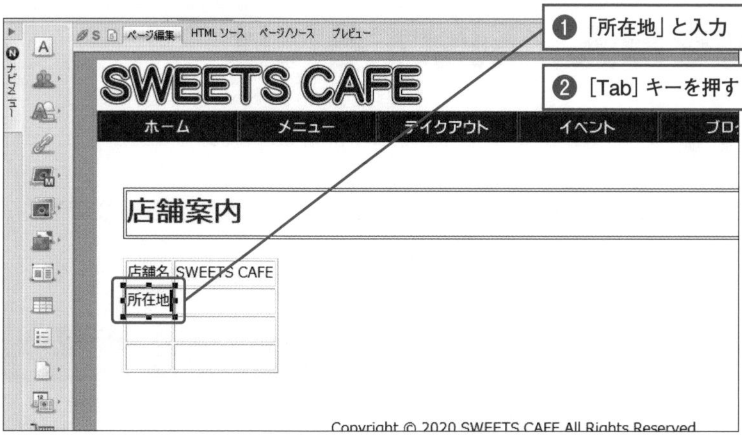

❶「所在地」と入力

❷ [Tab] キーを押す

④ 文字を入力する

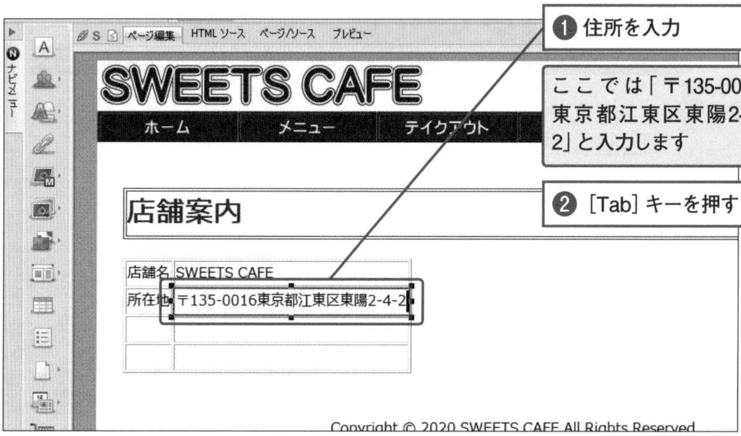

❶ 住所を入力

ここでは「〒135-0016 東京都江東区東陽2-4-2」と入力します

❷ [Tab] キーを押す

⑤ 他のセルにも文字を入力する

❶「電話番号」「03-0000-0000」と入力

❷「店長」「秀和ひで子」と入力

Memo 表に入れる文字や画像

表のセルには、文章を入力でき、太字や斜体を設定することができます。また、section18の画像を挿入することもできます。

section 39

行と列

行や列を挿入／削除するには

LEVEL ●●●○○

スタート	SECTION39_1 info.html
完成	SECTION39_2 info.html

表に文字を入力しているうちに、行や列が足りなくなることもありますが、後からいくらでも追加できますので大丈夫です。

行を追加する

① セルをクリックする

② ［下へ1行追加］をクリックする

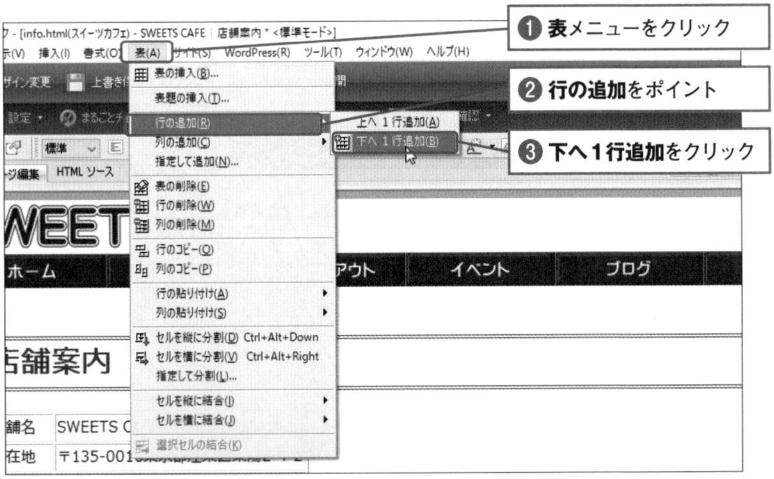

Technic セルを結合するには

複数のセルを1つのセルにするには、結合したいセルをドラッグして選択し、「表」メニューの［選択セルの結合］をクリックします。

③ 行を追加できた

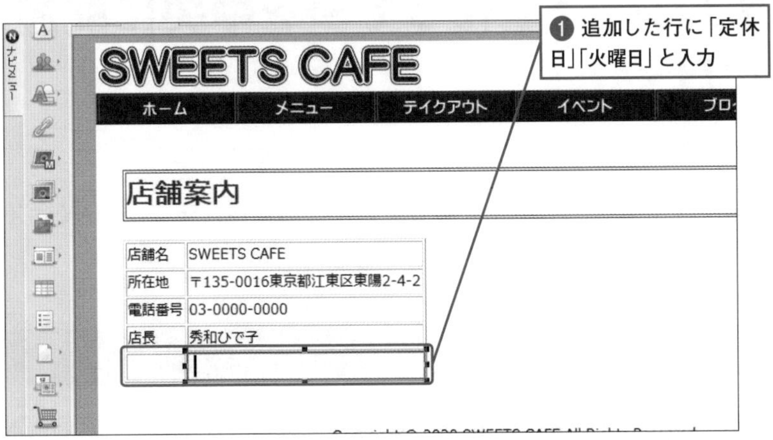

Memo 半角スペースを削除する

追加したセルには空白コード（半角スペース）が含まれています。[Delete] キーまたは [BackSpace] キーで削除してください。

行を削除する

① 「表」メニューの［行の削除］をクリックする

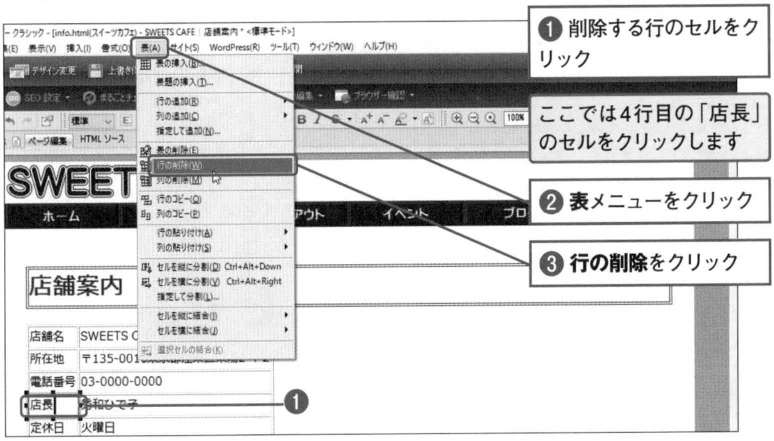

② 行が削除された

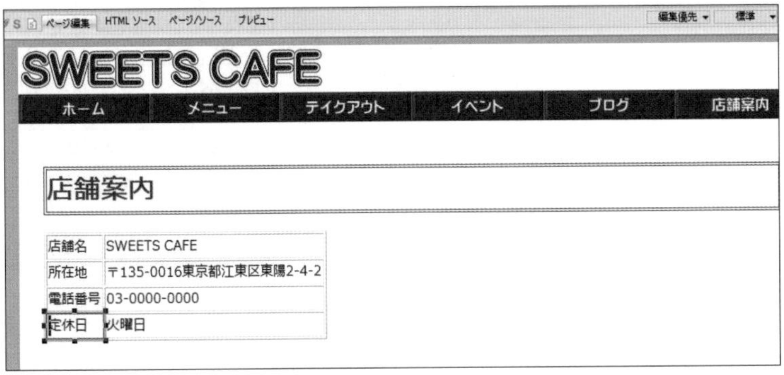

Onepoint 列を追加／削除するには

列を追加するには、「表」メニューをクリックし、[列の追加] をポイントして [左へ1列追加] または [右へ1列追加] をクリックします。列を削除するには、削除する列のいずれかのセルを選択し、「表」メニューの [列の削除] をクリックします。

section 40

表のスタイル設定

スタイルシートを使って表を中央に配置するには

LEVEL ●●●○○

スタート	SECTION40_1 info.html
完成	SECTION40_2 info.html

表は、左に寄っているより、中央にあった方が綺麗に見えます。そこで、スタイルシートを使って中央に配置してみましょう。

表を中央に配置する

Memo 表にスタイルを設定するには

HTMLでは、表は「table」タグで記述します。そのため、手順1で、「table」を選択してCSSファイルに追記します。

❶ [ルールの新規作成] をクリックする

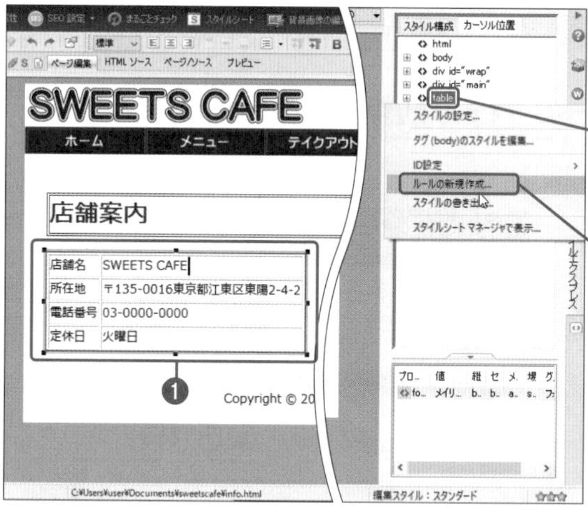

❶ 表をクリック

❷ スタイルエクスプレスの**カーソル位置**タブで「table」を右クリック

❸ **ルールの新規作成**をクリック

❷ 「ルールの追加」ダイアログが表示された

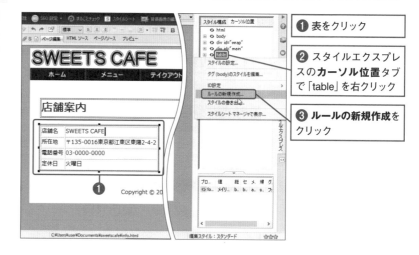

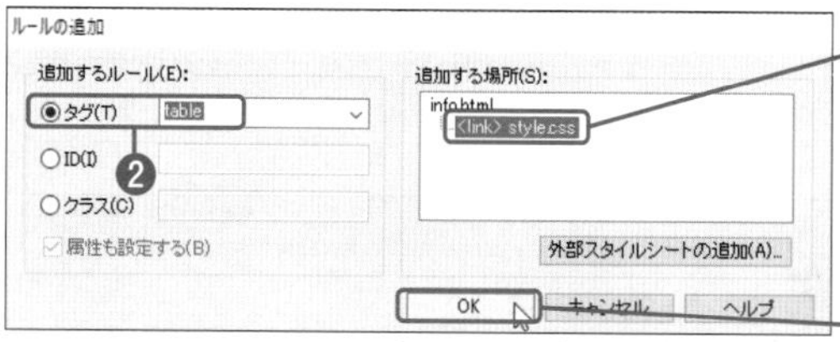

❶ **追加する場所**でCSSファイルを選択

❷ **タグ**ボックスが「table」になっていることを確認

❸ **OK**ボタンをクリック

「外部CSSファイルの更新確認」ダイアログが表示されたら**はい**をクリックします

③ 「スタイルの設定」ダイアログが表示された

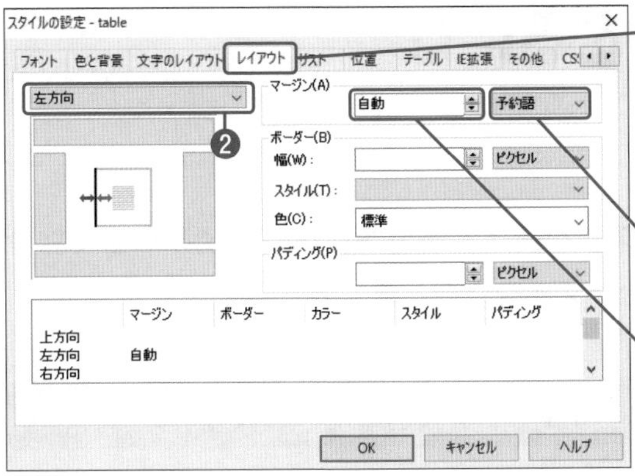

❶ **レイアウト**タブをクリック

❷「V」をクリックして**左方向**を選択

❸ **マージン**の「V」をクリックして**予約語**を選択

❹ ▲をクリックして**自動**を選択

④ マージンを設定する

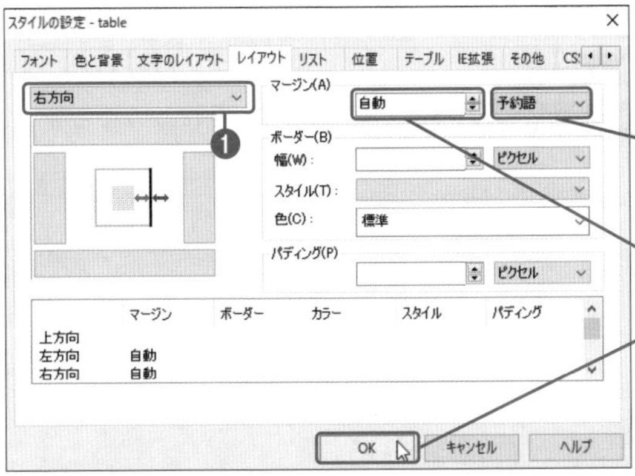

❶「V」をクリックして**右方向**を選択

❷ **マージン**の「V」をクリックして**予約語**を選択

❸ ▲をクリックして**自動**を選択

❹ **OK**ボタンをクリック

⑤ 表が中央に配置された

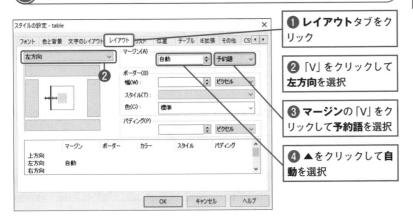

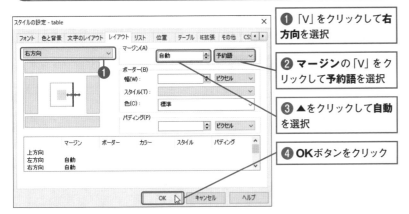

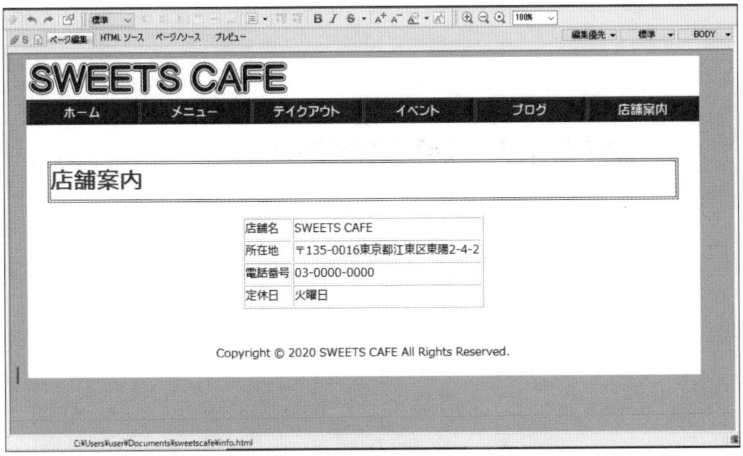

Memo 表を中央に配置する

「スタイルの設定」ダイアログで、左右のマージンを「自動」にすると中央に配置できます。

section 41

スタート	SECTION41_1 menu.html
完成	SECTION41_2 menu.html

リストの作成

箇条書きを作成するには

LEVEL ●●●○○

文章をまとめたいときに、リストを使って項目を並べると読みやすくなります。ここでは●記号がついたリストを作成します。

リストを挿入する

Memo ページの複製

section34を参考にしながら「メニュー」のページを作成します。ページタイトルの変更も忘れずに行っておきましょう。

① 見出しの後ろをクリックする

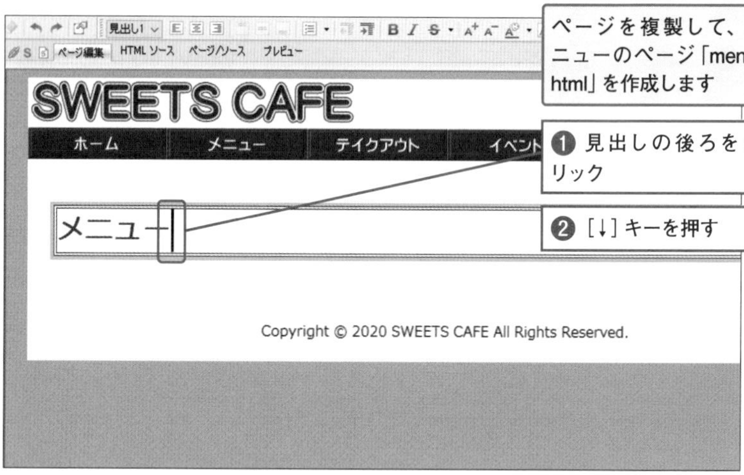

ページを複製して、メニューのページ「menu.html」を作成します

❶ 見出しの後ろをクリック

❷ [↓] キーを押す

Onepoint 箇条書きとは

箇条書きとは内容を分かりやすく並べた項目のことです。HTMLでは箇条書きを「リスト」と呼んでいます。なお、先に項目を入力して後からリストにすることもできます。その場合は複数の項目をドラッグし、ナビメニューの［リストの挿入］をクリックします。

② カーソルが移動した

カーソルが移動した

❶ ナビメニューの**リストの挿入**をクリック

③ リストマークを選択する

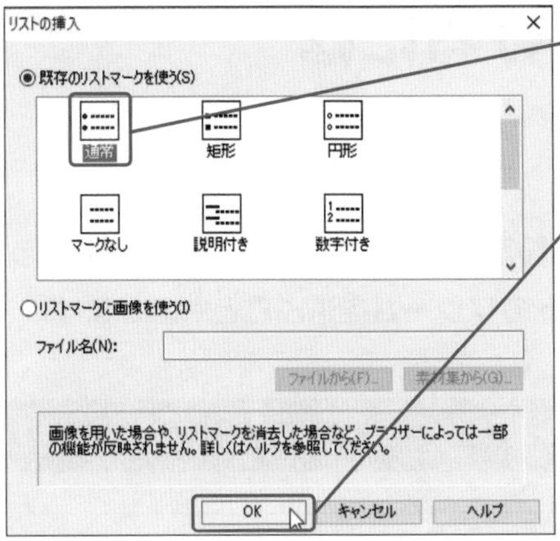

❶ **通常**をクリック

❷ **OK**ボタンをクリック

④ リストのフォーカス枠が現れた

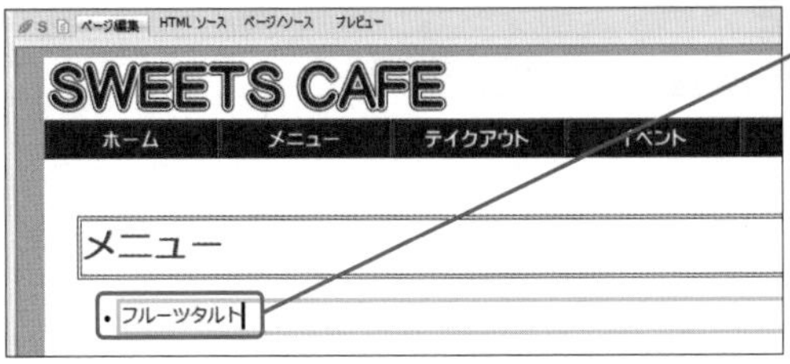

❶ 項目を入力

ここでは「フルーツタルト」と入力します

❷ [Enter] キーを押す

⑤ 2つ目の項目を入力する

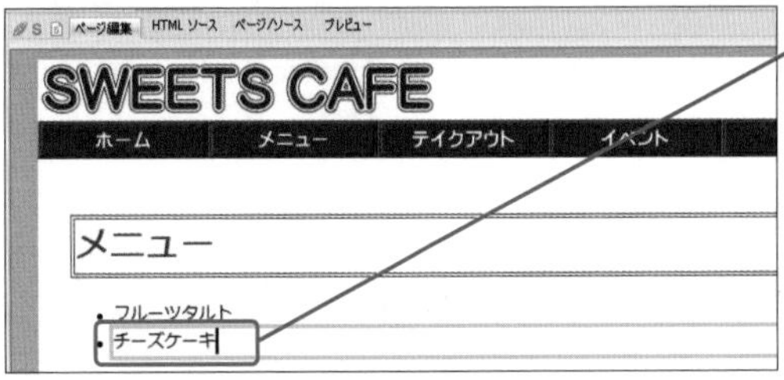

❶ 項目を入力

ここでは「チーズケーキ」と入力します

❷ すべて入力したら [Enter] キーを2回押す

⑥ 箇条書きを入力した

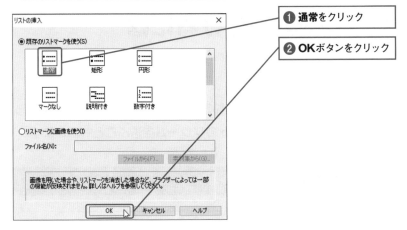

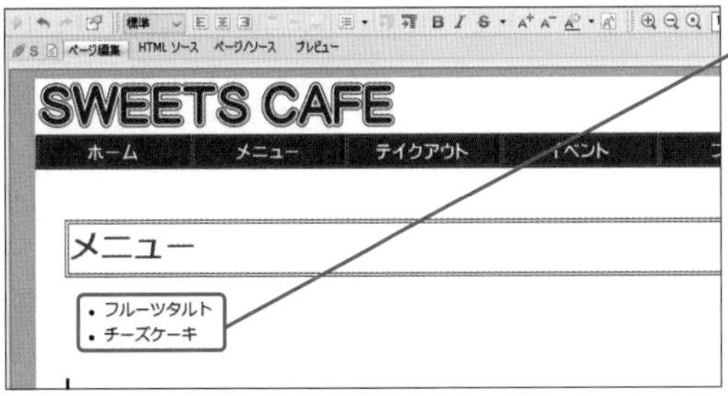

リストの入力が終わった

Onepoint リストの種類

先頭にアルファベットや数字を付けるリストや、用語の解説などに使う「説明付きリスト」などもあります。

フルーツタルト
　　旬の果物で作りました
チーズケーキ
　　酸味を抑えています

▲説明付きリスト

Technic リストを追加／削除するには

リストの項目を増やしたい場合は、追加したい位置の上にある項目の末尾をクリックし、[Enter] キーを押します。削除したいときには、削除する項目をダブルクリックし、[Delete] キーを2回押します。

section 42	
スタート	SECTION42_1 menu.html
完成	SECTION42_2 menu.html

フォトフレームの設定

画像にフレームを付けるには

LEVEL ●●●○○

section18の操作内でも、フレームを設定できますが、ここでの方法を使うと写真の周囲の色を選択でき、イラストのフレームを選ぶこともできます。

画像の下に文字を入れる

① カーソルを移動する

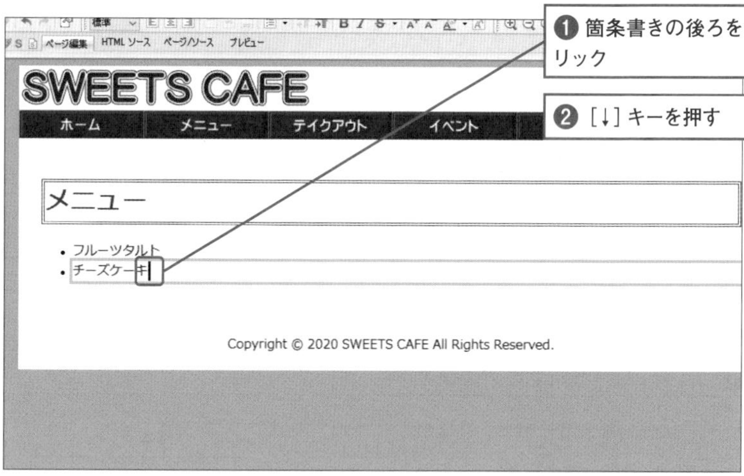

❶ 箇条書きの後ろをクリック

❷ [↓] キーを押す

② 画像を挿入する

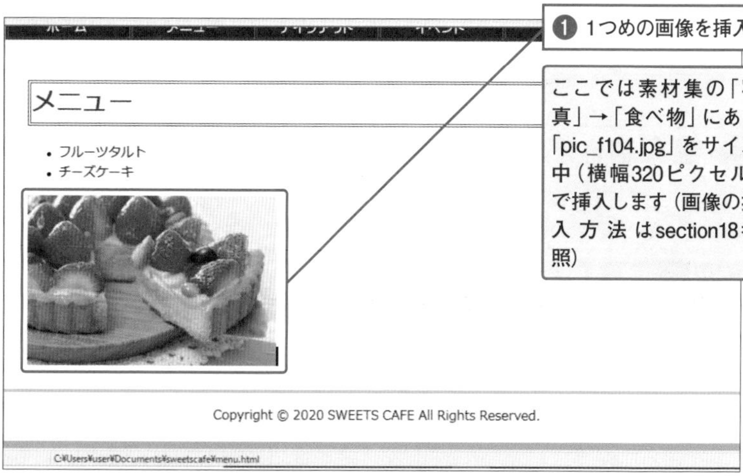

❶ 1つめの画像を挿入

ここでは素材集の「写真」→「食べ物」にある「pic_f104.jpg」をサイズ中（横幅320ピクセル）で挿入します（画像の挿入方法はsection18参照）

Onepoint フレームとは

写真やイラストなどの周囲に付ける枠を「フレーム」と言います。

③ 文字を入力する

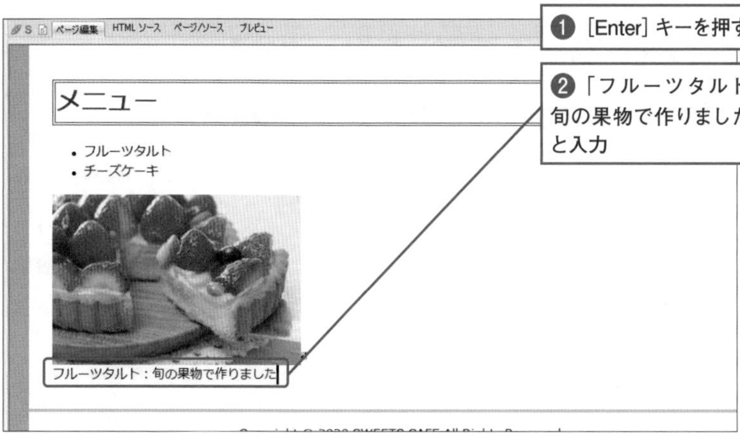

❶ [Enter] キーを押す

❷「フルーツタルト：旬の果物で作りました」と入力

④ 画像を挿入する

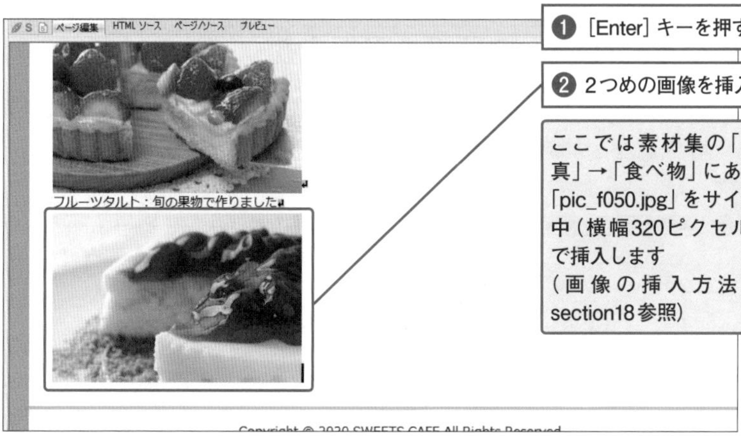

❶ [Enter] キーを押す

❷ 2つめの画像を挿入

ここでは素材集の「写真」→「食べ物」にある「pic_f050.jpg」をサイズ中（横幅320ピクセル）で挿入します（画像の挿入方法はsection18参照）

⑤ 文字を入力する

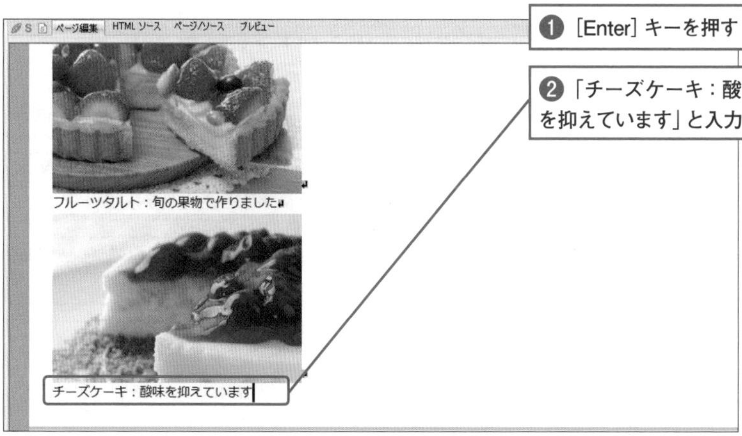

❶ [Enter] キーを押す

❷「チーズケーキ：酸味を抑えています」と入力

Memo 画像に代替テキストを設定する

画像を追加したら、「属性」ダイアログで代替テキストを設定しておきましょう（section18参照）。

フォトフレームを設定する

① [フォトフレーム装飾] をクリックする

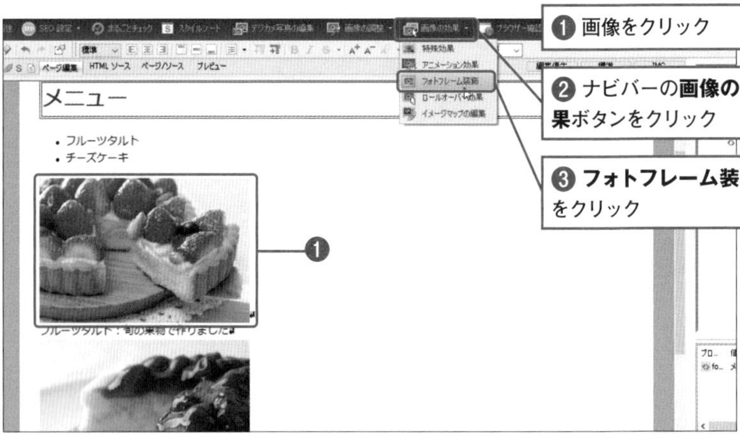

❶ 画像をクリック

❷ ナビバーの**画像の効果**ボタンをクリック

❸ **フォトフレーム装飾**をクリック

② フォトフレームの種類を選択する

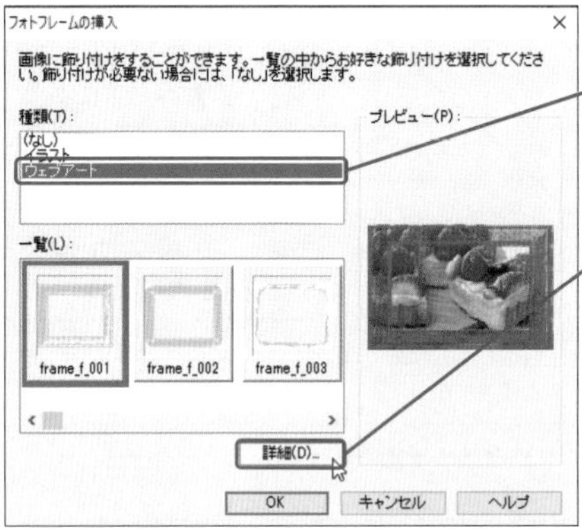

❶ **ウェブアート**をクリック

❷ **詳細**をクリック

Onepoint フレームの種類

フレームの種類は、イラストとウェブアートから選択できます。イラストは絵柄を使ったフレームです。ウェブアートは写真の周囲に変化を付けるフレームです。ここではウェブアートを選択します。

▲イラストを使ったフレーム

③ 「フォトフレーム作成ウィザード」が表示された

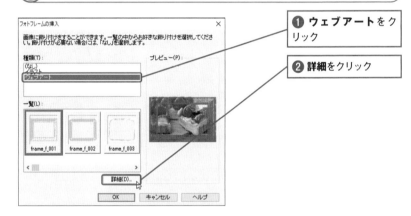

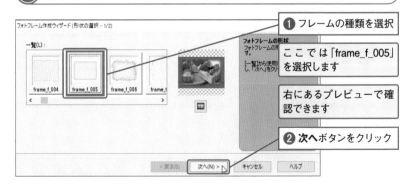

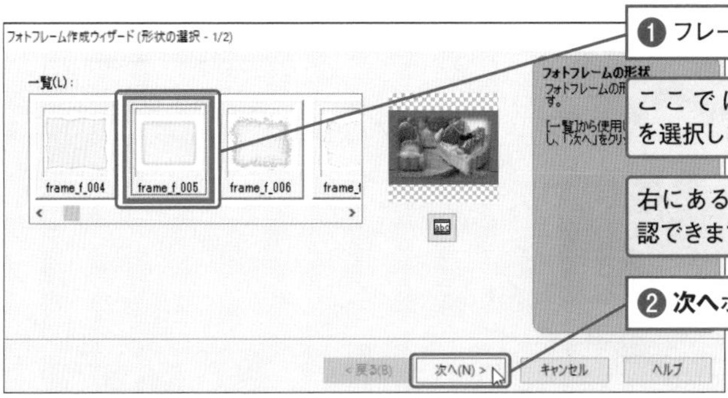

❶ フレームの種類を選択

ここでは「frame_f_005」を選択します

右にあるプレビューで確認できます

❷ **次へ**ボタンをクリック

4 色を選択する

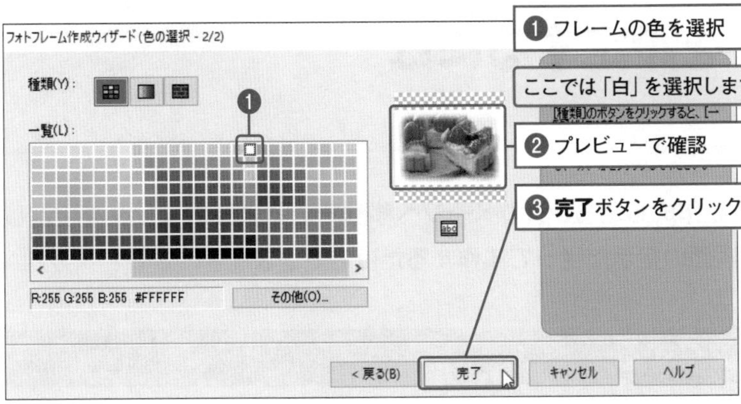

❶ フレームの色を選択

ここでは「白」を選択します

❷ プレビューで確認

❸ **完了**ボタンをクリック

Memo フレームの色の選択

フレームの周囲には、前回指定した色が設定されているので、改めて色を指定します。背景になじむ色を選んでください。

5 「フォトフレームの挿入」ダイアログを閉じる

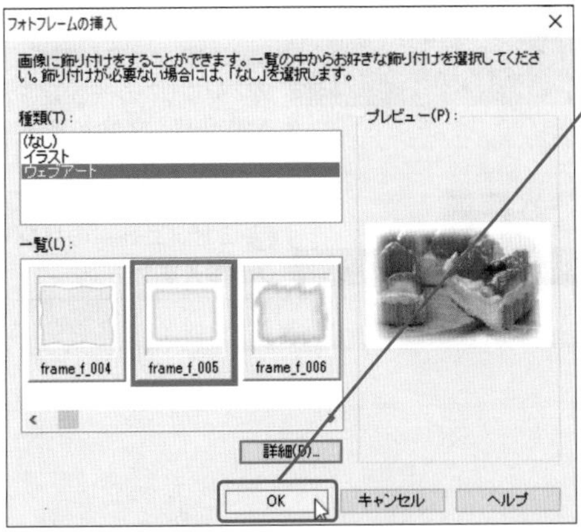

❶ **OK**ボタンをクリック

6 写真にフレームが付いた

もう一枚の写真にもフレームを設定します

Memo フレームを変更するには

フレームを変更したい場合は、画像をクリックし、ナビバーの［画像の効果］ボタンの［フォトフレーム装飾］をクリックして、再設定します。

section 43

スタート	SECTION43_1 menu.html
完成	SECTION43_2 menu.html

リンクの設定

リンクを設定するには

LEVEL ●●●●○

サブページを作成したら、他のページへ移動できるようにリンクを設定しましょう。画面の指示に従って操作するだけでできます。

サイト内の別のページにリンクする

①▸［リンクの挿入］をクリックする

❶「ホーム」の画像をクリック
文字列にリンクを設定する場合は、文字列をドラッグして選択します
❷ ナビメニューの**リンクの挿入**をクリック
SWEETS CAFE
ホーム
メニュー
テイクアウト
メニュー
フルーツタルト
チーズケーキ

②▸「リンク作成ウィザード」が起動した

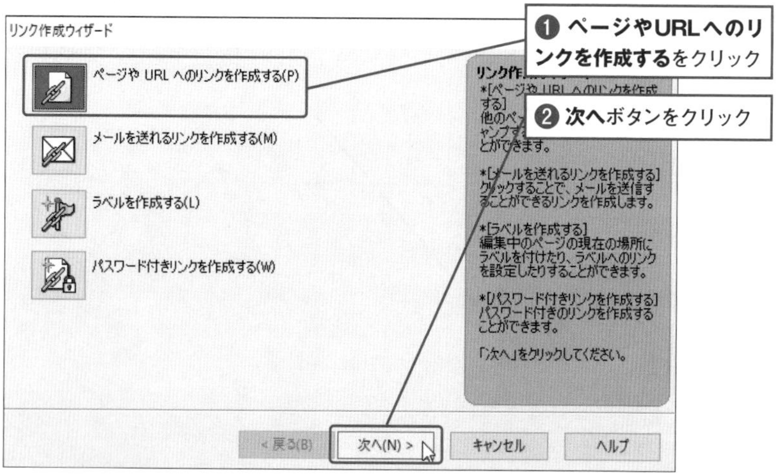
❶ **ページやURLへのリンクを作成する**をクリック
❷ **次へ**ボタンをクリック
リンク作成ウィザード
ページや URL へのリンクを作成する(P)
メールを送れるリンクを作成する(M)
ラベルを作成する(L)
パスワード付きリンクを作成する(W)
*[メールを送れるリンクを作成する]
クリックすることで、メールを送信することができるリンクを作成します。
*[ラベルを作成する]
編集中のページの現在の場所にラベルを付けたり、ラベルへのリンクを設定したりすることができます。
*[パスワード付きリンクを作成する]
パスワード付きのリンクを作成することができます。
「次へ」をクリックしてください。
< 戻る(B)
次へ(N) >
キャンセル
ヘルプ

Onepoint リンクの設定

文字や画像をクリックして、移動できるしくみをリンクといいます。リンク先は他のサイト、同じサイト内の他のページ、同じページの他の位置を指定できます。ページにリンクがないと独立したページになってしまい、訪問者に見てもらうことができないので、必ず設定するようにしましょう。

③ [次へ] ボタンをクリックする

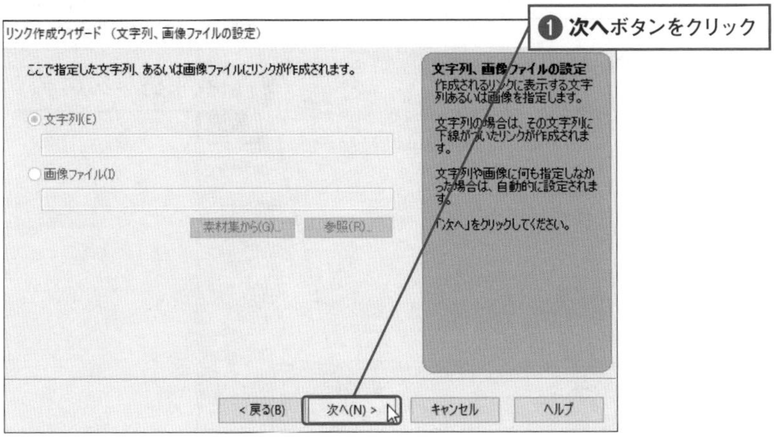

④ リンク先を指定する

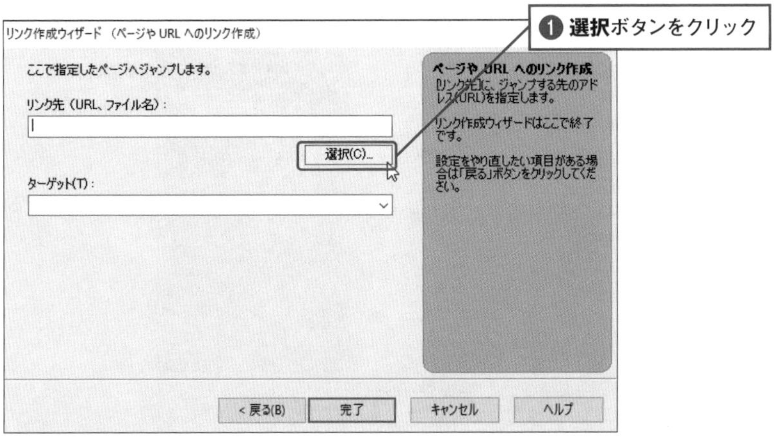

⑤ [ファイルから] をクリックする

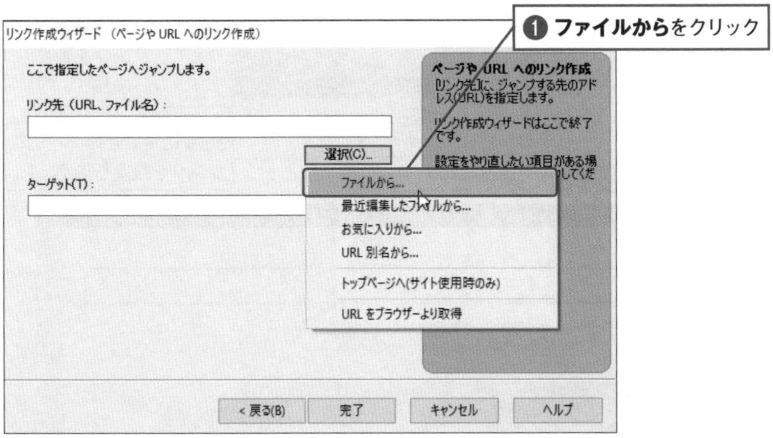

Memo あらかじめ選択せずにリンクを設定しようとすると

文字列や画像を選択せずにリンクを設定しようとすると、手順3の画面で文字列が入力できる状態になります。入力した文字列にリンクが設定されます。

Memo 最近編集したファイルや外部URLにリンクするには

[選択] ボタンをクリックし、[最近編集したファイルから] をクリックすると、最近編集したページの一覧から選択できます。サイトを開いていれば、[トップページへ] を選択して、トップページを指定することもできます。また、[お気に入りから] を選択するとブラウザーで登録したお気に入りのホームページを指定でき、[URLをブラウザーより取得] をクリックすると、ブラウザーに表示しているURLを指定できます。

⑥ リンク先のファイルを選択する

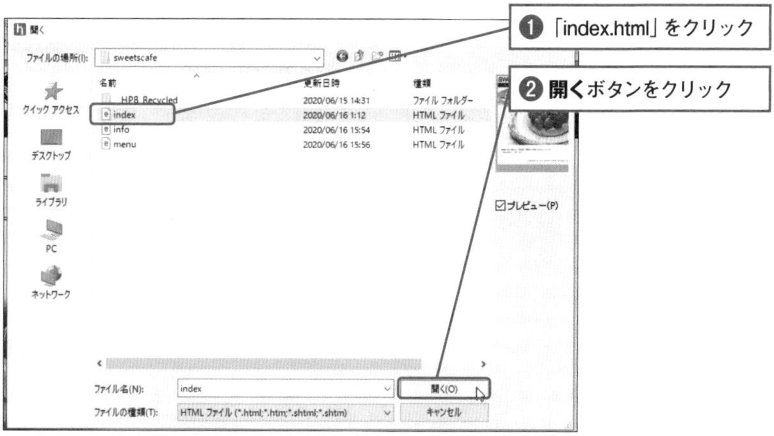
❶「index.html」をクリック
❷ **開く**ボタンをクリック

⑦「リンク作成ウィザード」を終了する

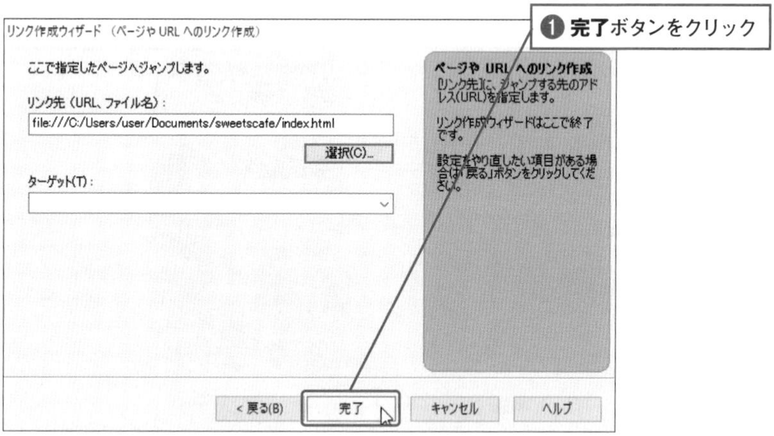
❶ **完了**ボタンをクリック

⑧ リンクを設定できた

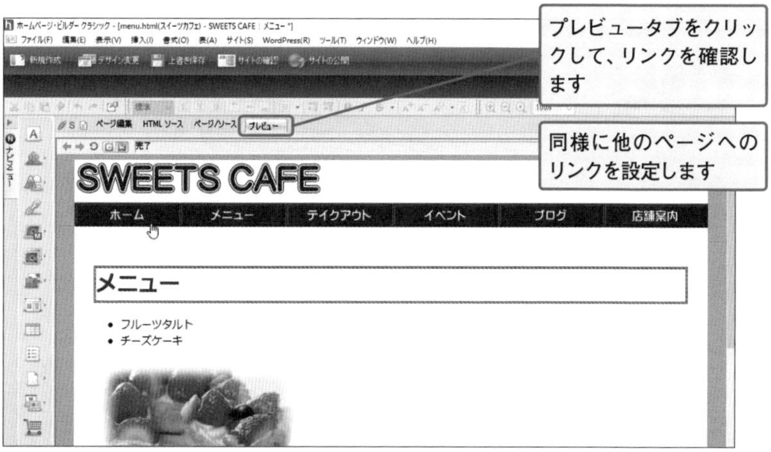
プレビュータブをクリックして、リンクを確認します
同様に他のページへのリンクを設定します

Memo リンクを解除するには

リンクを解除したいときは、リンクを設定した文字列の上をクリックし、ナビバーの［リンクの設定］ボタンをクリックし、［リンクの解除］をクリックします。

他のホームページへリンクする

①「リンク作成ウィザード」を開く

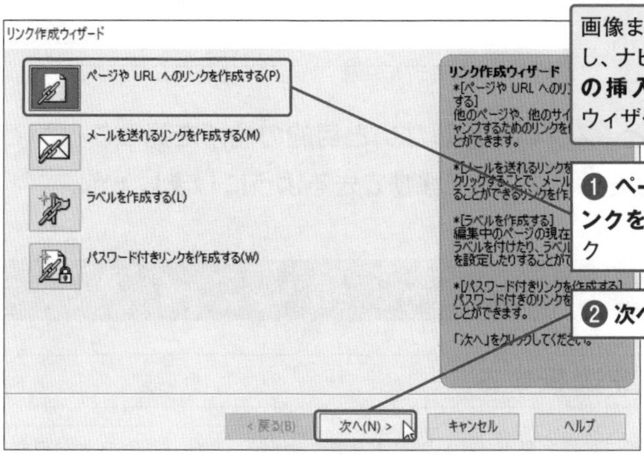

画像または文字列を選択し、ナビメニューの**リンクの挿入**をクリックしてウィザードを開きます

❶ **ページやURLへのリンクを作成する**をクリック

❷ **次へ**ボタンをクリック

②[次へ]ボタンをクリックする

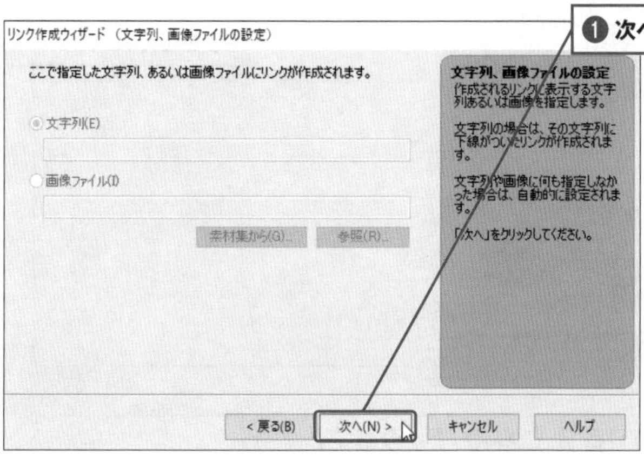

❶ **次へ**ボタンをクリック

③URLを入力する

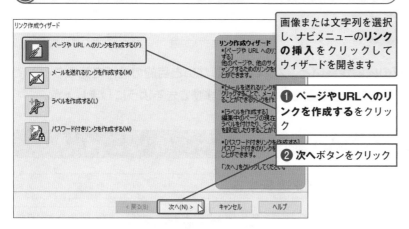

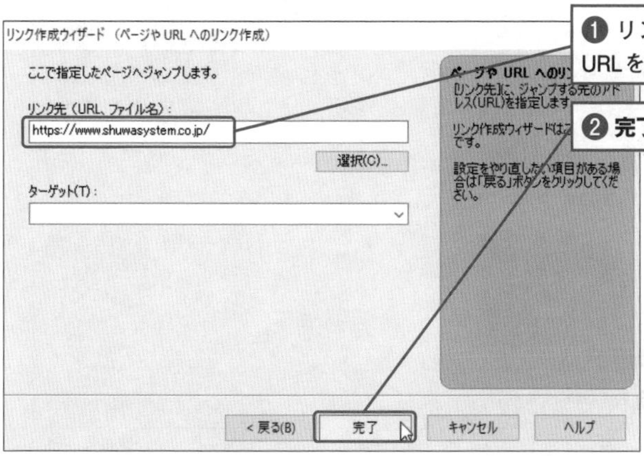

❶ リンク先ボックスにURLを入力

❷ **完了**ボタンをクリック

Technic　リンク先を新しいウィンドウに表示させるには

最後の画面（手順3の画面）で「ターゲット」ボックスの「V」をクリックし、「新しいウィンドウ」を選択すると、リンクをクリックしたときに、新しくウィンドウを開いてリンク先を表示します。

section 44	
スタート	SECTION44_1 menu.html
完成	SECTION44_2 menu.html

ラベルの設定

同じページの他の位置にリンクするには

LEVEL ●●●○○

1ページの内容が長いと、スクロールしないと目的の個所を見ることができません。そのようなときは、リンクで移動できるようにしましょう。

ラベルを作成する

① リンク先を選択する

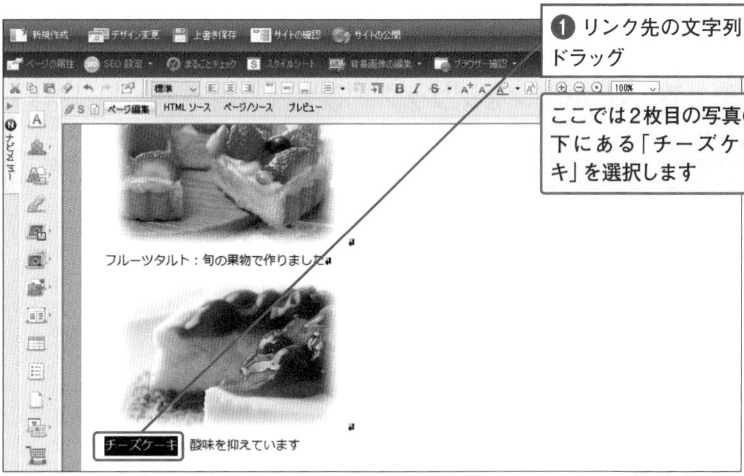

❶ リンク先の文字列をドラッグ
ここでは2枚目の写真の下にある「チーズケーキ」を選択します
フルーツタルト：旬の果物で作りました
チーズケーキ
酸味を抑えています

② [リンクの挿入] をクリックする

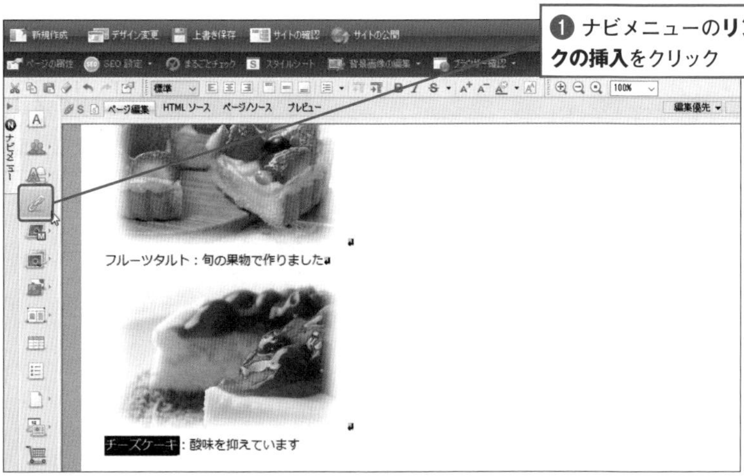

❶ ナビメニューの**リンクの挿入**をクリック
フルーツタルト：旬の果物で作りました
チーズケーキ
酸味を抑えています

Onepoint 同じページ内にリンクする

同じページ内の他の場所にリンクするには、まず移動先の文字列に「ラベル」として印を作成します。ラベルを作成したら、リンクの設定画面でラベルをリンク先として設定します。ここでは箇条書きの「チーズケーキ」をクリックすると、写真の下にある「チーズケーキ」という文字列に移動できるようにします。この場合のラベルは、写真の下にある「チーズケーキ」となります。

③ 「リンク作成ウィザード」が起動した

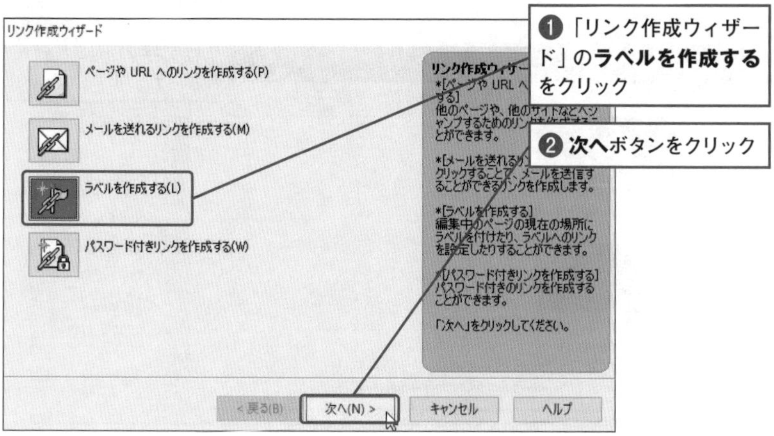
❶「リンク作成ウィザード」の**ラベルを作成する**をクリック
❷ **次へ**ボタンをクリック

④ [ラベルを付ける] を選択する

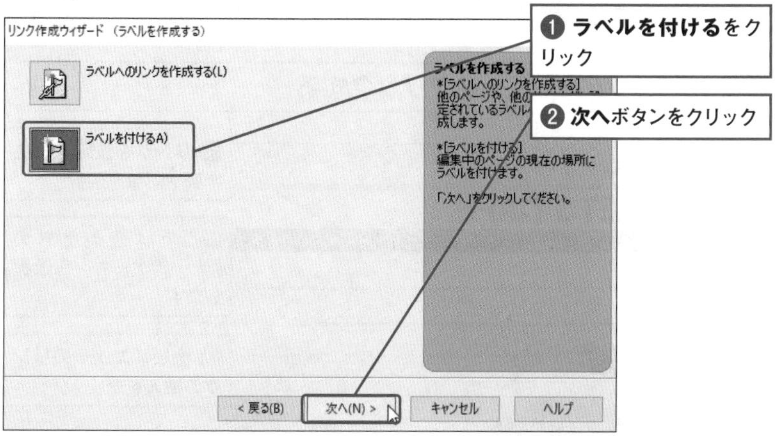
❶ **ラベルを付ける**をクリック
❷ **次へ**ボタンをクリック

Memo ラベルの設定とリンクの作成

まずはラベルを設定するので [ラベルを付ける] を選択します。この後、再び「リンク作成ウィザード」を起動し、ラベルへのリンクを作成します。

⑤ プレビューを確認する

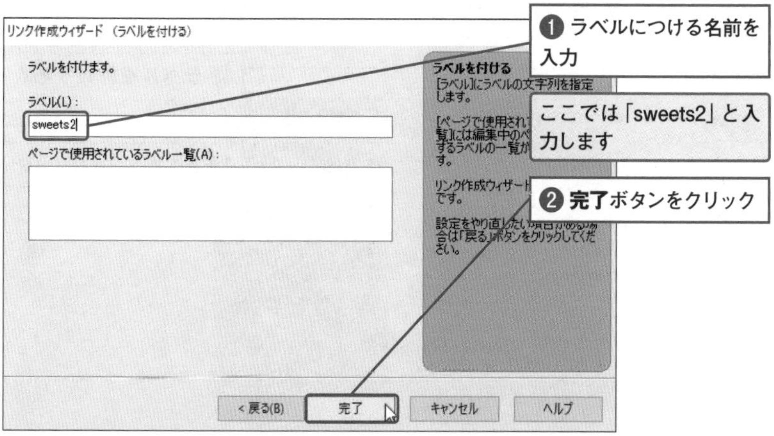
❶ ラベルにつける名前を入力
ここでは「sweets2」と入力します
❷ **完了**ボタンをクリック

Memo ラベルの名前を入力する

ここで入力するラベル名は、HTMLに記述されるので、半角英数字で入力する必要があります。

Memo ラベルに点線が表示された

文字列にラベルを設定すると点線が表示されます。ここにラベルが設定されているという印で、ブラウザーでホームページを見る際には表示されません。

⑥ ラベルを付けた

ラベルを設定した箇所には文字の下に点線が表示されます
フルーツタルト：旬の果物で作りました
チーズケーキ：酸味を抑えています
Copyright © 2020 SWEETS CAFE All Rights Reserved.
チーズケーキ

ラベルをリンク先に設定する

① [リンクの挿入] をクリックする

❶ リンクを設定する文字列や画像を選択
ここでは箇条書きの「チーズケーキ」を選択します
❷ ナビメニューの**リンクの挿入**をクリック
SWEETS CAFE
ホーム
メニュー
テイクアウト
イベント
メニュー
フルーツタルト
チーズケーキ

Memo メールを送れるリンクを作成するには

「メールを送れるリンクを作成する」を選択すると、訪問者が文字列や画像をクリックするとメールソフトが起動し、すぐにメールを送れるようにできます。ただし、パソコン環境によってはメールソフトが起動しないことがあります。

② 「リンク作成ウィザード」が起動した

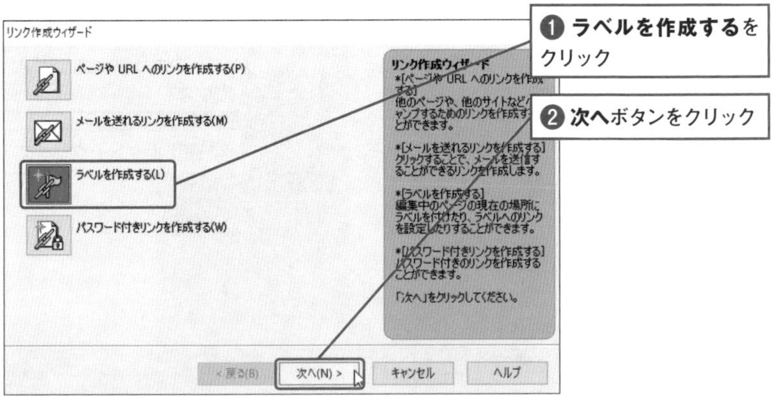
❶ **ラベルを作成する**をクリック
❷ **次へ**ボタンをクリック
リンク作成ウィザード
ページや URL へのリンクを作成する(P)
メールを送れるリンクを作成する(M)
ラベルを作成する(L)
パスワード付きリンクを作成する(W)
＜戻る(B)
次へ(N) ＞
キャンセル
ヘルプ

③ [ラベルへのリンクを作成する] を選択する

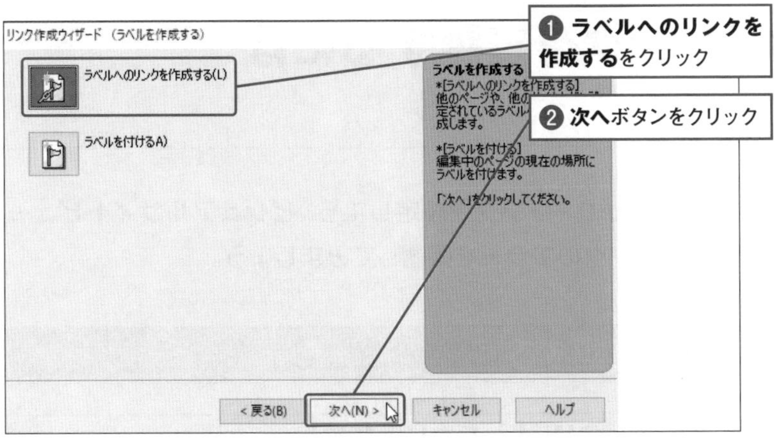

❶ ラベルへのリンクを
作成するをクリック

❷ 次へボタンをクリック

④ リンク先のラベルを選択する

❶ ラベルボックスの「V」
をクリック

❷ 先ほど作成したラベル
を選択

❸ 完了ボタンをクリック

他のページのラベルにリンクするには

他のページに設定したラベルにリンクすることもできます。その場合は [選択] ボタンをクリックし、[ファイルから] をクリックしてファイルを指定します。「他のファイル」ボックスにファイルのパスが表示されたら「ラベル」ボックスでラベルを指定します。

⑤ プレビューを確認する

❶ プレビュータブをク
リック

❷ リンク先へ移動でき
ることを確認

❸ 設定できたら上書き
保存する

未保存のファイル

他のファイルをまだ保存していない場合は保存してください。メニューの「ウィンドウ」をクリックすると開いているページが表示されクリックして切り替えることができます。

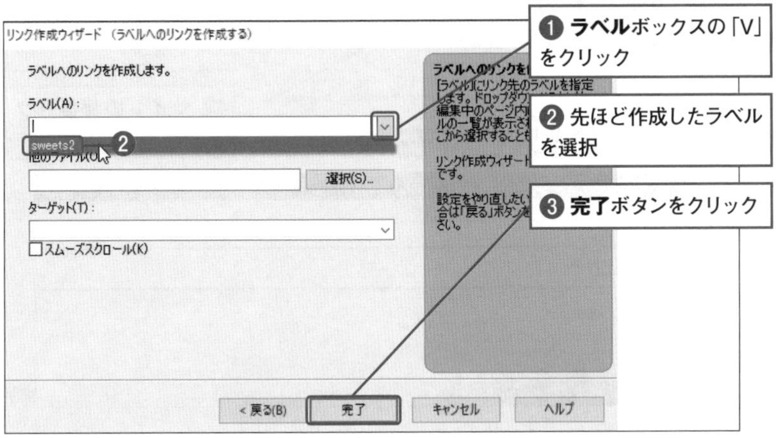

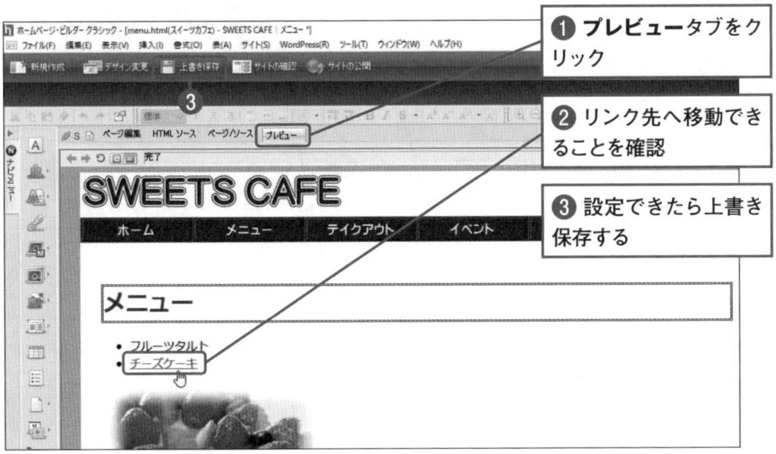

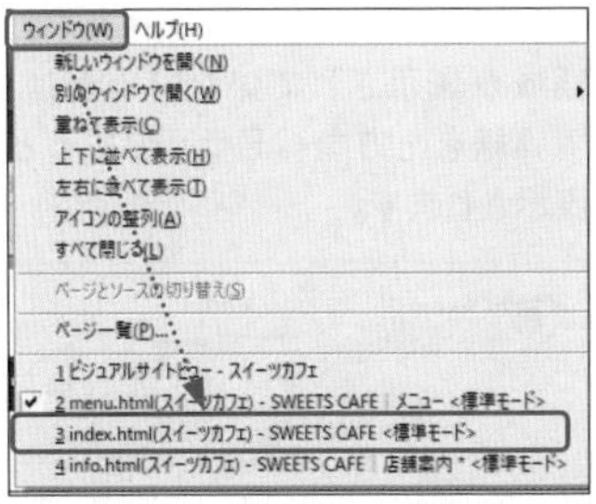

section 45

ビジュアルサイトビュー

全体のリンクを確認するには

LEVEL ●●●●●

サブページが出来上がり、リンクを設定したら、ビジュアルサイトビューでサイトの構造やリンクのエラーを確認してみましょう。

ビジュアルサイトビューでリンクを確認する

Onepoint ビジュアルサイトビューとは

ビジュアルサイトビューでは、転送対象のページやリンクのエラーを確認できます。トップページからリンクされているページは線でつながります。

① [サイトの確認] をクリックする

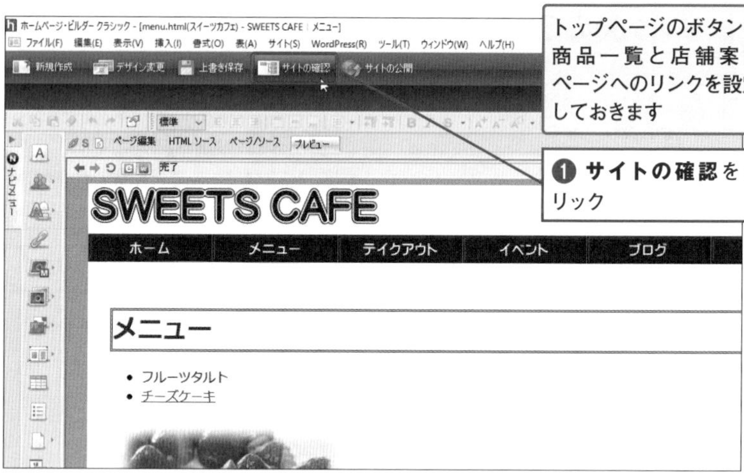

トップページのボタンに商品一覧と店舗案内ページへのリンクを設定しておきます

❶ **サイトの確認**をクリック

Memo リンクエラーやリンクされていないHTMLファイルがある場合

リンクのエラーがあるファイルには「×」が付きます。また、トップページからたどれないファイルは、「リンクされていないHTMLファイル」に表示されます。なお、「リンクされていないHTMLファイル」の領域が表示されていない場合は、境界線を上方向へドラッグすると表示されます。

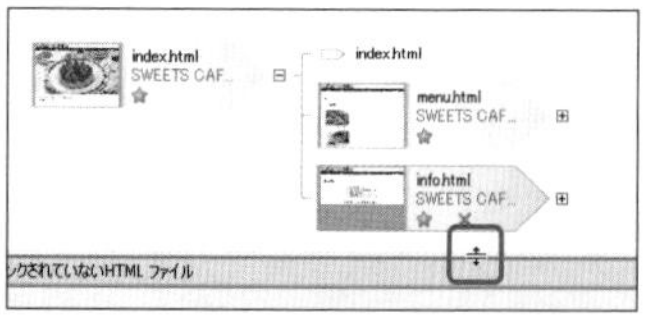

② ビジュアルサイトビューが表示された

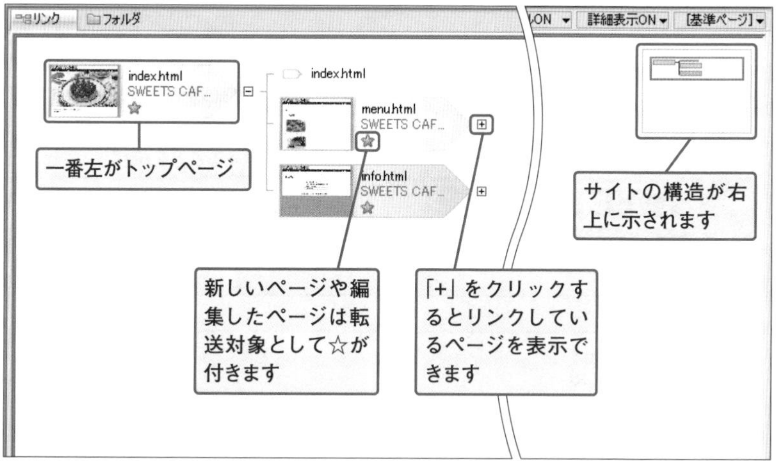

一番左がトップページ

サイトの構造が右上に示されます

新しいページや編集したページは転送対象として☆が付きます

「+」をクリックするとリンクしているページを表示できます

第6章

6

ホームページをインターネットに公開して、みんなに見てもらおう

作成したサイトをインターネットで見られるようにするには、ファイルをWebサーバーへ転送する必要があります。転送する前に不備がないかをチェックしましょう。また、不要なファイルの削除方法やファイル名の変更方法なども覚えておくと役立ちます。

section 46

ホームページの公開に必要なこと

ホームページを公開するとは

LEVEL ●●●●○

ホームページが完成したらインターネット上に公開しましょう。知り合いにURLを教えてあげれば、世界中のどこにいても見てもらえます。

ホームページを公開するとは

① サイトをWebサーバーへ転送する

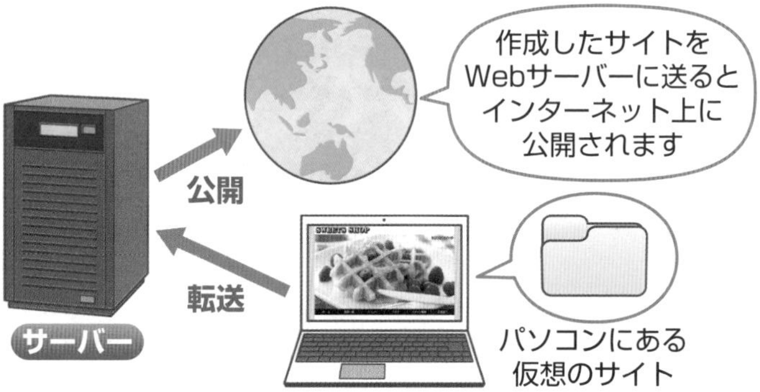
作成したサイトを
Webサーバーに送ると
インターネット上に
公開されます
公開
転送
サーバー
パソコンにある
仮想のサイト

Onepoint 仮のサイトとインターネット上のサイト

section7でサイトを作成しましたが、自分のパソコンに仮のサイトとして保存してあるだけです。この仮のサイトをWebサーバーへ送ることでインターネット上にもサイトができ、世界中に公開できる仕組みになっています。

② インターネットを使ってホームページを見ることができる

転送前に必要なこと

ブラウザーで表示を確認

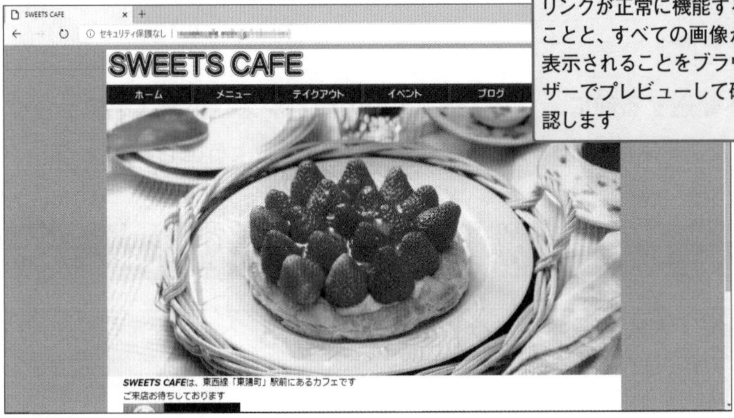

リンクが正常に機能することと、すべての画像が表示されることをブラウザーでプレビューして確認します

ページのチェック

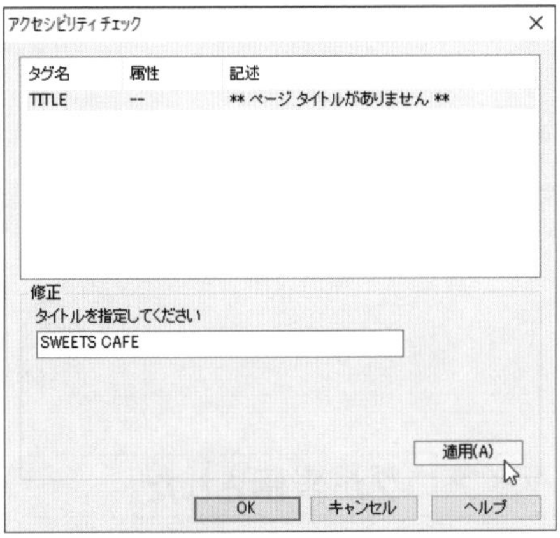

すべての人に見やすいページであるか、スペルミスがないかなどをチェックします（section47）

転送設定

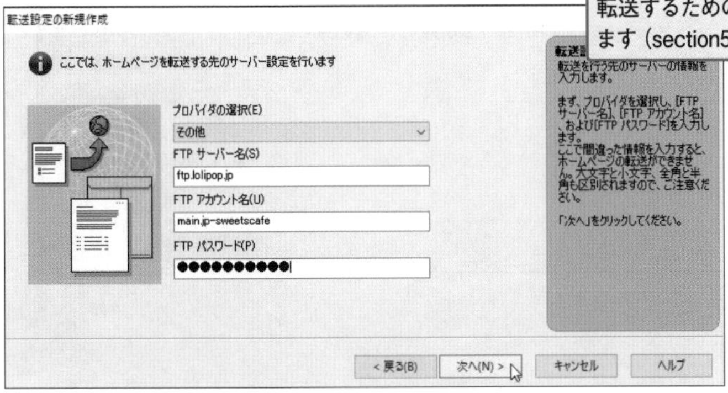

転送するための設定をします（section50）

Hint 公開したホームページに来てもらうには

インターネットにホームページを公開したからといって、すぐにたくさんの人が訪問してくれるわけではありません。どこかのホームページに紹介されるか、検索サイトに載ることで徐々に訪問者が増えてきます。すぐに見てもらいたい相手がいる場合は、メールなどでURLを教えてあげるとよいでしょう。

Memo 転送方法は２通りある

ホームページ・ビルダー クラシックでの転送方法は2通りあります。サイトで管理して転送する「サイト転送」（section51）と、「ファイル転送ツール」（section53）を使う方法です。サイト転送の方が容易で、不要なファイルを転送してしまうなどのミスを防げるので、はじめのうちはサイト転送を使いましょう。

section 47

まるごとチェック

転送前にサイトをチェックするには

LEVEL ●●●○○

スタート	SECTION47_1 index.html
完成	SECTION47_2 index.html

サーバーへ転送する前に、ページタイトルの設定やスペルミスをチェックします。また、音声読み上げソフトでも見てもらえるようにしましょう。

まるごとチェックする

① [まるごとチェック] をクリックする

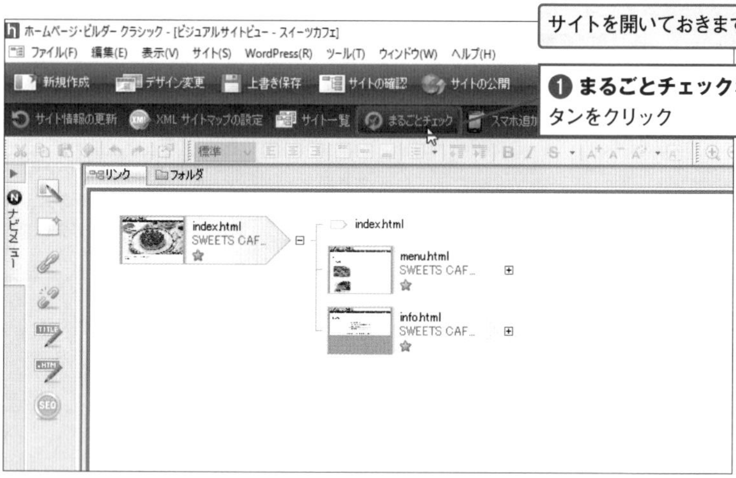

② 「まるごとチェック」ダイアログが表示された

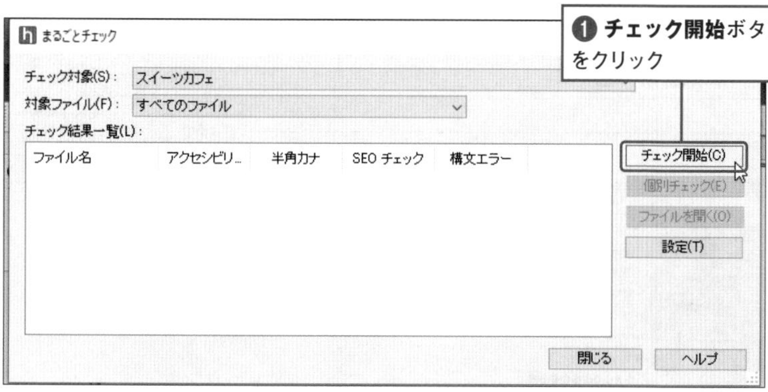

Onepoint ここで使用するデータ

この章で使用するデータは、秀和システムのホームページからダウンロードして使用できます。ダウンロードについては、P.12を参照してください。

❸ ファイルを選択して［ファイルを開く］ボタンをクリックする

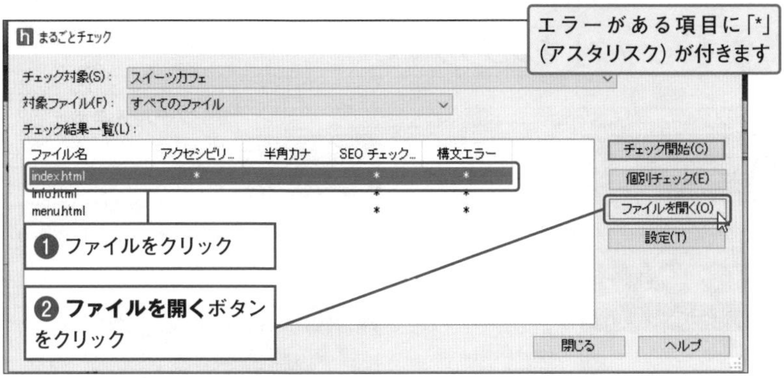

❹ ダイアログを閉じる

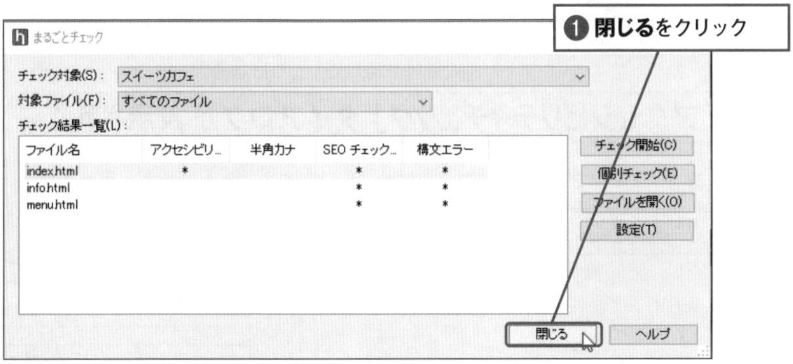

❺ ページが表示された

Memo エラー項目を確認する

「まるごとチェック」ダイアログには、「アクセシビリティ」や「半角カナ」などの項目が並んでいるので、右方向にスクロールして確認しましょう。また、項目名の境界線をドラッグして項目幅を調整できます。

Memo ミスが見つかったファイルを開く

ミスが見つかったページはダイアログから開くことができます。複数のファイルが表示された場合は、他のファイルも開いておきましょう。開いたら「まるごとチェック」ダイアログを閉じておきます。

アクセシビリティのエラーを修正する

① [チェック] をクリックする

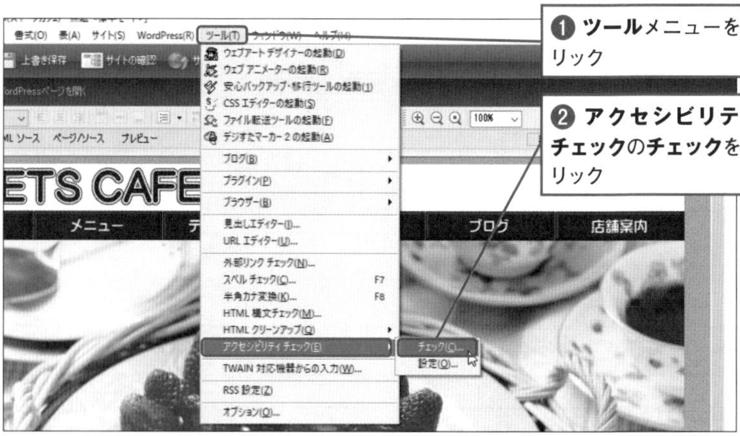

❶ **ツール**メニューをクリック

❷ **アクセシビリティチェック**の**チェック**をクリック

Hint アクセシビリティとは

アクセシビリティとは、目の不自由な人や高齢者にどの程度利用しやすいかということです。目の見えない人は音声で読み上げるソフトを使ってホームページにアクセスします。ページタイトルは、読み上げソフトの対象となるので設定されていないとアクセシビリティチェックに表示されます。

② 「アクセシビリティチェック」ダイアログが表示された

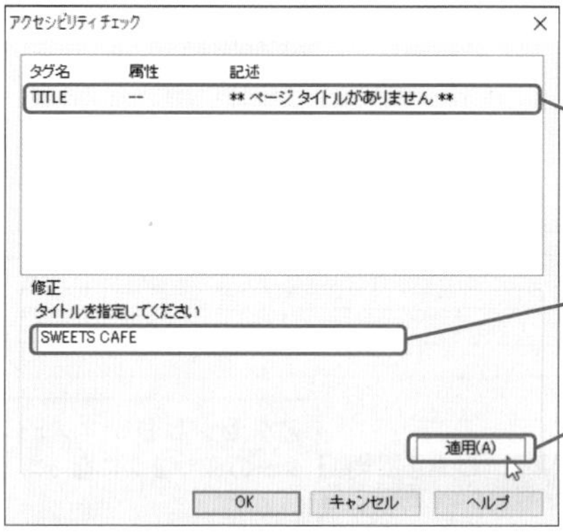

ページタイトルが設定されていないため抽出されました

❶ **TITLE**をクリック

❷ ページタイトルを入力

❸ **適用**ボタンをクリック

Memo エラーが検出されない

ここでは、あらかじめトップページのページタイトルを空欄にしてからチェックしています。また、次のページの解説のために「Reserved」を「Resarved」に変更しています。

③ タイトルが追加された

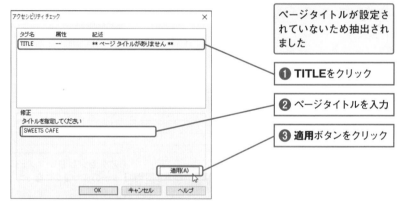

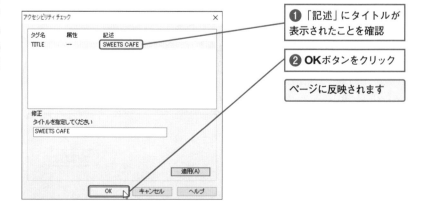

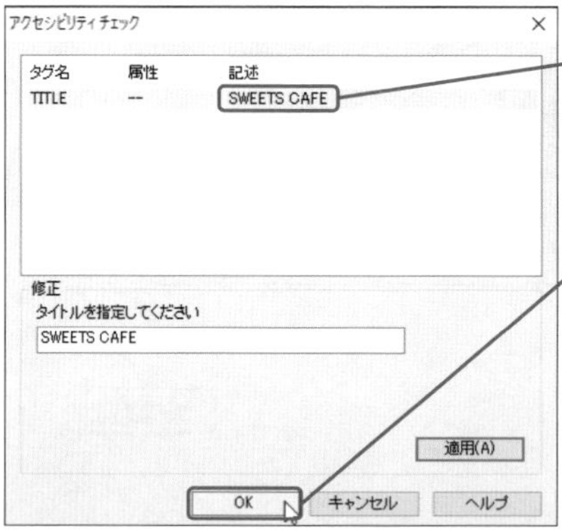

❶「記述」にタイトルが表示されたことを確認

❷ **OK**ボタンをクリック

ページに反映されます

スペルミスを修正する

① [スペルチェック] をクリックする

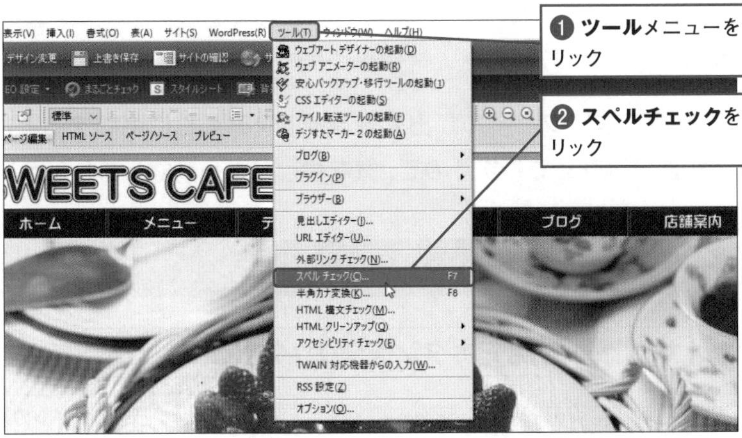

❶ **ツール**メニューをクリック

❷ **スペルチェック**をクリック

② 次のミスが見つかった

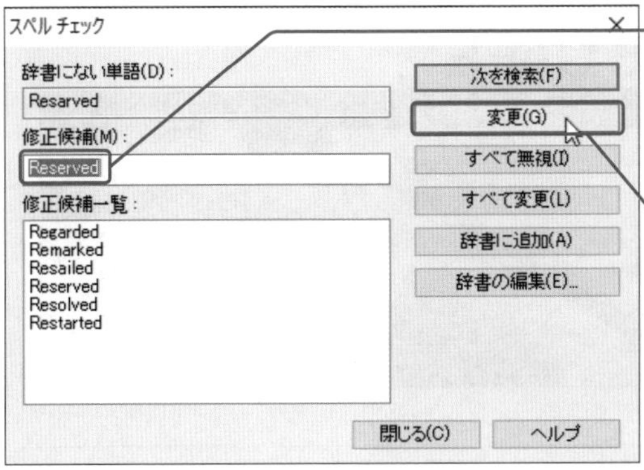

❶ 修正候補が正しいことを確認

正しくない場合は候補一覧から選択します

❷ **変更**ボタンをクリック

Memo 単語を辞書に追加するには

人名や略語などが検索された場合は、[すべて無視] ボタンをクリックすると置換しないようにできます。また、頻繁に使う単語であれば、[辞書に追加] ボタンをクリックして辞書に追加しておきましょう。

③ 修正された

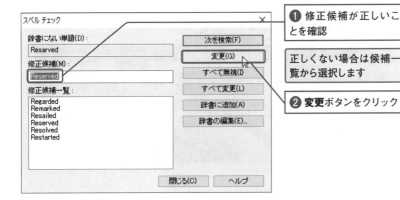

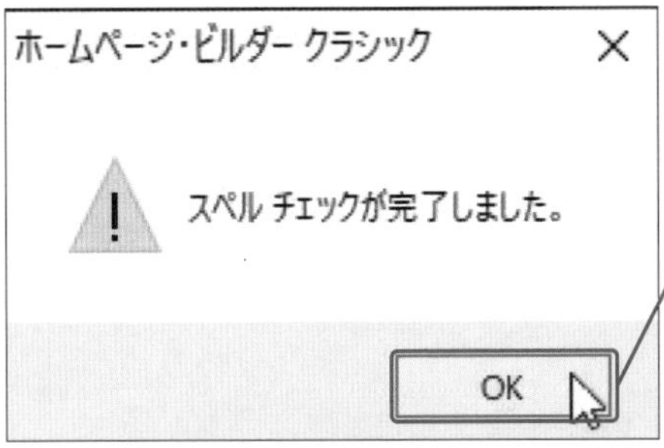

❶ **OK**ボタンをクリック

Memo 上書き保存をする

修正が終わったら、ナビバーの [上書き保存] ボタンをクリックして保存します。保存すると右下のアクセシビリティメーターの★が3つになります。

section 48

ファイルの削除

不要なファイルを削除するには

LEVEL ●●●○○

スタート	SECTION48_1 index.html
完成	SECTION48_2 index.html

作業していると要らないファイルが出てきます。やみくもに削除すると、必要なファイルまで削除してしまうので、気を付けながら削除しましょう。

ビジュアルサイトビューを開く

Onepoint **不要なファイルの削除**

リンクしているページや使用している画像ファイルを勝手に削除してしまうと、ページを移動できなくなったり、画像が表示されなくなったりします。ビジュアルサイトビューでは、サイトで使われていないページや使用していない画像は「未使用ファイル」に表示され、一覧から削除できます。

① [サイトの確認] ボタンをクリックする

❶ ナビバーの**サイトの確認**ボタンをクリック

② ビジュアルサイトビューが開いた

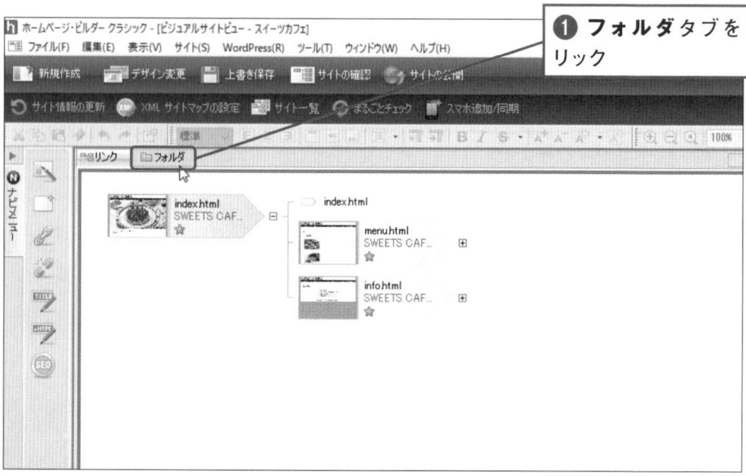

❶ **フォルダ**タブをクリック

ファイルを削除する

① 削除したいファイルを選択する

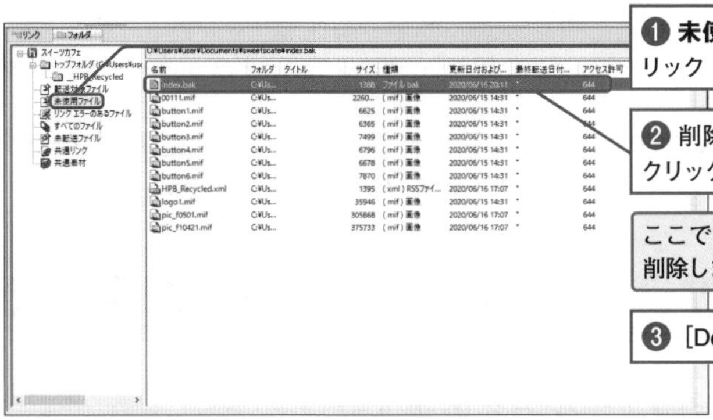

❶ **未使用ファイル**をクリック

❷ 削除するファイルをクリック

ここでは「index.bak」を削除します

❸ [Delete] キーを押す

② 削除するファイルを確認する

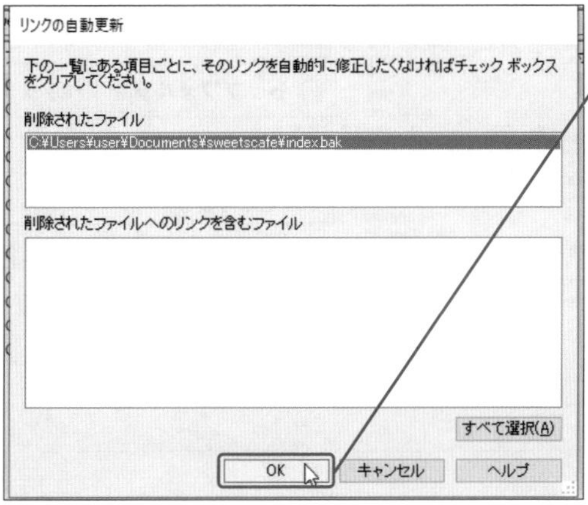

❶ **OK**ボタンをクリック

③ ファイルが削除された

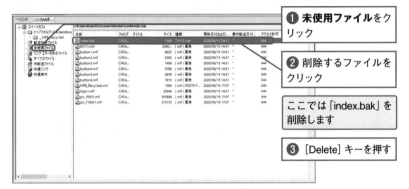

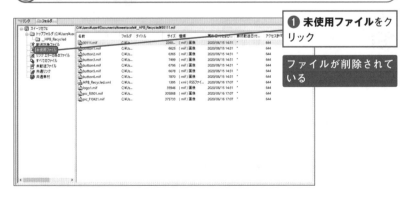

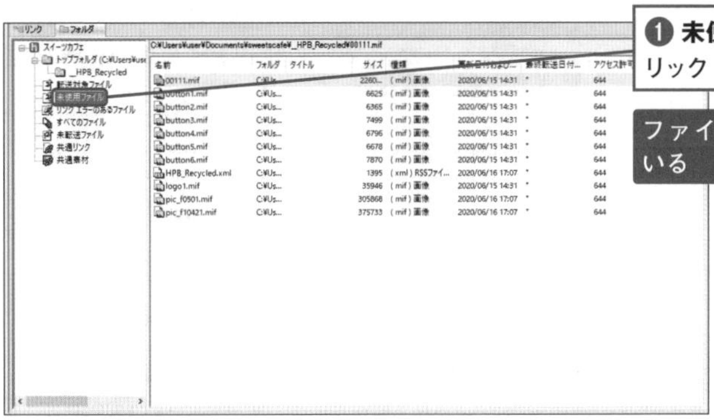

❶ **未使用ファイル**をクリック

ファイルが削除されている

Onepoint ファイルの削除は慎重に

[未使用ファイル] にあるファイルは削除しても問題のないページや画像ですが、ファイルをダブルクリックして開き、本当に削除して良いのか念のため確認してください。拡張子「bak」のファイルは、バックアップ用ファイルなので不要であれば削除できます。また、HPB_Recycled.xmlは画像を再編集するときに使います。後から編集する予定がある場合は残しておきましょう。

Memo リンクを含むファイルの削除

リンクが設定されているページを削除しようとすると、リンクしているページが表示されます。ファイルの削除と同時に自動的にリンクを修正できます。

section 49

ファイル名の変更

ファイル名を変更するには

LEVEL ●●●○○

スタート	SECTION49_1 index.html
完成	SECTION49_2 index.html

ファイル名の変更をWindowsエクスプローラーで行うと、他のファイルへのリンクが切れてしまうので、ビジュアルサイトビューを使いましょう。

ビジュアルサイトビューでファイル名を変更する

① 変更するファイル名を選択する

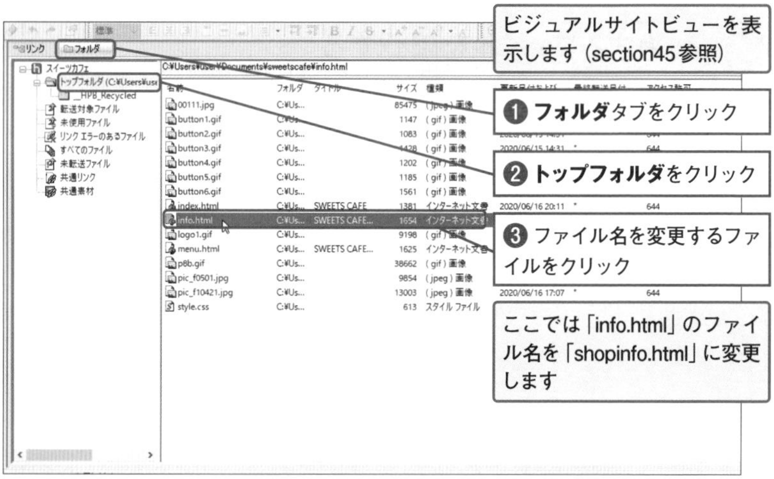
ビジュアルサイトビューを表示します（section45参照）
❶ フォルダタブをクリック
❷ トップフォルダをクリック
❸ ファイル名を変更するファイルをクリック
ここでは「info.html」のファイル名を「shopinfo.html」に変更します

② ［名前の変更］をクリックする

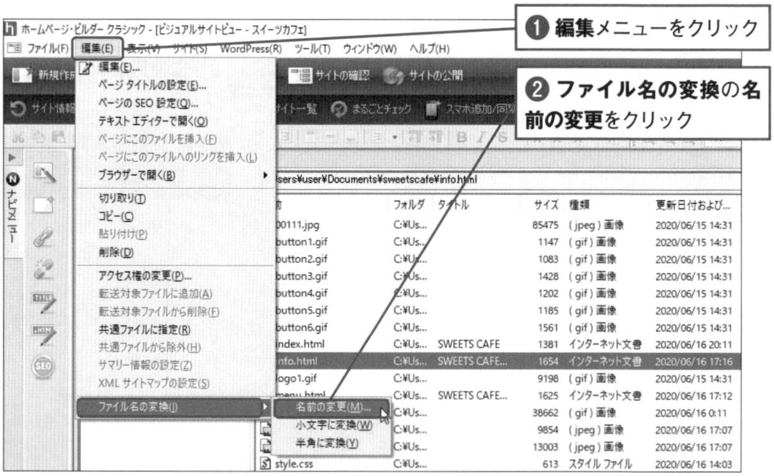

Memo ファイル名の全角文字は変更する

全角で付けたファイル名がある場合は半角英数字に変更してください。ファイルを選択し、「編集」メニューの［ファイル名の変換］→［半角に変換］をクリックして変更することができます。

3 ファイル名を修正する

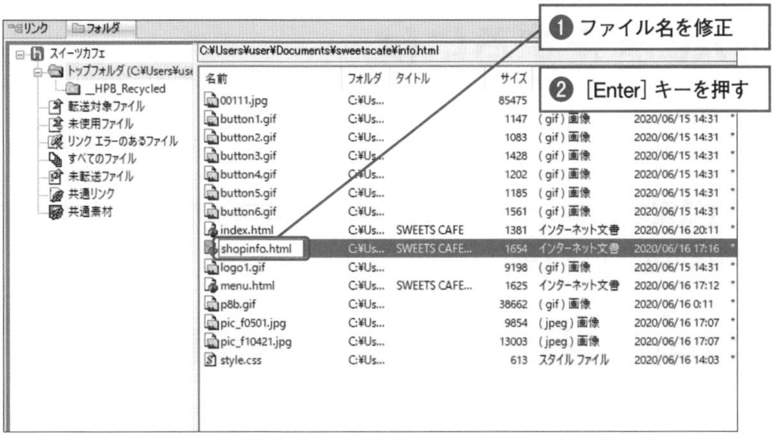

拡張子は変更しない

Onepoint

名前を変更する際、拡張子も修正できる状態になりますが、拡張子を変えてしまうとページを表示できなくなります。「.htm」「.gif」などを残してピリオドより前の部分を修正しましょう。

4 「リンクの自動更新」ダイアログが表示された

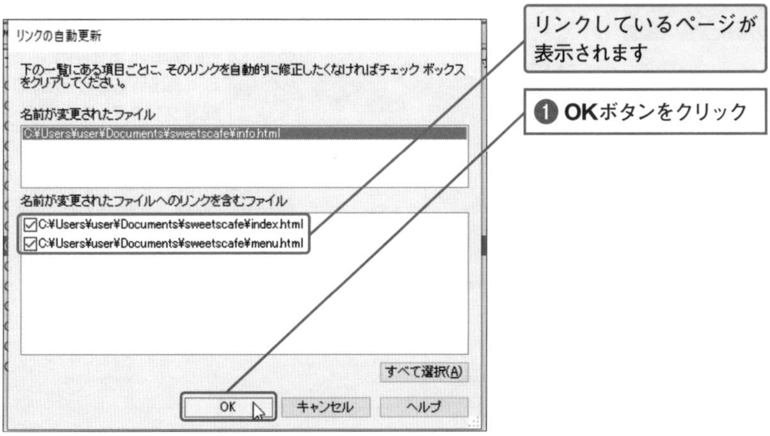

リンクの自動更新

Memo

「リンクの自動更新」ダイアログでは、ファイル名を変更することによって影響を受けるページが表示されます。[OK] ボタンをクリックすると、自動的に修正してくれます。

5 ファイル名が変更された

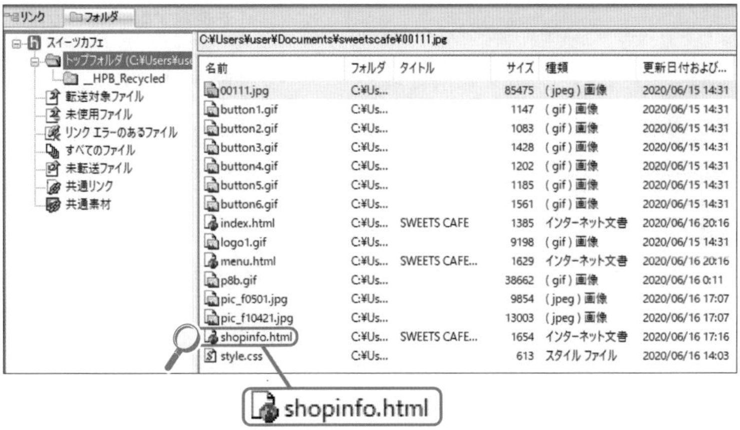

メッセージが表示された

Memo

「ファイルがホームページ・ビルダーの外部で変更されました。再読み込みしますか？」のメッセージが表示された場合は、[はい] ボタンをクリックします。

section 50

転送設定

転送の設定をするには

LEVEL ●●●●○

転送に必要な設定をしましょう。アカウントやパスワードを間違えると転送できないので、正確に入力してください。

サイトの転送設定をする

①［転送設定の新規作成］をクリックする

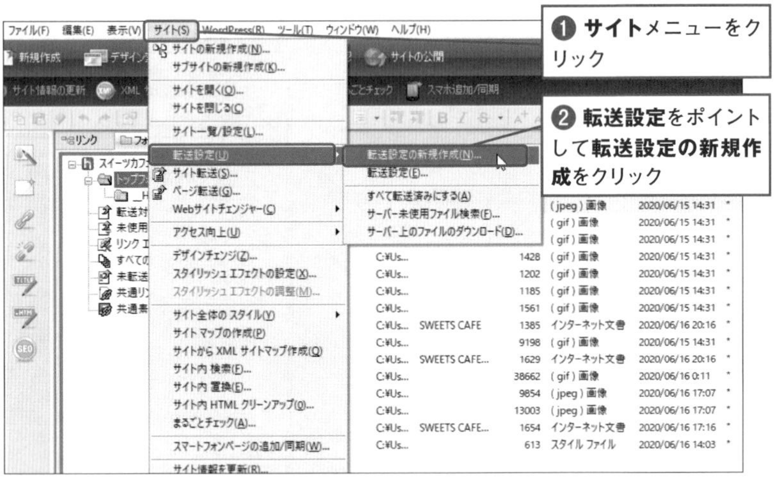

❶ **サイト**メニューをクリック
❷ **転送設定**をポイントして**転送設定の新規作成**をクリック

② 転送設定の名前を入力する

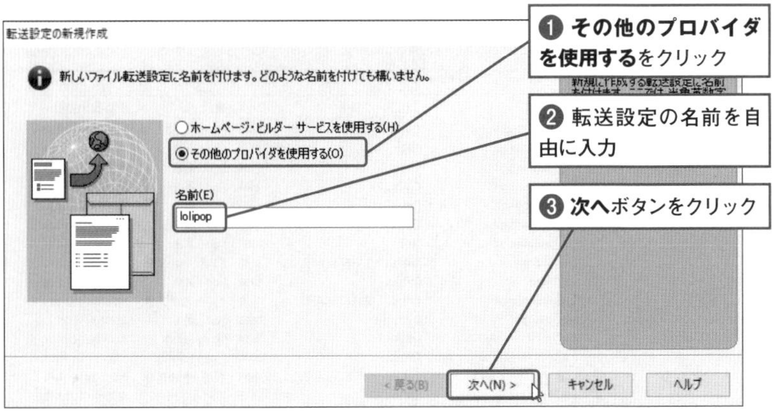

❶ **その他のプロバイダを使用する**をクリック
❷ 転送設定の名前を自由に入力
❸ **次へ**ボタンをクリック

Onepoint 転送設定を準備する

ファイルをサーバーに転送する準備をします。転送設定に必要なものは、FTPサーバー名、FTPアカウント名、FTPパスワードです。プロバイダー(レンタルサーバー)からの指示通りに入力しなければならないので準備しておきましょう。

❸ プロバイダー（レンタルサーバー）を選択する

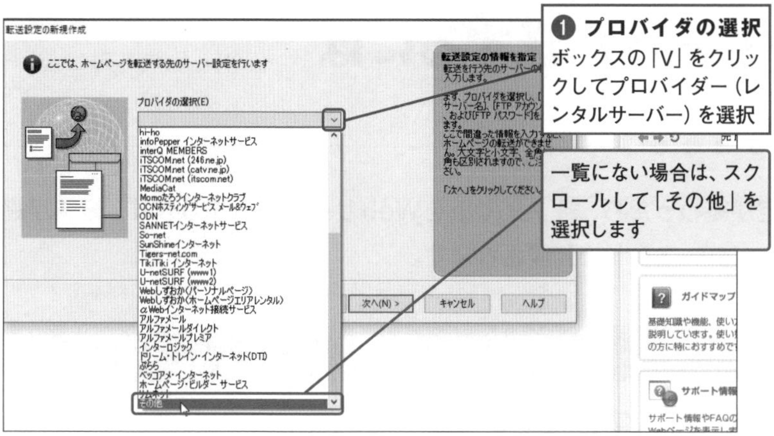
転送設定の新規作成
ここでは、ホームページを転送する先のサーバー設定を行います
プロバイダの選択(E)
その他
次へ(N) >
キャンセル
ヘルプ
❶ プロバイダの選択ボックスの「V」をクリックしてプロバイダー（レンタルサーバー）を選択
一覧にない場合は、スクロールして「その他」を選択します

❹ サーバー情報を設定する

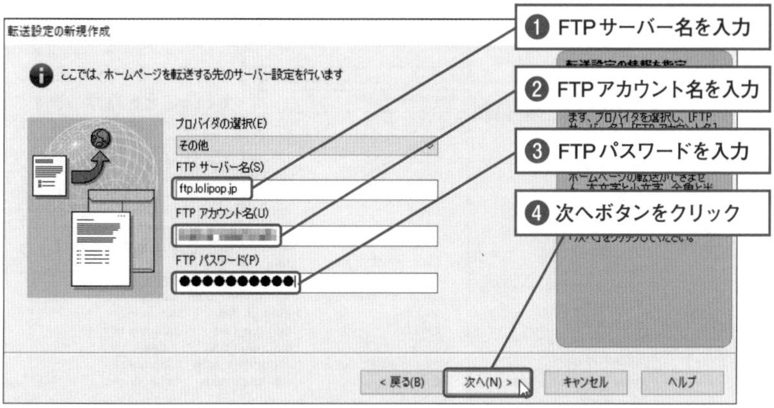
転送設定の新規作成
ここでは、ホームページを転送する先のサーバー設定を行います
プロバイダの選択(E)
その他
FTP サーバー名(S)
ftp.lolipop.jp
FTP アカウント名(U)
FTP パスワード(P)
< 戻る(B)
次へ(N) >
キャンセル
ヘルプ
❶ FTPサーバー名を入力
❷ FTPアカウント名を入力
❸ FTPパスワードを入力
❹ 次へボタンをクリック

FTPとは

FTP（File Transfer Protocol）はファイルを転送するためのプロトコル（決まり事）のことです。FTP を使うと、インターネット上のサーバーにファイルを送ることができます（アップロードという）。また、サーバーにあるデータを受け取ることもできます（ダウンロードという）。

❺ 転送先フォルダを設定する

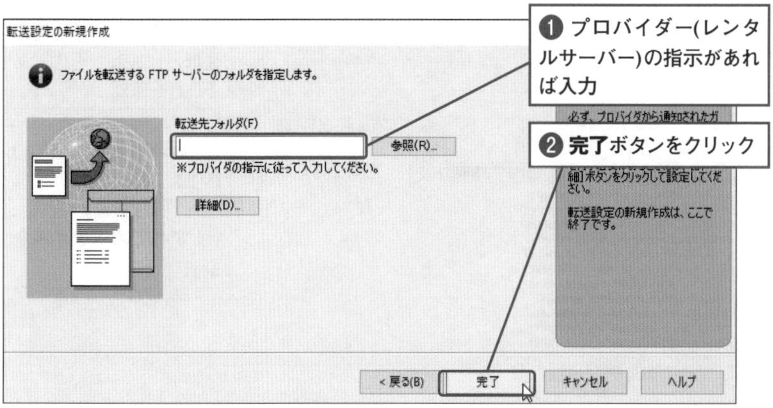
転送設定の新規作成
ファイルを転送する FTP サーバーのフォルダを指定します。
転送先フォルダ(F)
参照(R)...
※プロバイダの指示に従って入力してください。
詳細(D)...
転送設定の新規作成は、ここで終了です。
< 戻る(B)
完了
キャンセル
ヘルプ
❶ プロバイダー(レンタルサーバー)の指示があれば入力
❷ 完了ボタンをクリック

プロバイダーによって画面が違う

転送設定の画面は選択したプロバイダー(レンタルサーバー)によって異なります。画面の指示に従って設定してください。

section 51

ファイル転送

サーバーへ転送するには

LEVEL ●●●●○

転送設定が終わったら、各ファイルをWebサーバーへ送ります。転送が終わるとインターネットで公開されます。

ファイルをサーバーへ転送する

①［サイト転送］をクリックする

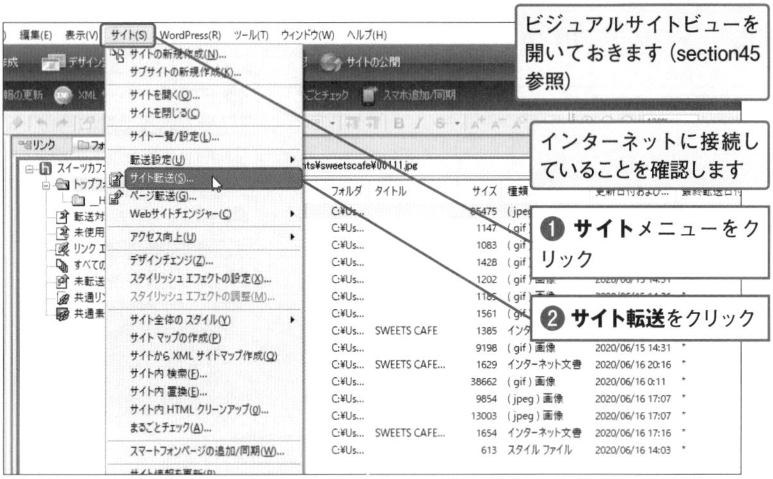

ビジュアルサイトビューを開いておきます（section45参照）
インターネットに接続していることを確認します
❶ サイトメニューをクリック
❷ サイト転送をクリック

②「ページ／サイト転送」ダイアログが表示された

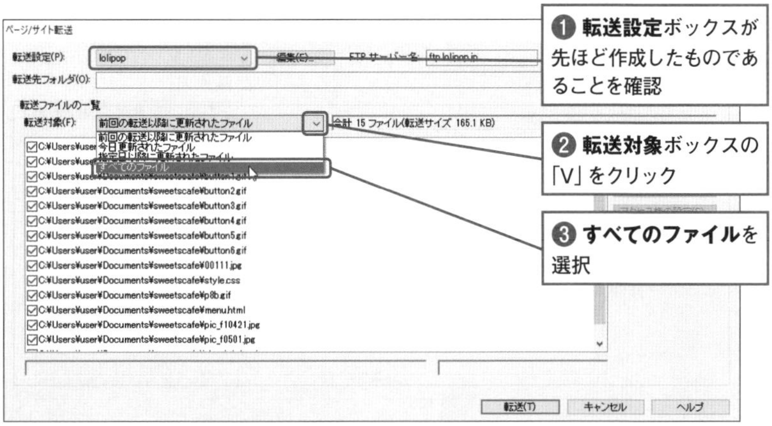

❶ 転送設定ボックスが先ほど作成したものであることを確認
❷ 転送対象ボックスの「V」をクリック
❸ すべてのファイルを選択

Memo 転送設定が複数ある場合

複数のサイトを開設している場合は、「転送設定」ボックスの「V」をクリックして使用する転送設定を選択します。間違えて別のサーバーへ転送しないようにしましょう。

③ サイトを転送する

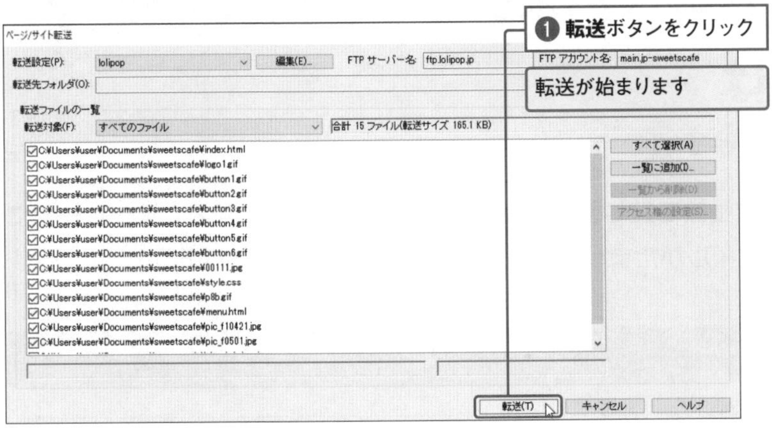

④ 転送が完了した

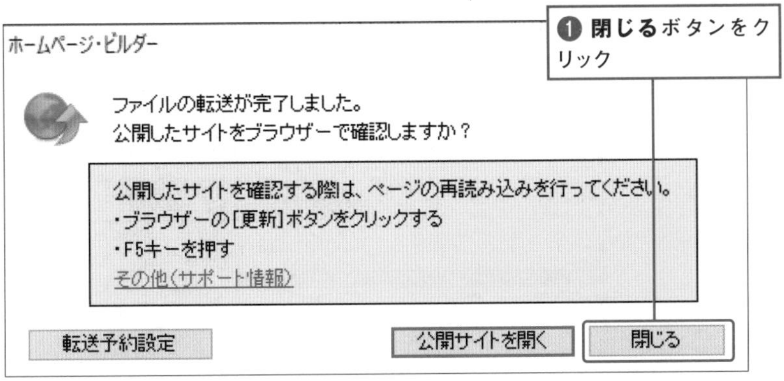

⑤ ホームページにアクセスする

Memo 次回以降の転送

毎回すべてのファイルを転送すると時間がかかるので、2回目以降は手順2で［前回の転送以降に更新されたファイル］を選択して、更新されたファイルのみを転送するようにしましょう。また、転送したくないファイルがある場合は、ファイルの左にあるチェックボックスをクリックしてチェックをはずします。

Hint 作成したサイトのURL

URLは、プロトコル名、サーバー名、ファイル名を「/」（スラッシュ）で区切った英数字で構成されています。利用しているプロバイダあるいはレンタルサーバーの説明を見て入力しましょう。なお、ファイル名の前にフォルダー名が入る場合もあります。

http://sweetscafe.main.jp/index.html
（http:// ❶　sweetscafe.main.jp/ ❷　index.html ❸）

❶プロトコル名　❷サーバー名
❸ファイル名

section 52

サーバーからのファイル削除

サーバー上の不要なファイルを削除するには

LEVEL ●●●○○

ファイルや画像を差し替えながらページを更新していると、サーバー上に不要なファイルがたまっていきます。定期的に削除しましょう。

不要なファイルを削除する

Onepoint **サーバー上のファイルの削除**

ファイルや画像の入れ替えをすると、不要なファイルがサーバーに残されたままになります。そのような場合は［サーバー未使用ファイル検索］でサーバー上の不要なファイルを抽出して削除します。ここでは、「pic_f0501.jpg」の画像をいったん削除して、サーバー上のファイルも削除する方法を説明しています。

① ファイルを削除する

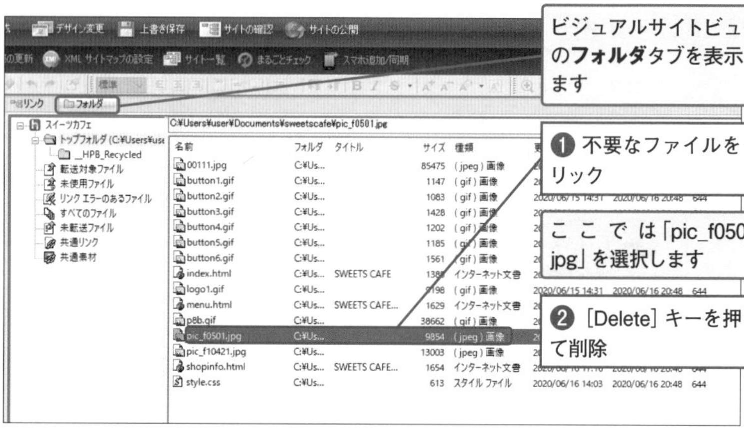

ビジュアルサイトビューの**フォルダ**タブを表示します
❶ 不要なファイルをクリック
ここでは「pic_f0501.jpg」を選択します
❷ ［Delete］キーを押して削除

② 「リンクの自動更新」ダイアログが表示された

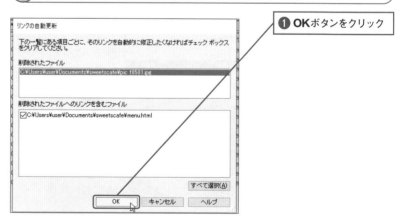

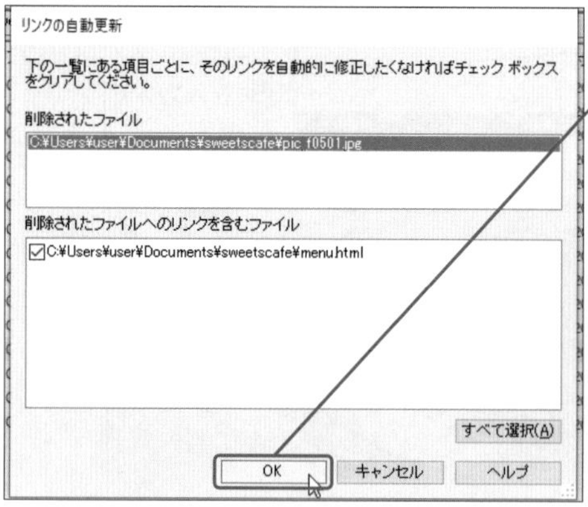

サーバー上のファイルを削除する

① [サーバー未使用ファイル検索] をクリックする

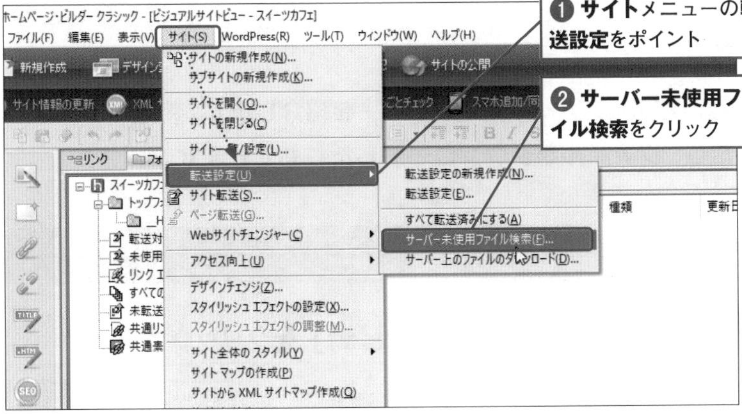

❶ **サイト**メニューの**転送設定**をポイント

❷ **サーバー未使用ファイル検索**をクリック

② 不要なファイルが見つかった

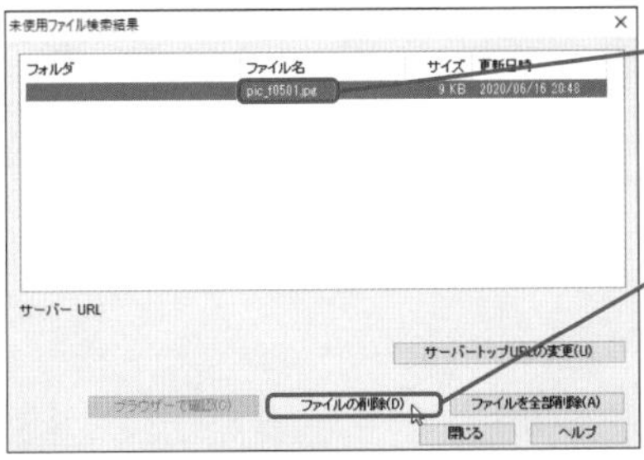

❶ ファイルをクリック

❷ **ファイルの削除**ボタンをクリック

Memo 未使用ファイルの検出

サーバー上のサイトとパソコン上のサイトを比較し、パソコン上で削除したファイルが未使用ファイルとして検出されます。

③ 「確認」ダイアログが表示された

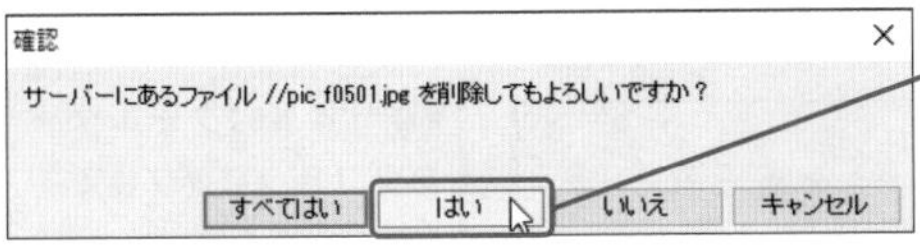

❶ **はい**ボタンをクリック

Onepoint 削除するファイルを確認するには

念のため削除するファイルを確認してから操作してください。手順2の「未使用ファイル検索結果」ダイアログの［サーバートップURLの変更］ボタンをクリックし、ホームページのURLを設定します。ファイルを選択して［ブラウザーで確認］ボタンをクリックすると表示できます。

④ サーバー上のファイルが削除された

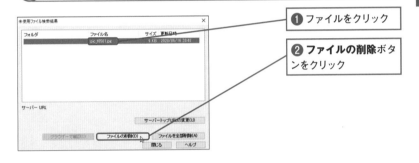

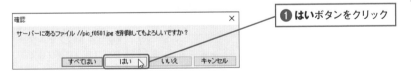

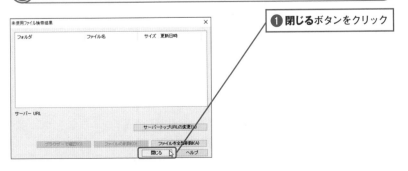

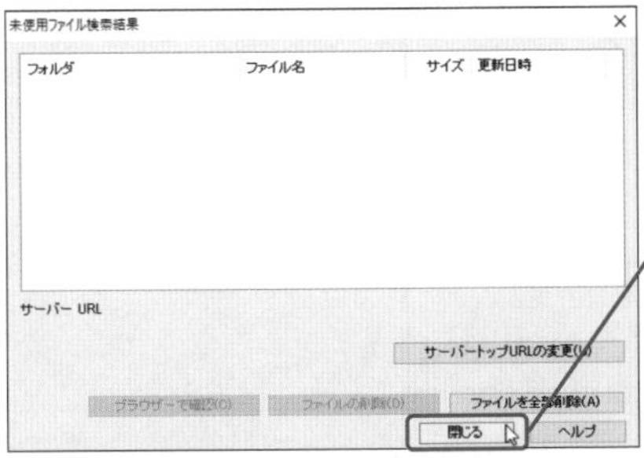

❶ **閉じる**ボタンをクリック

section 53

ファイル転送ツール

ファイル転送ツールを使うには

LEVEL ●●●○○

もう一つの転送方法「ファイル転送ツール」を紹介します。特定のファイルのみ転送したり、ファイルをダウンロードしたりもできます。

ファイルを転送する

① [ファイル転送ツールの起動] をクリックする

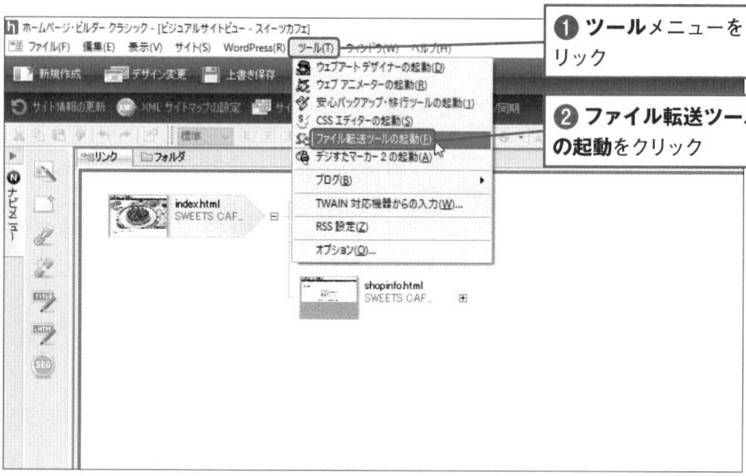

❶ **ツール**メニューをクリック

❷ **ファイル転送ツールの起動**をクリック

② ファイル転送ツールが起動した

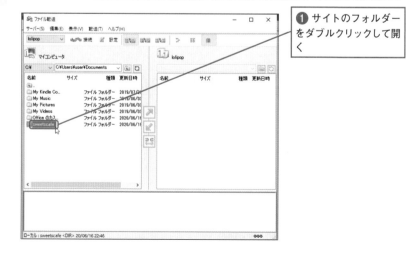

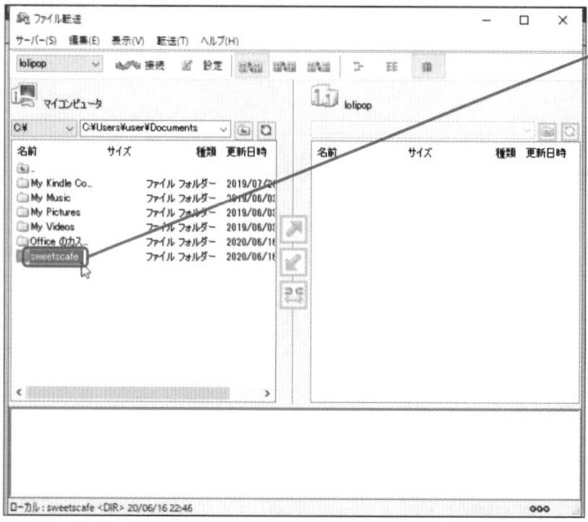

❶ サイトのフォルダーをダブルクリックして開く

ファイル転送ツールとは (Onepoint)

ファイル転送ツールを使うと、パソコン上とサーバー上のファイルを比較しながら、ファイルの転送や削除ができます。

③ サーバーに接続する

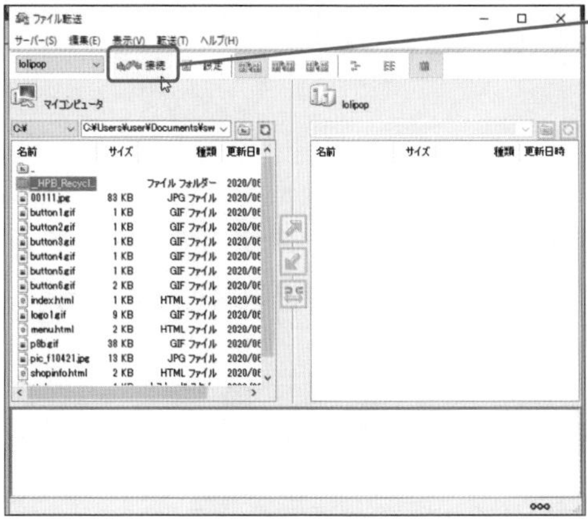

❶ **接続**ボタンをクリック

> **Onepoint サーバーへの接続**
>
> ファイル転送ツールを起動したら、サーバーへ接続する操作が必要となります。また、接続を終わりにするときには切断の操作をします。

④ ファイルを選択して転送する

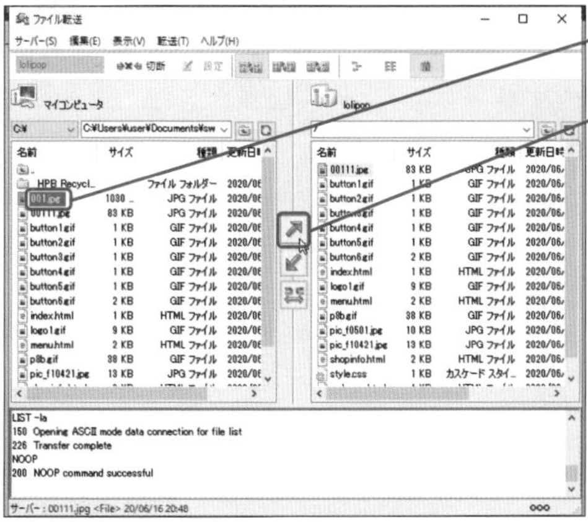

❶ ファイルをクリック

❷ ボタンをクリック

> **Memo サーバー上のファイルを削除するには**
>
> サーバー上のファイルを削除するには、右側の一覧からファイルを選択し、[Delete] キーを押します。ただし、ファイル転送ツールでは、リンクの自動修正をしてくれないので、必要なファイルを削除しないように十分注意してください。

⑤ ファイルが転送された

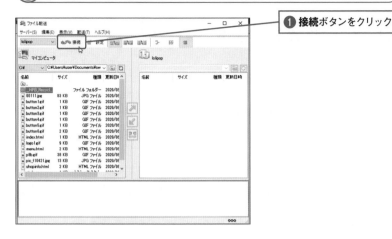

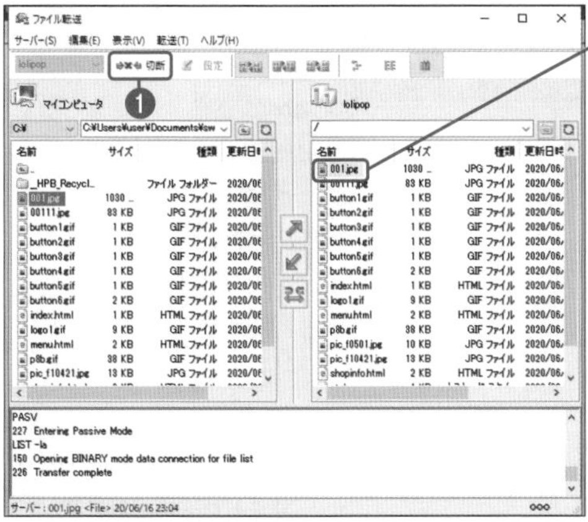

ファイルが転送された

❶ **切断**ボタンをクリック

サーバーへの接続が切断されます

> **Technic ファイルをダウンロードするには**
>
> サーバー上のファイルをダウンロードする場合は、右側の一覧からファイルを選択し、ウィンドウ中央にあるボタンをクリックします。

section 54

サイトの削除

不要なサイトを削除するには

LEVEL ●●●○○

試しに作ったサイトが増えてしまうことがあります。未使用のサイトを保存しておいてもハードディスクの容量が無駄になるので削除しましょう。

サイト一覧からサイトを削除する

Onepoint ファイル自体を削除するには

サイトの削除はサイト情報を削除するだけで、ハードディスクのファイルは削除されません。サイトを削除したら、Windowsのエクスプローラーなどでフォルダーごと削除します。

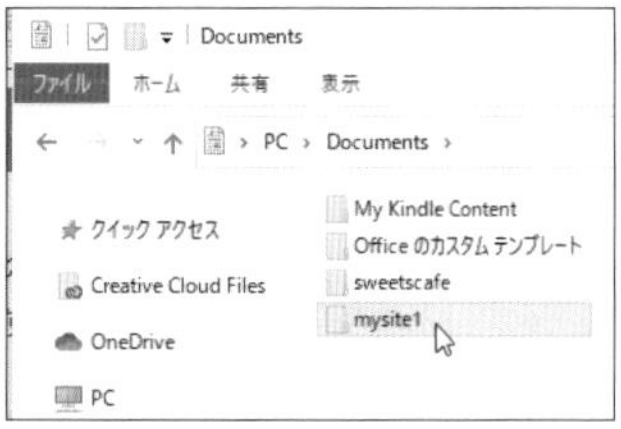

Memo 開いているサイト

手順2の画面で、「*」が付いているサイトが今開いているサイトです。削除しようとすると、「開いているサイトを削除しますか？」とメッセージが表示されるので、本当に削除してよいかよく確認してから削除してください。

① [サイト一覧／設定] ボタンをクリックする

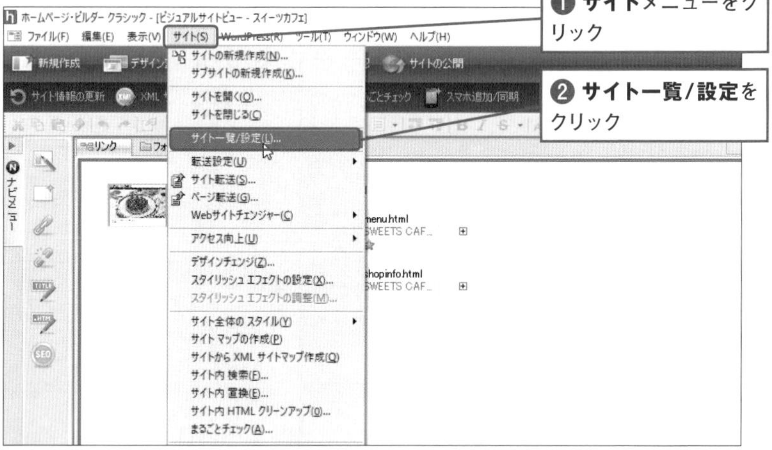

② 「サイト一覧／設定」ダイアログが表示された

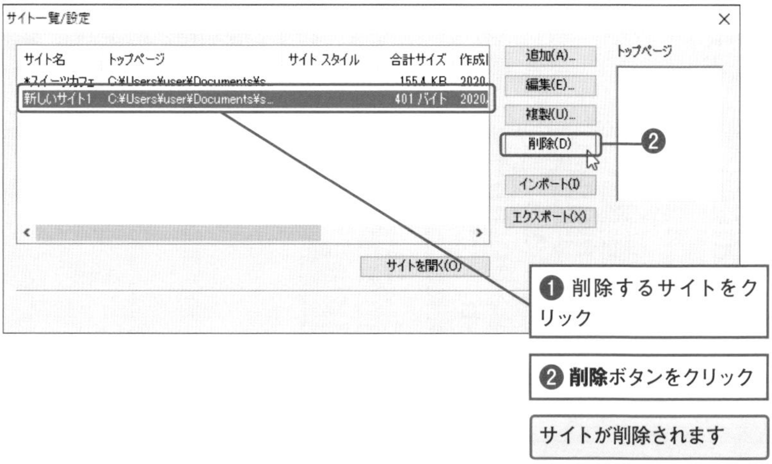

第7章

7

人が集まる、もう一歩進んだホームページにしよう

せっかく作成したホームページなので、たくさんの人に見てもらいたいものです。トップページの写真を動画にしたり、リンクのボタンに変化を付けたりすると、印象的なホームページになります。また、たくさんの人に来てもらうための対策もあるので紹介します。

section 55

ロールオーバー効果の設定

ボタンをポイントしたときに画像が変わるようにするには

LEVEL ●●●○○

スタート	SECTION55_1 index.html
完成	SECTION55_2 index.html

リンクのボタンの上にマウスポインタを置いたときに、色を変えたり、別の色にしたりすることができます。簡単にできるので試してみましょう。

ロールオーバー効果を設定する

① ボタンを選択する

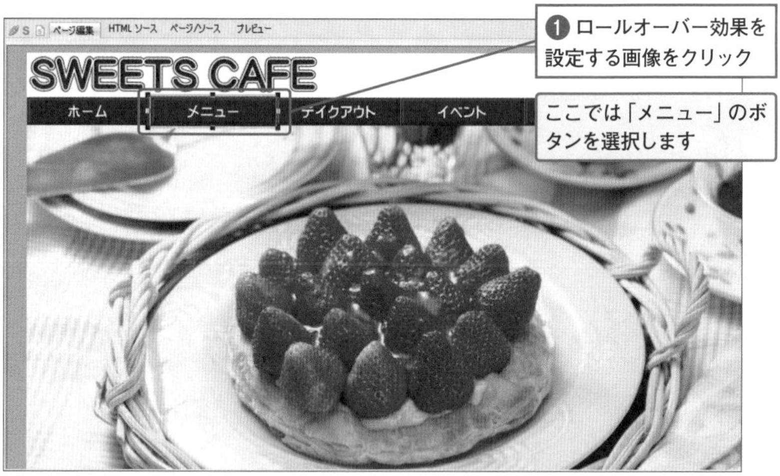

② [ロールオーバー効果] をクリックする

Onepoint ロールオーバー効果とは

ロールオーバー効果とは、画像の上にマウスポインタを乗せたときに別の画像に切り替わる効果のことです。

③ 「画像のロールオーバー効果ウィザード」が起動した

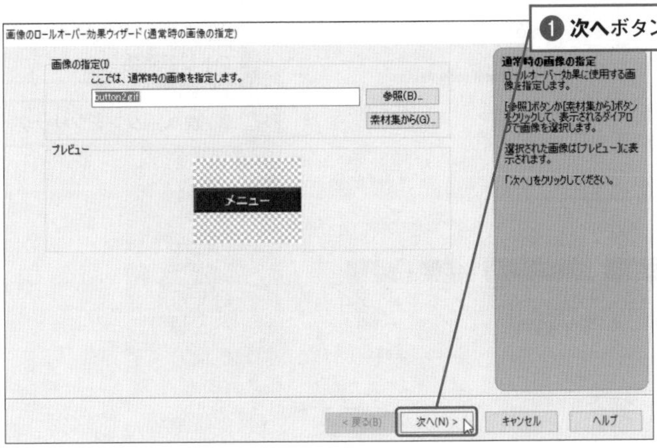

❶ **次へ**ボタンをクリック

④ ［効果の選択］ボタンをクリックする

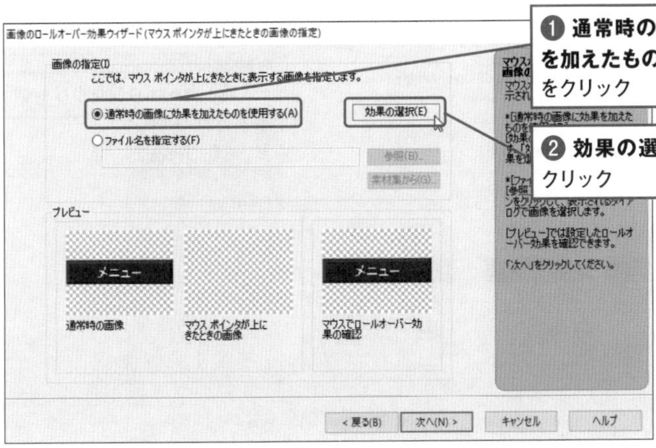

❶ **通常時の画像に効果を加えたものを使用する**をクリック

❷ **効果の選択**ボタンをクリック

⑤ 効果を選択する

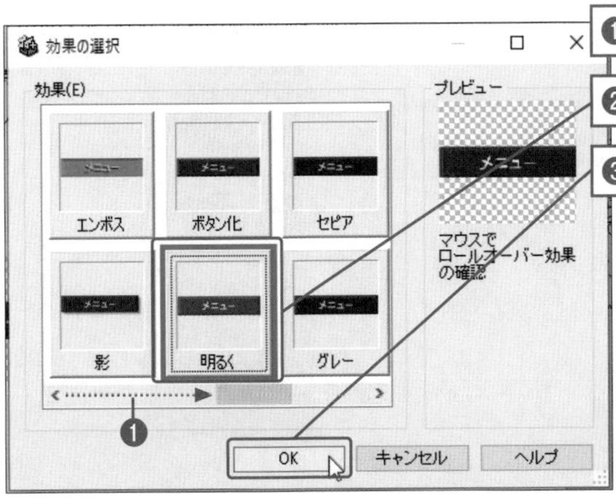

❶ スクロールする

❷ **明るく**を選択

❸ **OK**ボタンをクリック

Technic ポイントした時に別の画像にするには

ここでは一つの画像を使って作成しますが、別の画像を指定することもできます。その場合は、手順4で［ファイル名を指定する］を選択し、［素材集から］ボタンをクリックして画像を選択します。

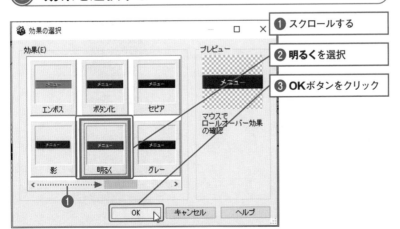

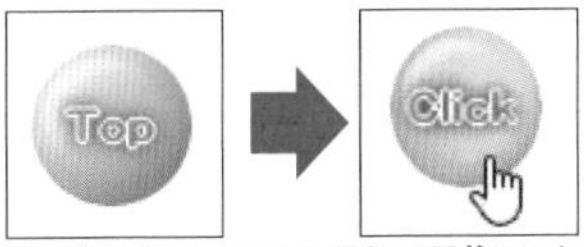

▲ポイントすると別の画像になる

Memo 効果の選択

ボタンをポイントしたときの効果を一覧から選択できます。ここで選択した効果の画像は、ページを保存したときに別の画像として保存されます。

Memo プレビューで確認する

プレビューの左から1つ目は元の画像で、2つ目が追加した画像です。3つ目の画像にマウスポインタを置くと、動作を確認できます。

⑥ 画像が入れ替わるのを確認する

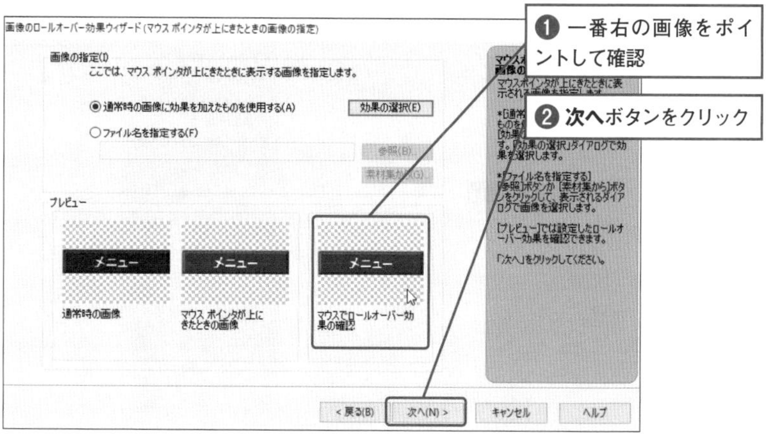

Memo リンク先の指定

リンク先が空欄の場合、URLを入力すると、画像をクリックしたときに他のサイトへ移動することができます。同じサイト内のページへ移動する場合は［参照］ボタンをクリックしてファイルを指定します。

⑦ リンク先を確認する

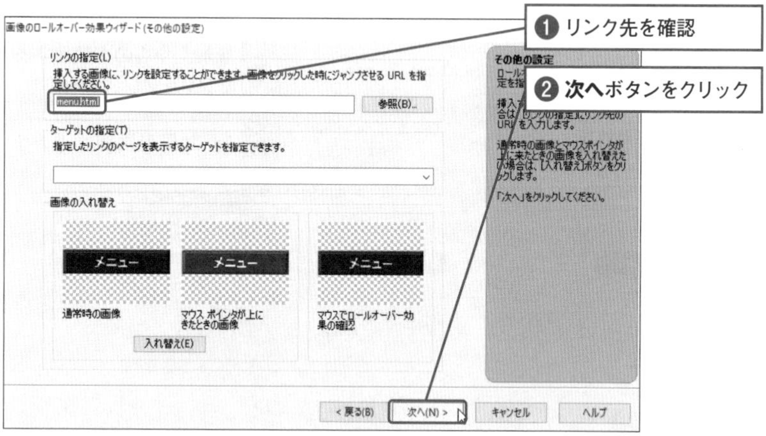

⑧ ［完了］ボタンをクリックする

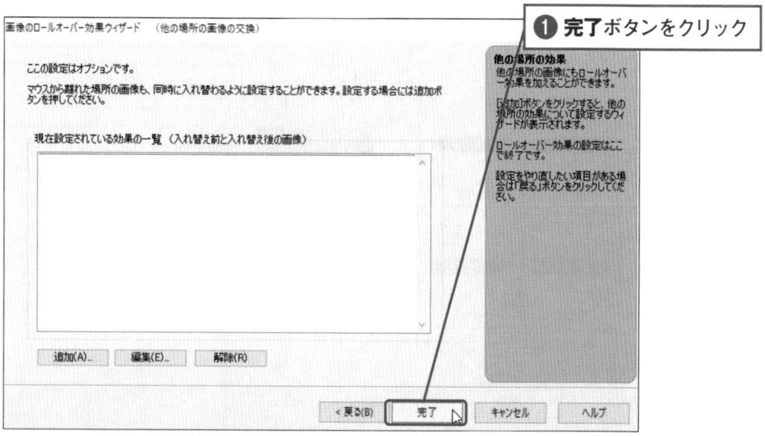

ロールオーバー効果を確認する

① ブラウザーで確認する

❶ **ブラウザー確認**をクリック

❷ **Microsoft Edge** をクリック

② ブラウザーが起動した

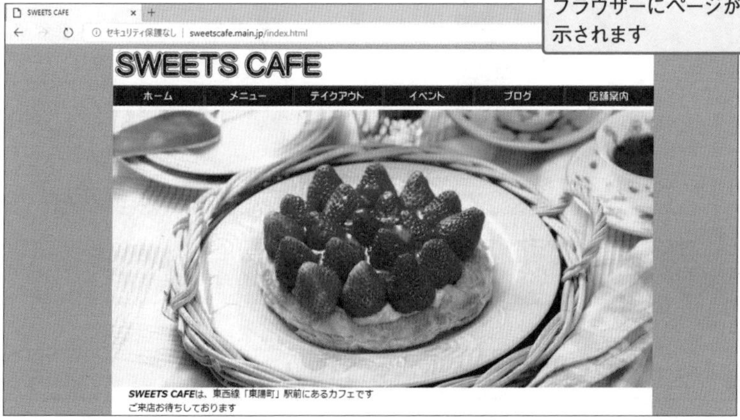

ブラウザーにページが表示されます

③ 画像をポイントする

画像をポイントすると色が変わります

Memo ロールオーバーの画像やリンク先を変更するには

画像をクリックし、ナビバーの［ロールオーバー効果の設定］をクリックします。「画像のロールオーバー効果の設定」ダイアログが表示されるので、画像の変更は［画像］タブで、リンクの変更は［その他］タブで設定します。

Memo ロールオーバーを解除するには

ロールオーバーを解除するには、画像をクリックし、ナビバーの［ロールオーバー効果の解除］をクリックします。

section 56

スタート	SECTION56_1 index.html
完成	SECTION56_2 index.html

バナーの作成

オリジナルの画像を作成するには

LEVEL ●●●○○

section16でタイトル画像を作成しましたが、「ウェブアートデザイナー」を使うと、複数の画像を組み合わせた個性的な画像を作成できます。

ウェブアートデザイナーを起動する

① [ウェブアートデザイナーの起動] をクリックする

① バナーを挿入する位置をクリック
② **ツール**メニューをクリック
③ **ウェブアートデザイナーの起動**をクリック
テイクアウトもあります
SWEETS CAFEは、東西線「東陽町」駅前にあるカフェです
ご来店お待ちしております

② ウェブアートデザイナーが起動した

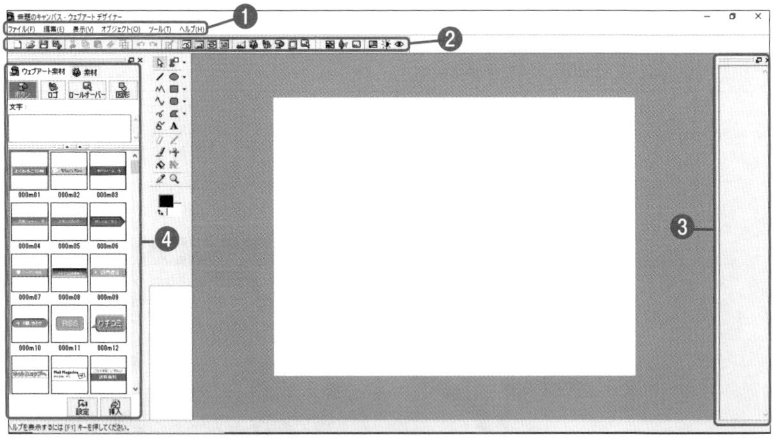

Onepoint ウェブアートデザイナーとは

ウェブアートデザイナーは、ホームページ・ビルダーに付属する画像作成ツールです。イラストや写真など複数の画像を組み合わせてオリジナルの画像を作成することができます。

① メニューバー

② ツールバー

③ オブジェクトスタック

④ テンプレートギャラリー

バナーの土台を作る

① 背景色をクリックする

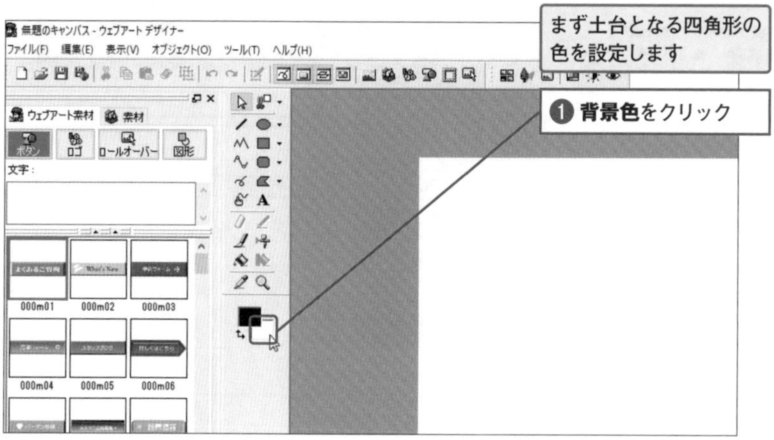

Memo 枠線の色を変更するには

ここでは四角形を塗りつぶす色を指定しますが、枠線に別の色を使用したい場合は、[前景色] をクリックします。

② 「色の設定」ダイアログが表示された

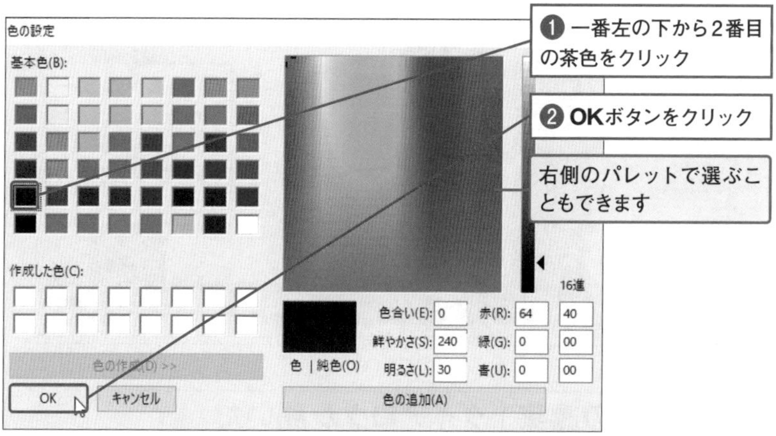

Memo 目的の色がない場合は

一覧に使用したい色がない場合は、右にあるパレットで近い色をクリックし、右端のスライダーをドラッグして色を指定します。

③ [四角形（枠と塗り潰し）] ボタンをクリックする

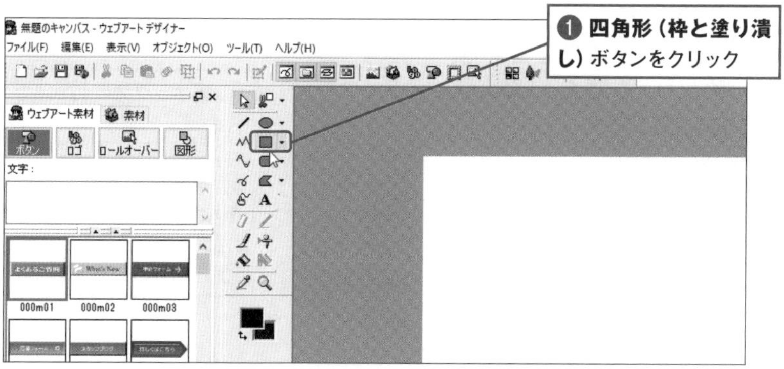

Memo 枠のみを描くには

枠のみを描く場合は、右にある▼をクリックして [四角形（枠のみ）] をクリックします。塗りつぶしだけにする場合は、[四角形（塗り潰しのみ）] を選択します。

④ 四角形を描く

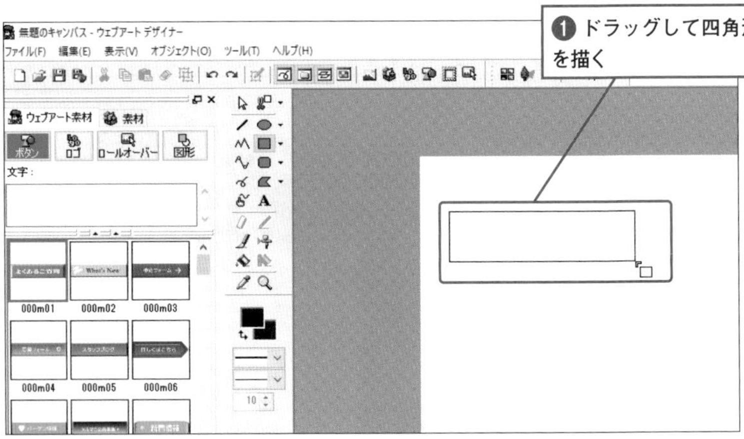

❶ ドラッグして四角形を描く

⑤ 四角形を描いた

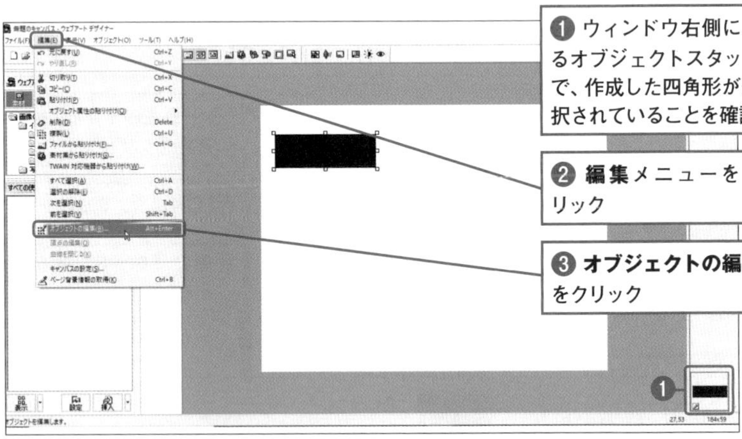

❶ ウィンドウ右側にあるオブジェクトスタックで、作成した四角形が選択されていることを確認

❷ **編集**メニューをクリック

❸ **オブジェクトの編集**をクリック

⑥ 「図形の編集」ダイアログが開いた

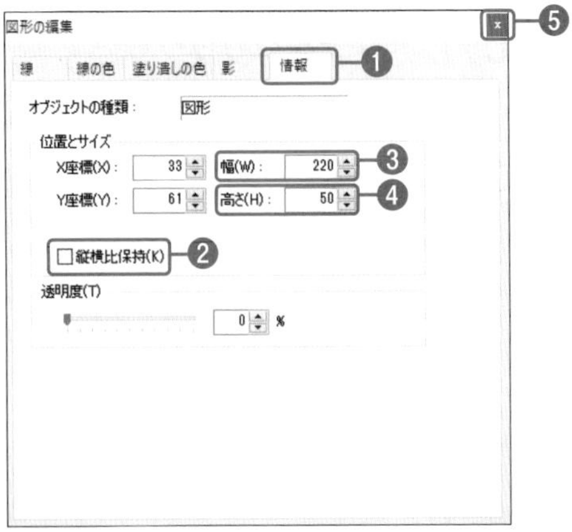

❶ **情報**タブをクリック

❷ **縦横比保持**のチェックをはずす

❸ **幅**ボックスに「220」を入力

❹ **高さ**ボックスに「50」を入力

❺ 「×」ボタンをクリック

Memo **拡大表示にして作業する**

細かい加工を施す場合は、「表示」メニューの［拡大表示］をポイントして倍率を選択しましょう。拡大表示にすると画像が粗く見えますが問題ありません。でき上がったら「表示」メニューの［原寸表示］をクリックして確認します。

⑦ 土台が作成された

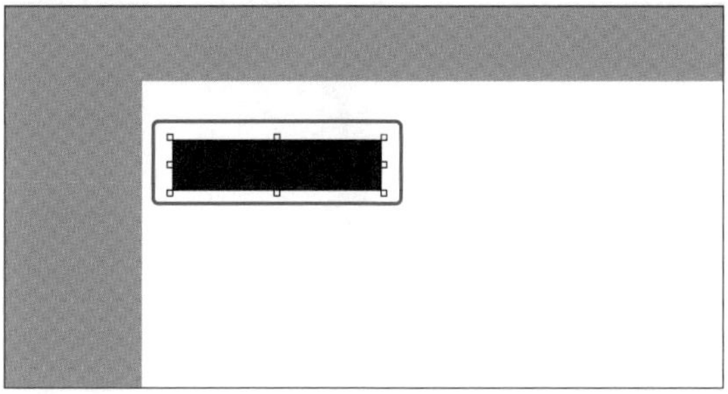

写真を追加する

① 写真をダブルクリックする

❶「テンプレートギャラリー」の**素材**タブをクリック
❷ **素材**ボタンをクリック
❸ **写真**フォルダーをクリック
❹ 目的の写真をダブルクリック
ここでは「pic_f100.jpg」を使用します

② 写真が追加された

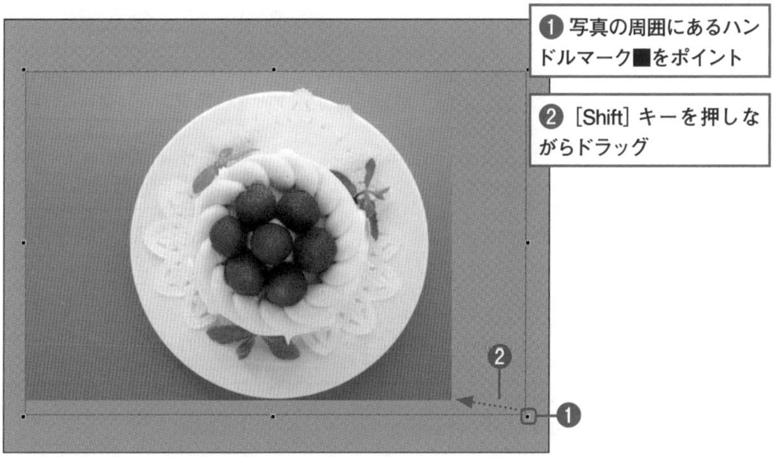

❶ 写真の周囲にあるハンドルマーク■をポイント
❷ [Shift] キーを押しながらドラッグ

> **Memo 縦横比を維持してサイズを変更するには**
>
> [Shift] キーを押しながらドラッグすると、縦横比を維持して変更できます。

Memo 重なりの順序を入れ替えるには

複数の画像を重ねることで隠れてしまった場合は、オブジェクトスタックで隠れた画像をクリックし、「オブジェクト」メニューの［重なり］をポイントして［前面に移動］をクリックします。

③ 写真のサイズが小さくなった

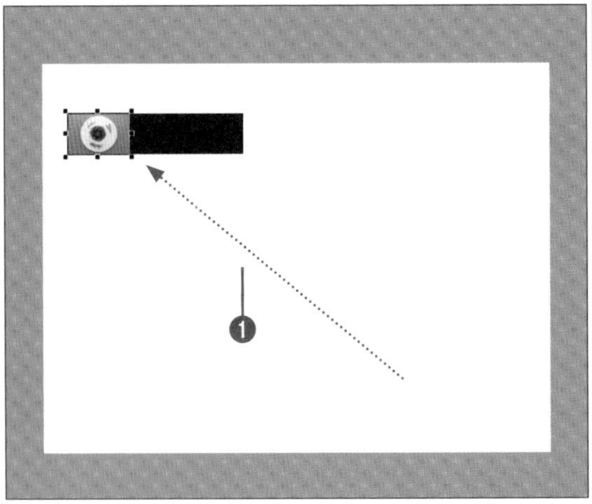

❶ ドラッグして土台の上に配置

文字を作成する

Memo オブジェクトを回転させるには

オブジェクトを傾けたいときには、マウスポインタを右上のハンドルマークの外側に置き、の形でドラッグします。

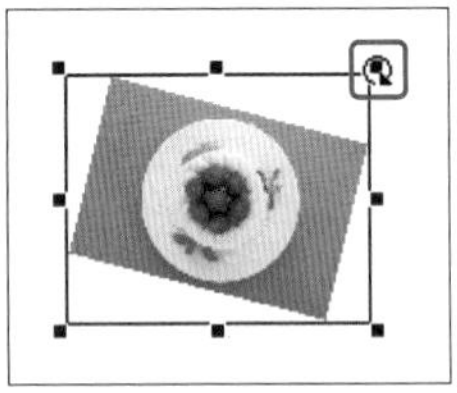

① ［ロゴの作成］ボタンをクリックする

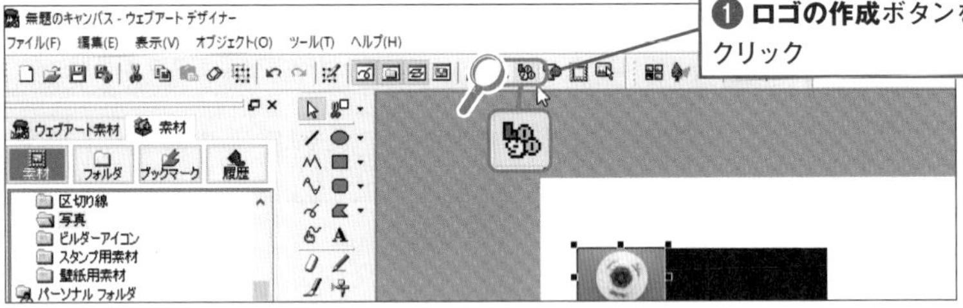

❶ **ロゴの作成**ボタンをクリック

② 「ロゴ作成ウィザード」が起動した

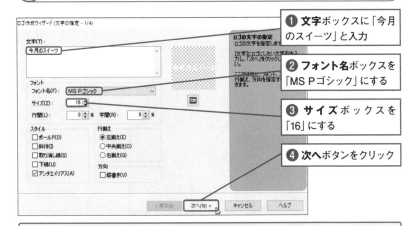

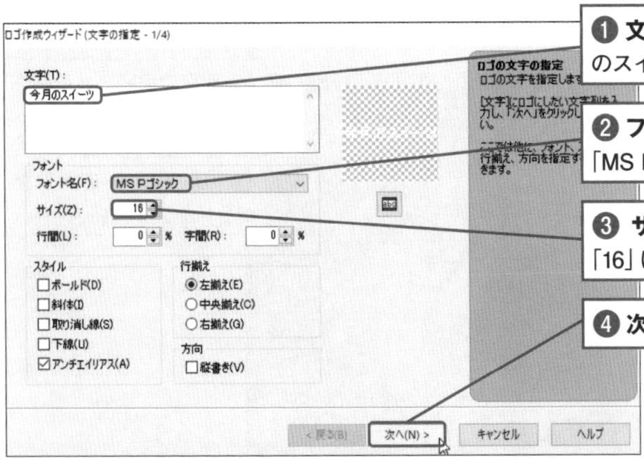

❶ **文字**ボックスに「今月のスイーツ」と入力

❷ **フォント名**ボックスを「MS Pゴシック」にする

❸ **サイズ**ボックスを「16」にする

❹ **次へ**ボタンをクリック

以降、画面の指示に従いながら、次のように設定します
文字色：白　**縁取り種類**：なし　**文字効果**：なし　（section16参照）

③ ロゴを作成できた

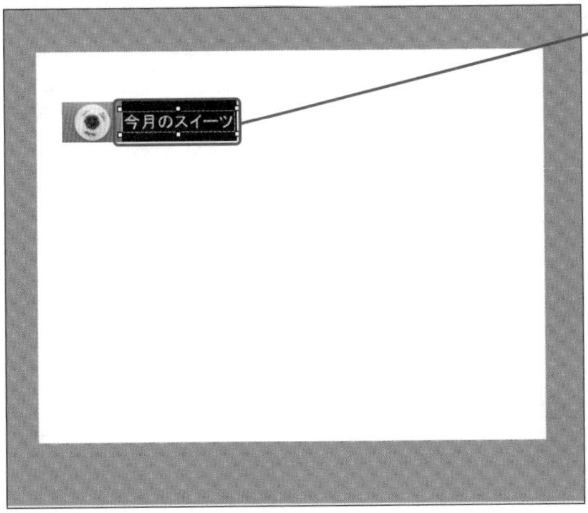

❶ ドラッグして土台の上に配置

Memo ロゴを中央に配置するには

土台に合わせて配置したい場合は、オブジェクトスタックで［Ctrl］キーを押しながら、土台とロゴを選択します。「オブジェクト」メニューの「整列」の［中央揃え］や［上下中央］をクリックします。

作成したバナーをページに貼り付ける

① ［Web用保存ウィザード］をクリックする

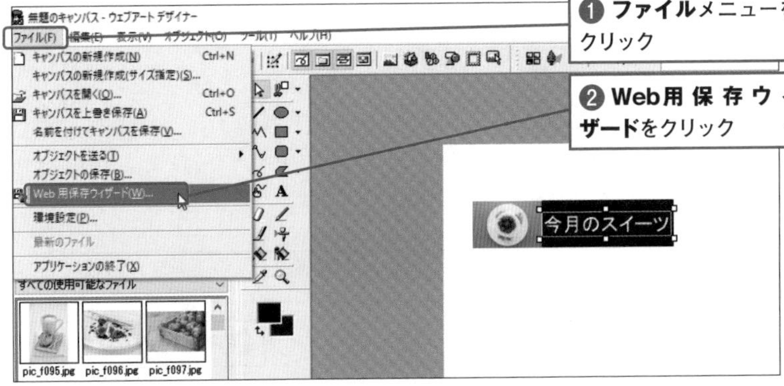

❶ **ファイル**メニューをクリック

❷ **Web用保存ウィザード**をクリック

Memo ロゴは再編集できる

気に入ったロゴが完成しても、土台となるオブジェクトの上に置くとイメージが違ってしまうことはよくあります。再編集できるので、納得がいくものを作成しましょう。修正するには、「編集」メニューの［オブジェクトの編集］をクリックしてダイアログを表示させます。

② 「Web用保存ウィザード」が起動した

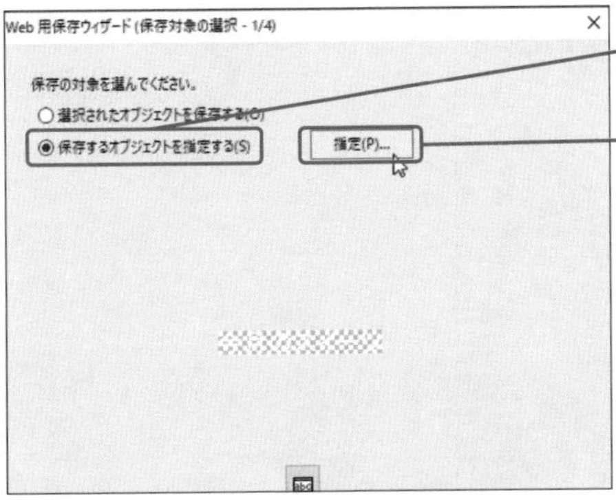

❶ **保存するオブジェクトを指定する**をクリック

❷ **指定**ボタンをクリック

Memo Web用保存ウィザード

Web用保存ウィザードは、加工した画像をホームページに適したファイル形式、サイズに仕上げることができる画面です。

③ [重なっているものをまとめて表示] をクリックする

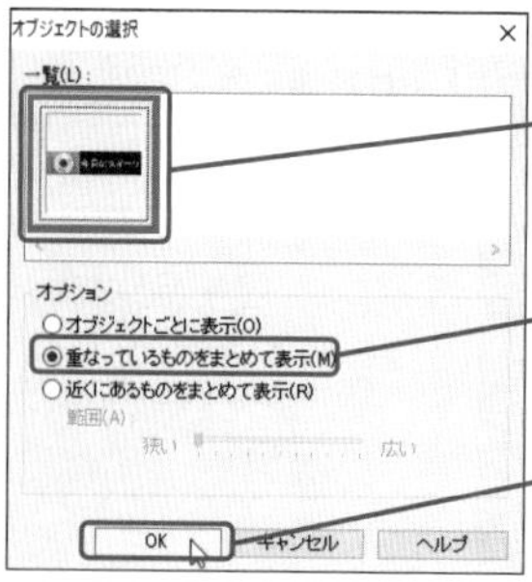

❶ 一覧のオブジェクトをクリック

❷ **重なっているものをまとめて表示**をクリック

❸ **OK**ボタンをクリック

Memo 離れているオブジェクトをまとめて保存するには

地図などの作成で離れた位置にあるオブジェクトをまとめて一つの画像として作る場合は［近くにあるものをまとめて表示］を選択します。

④ オブジェクトを選択できた

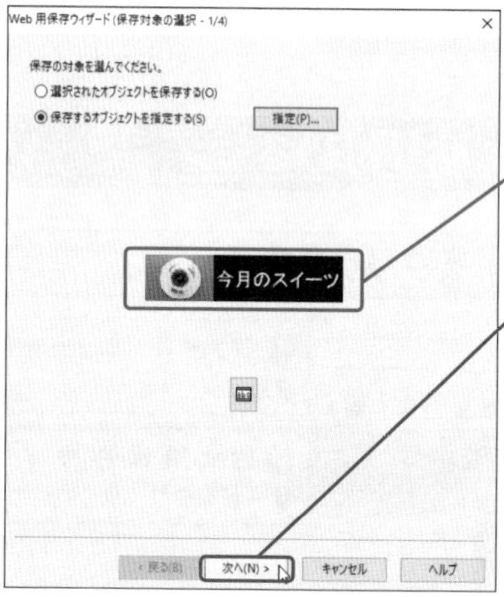

選択されたオブジェクトが表示されます

❶ **次へ**ボタンをクリック

⑤ 保存形式を選択する

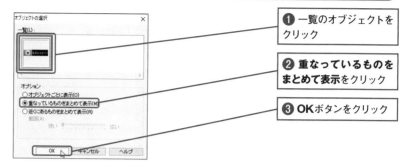

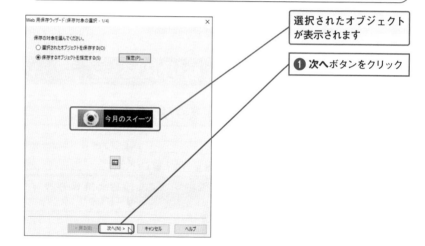

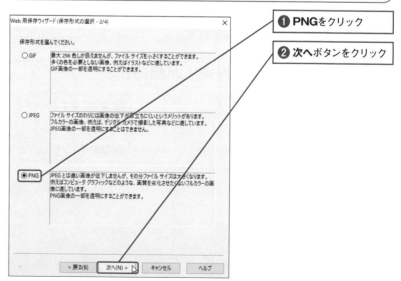

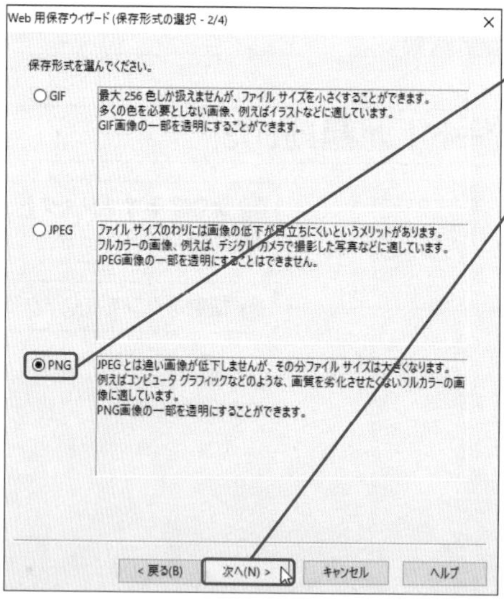

❶ **PNG**をクリック

❷ **次へ**ボタンをクリック

Memo 画像ファイルの種類

ファイルには3つの形式があります。「GIF」は256色で表現するファイル形式で、色数が少ないイラスト向けです。色数が少ない分、ファイルサイズが小さくなります。「JPEG」は自然画を圧縮して表現できるファイル形式です。「PNG」はGIFよりも色数が多く、ファイルサイズも小さめのファイル形式です。

⑥ 設定後の画像を確認する

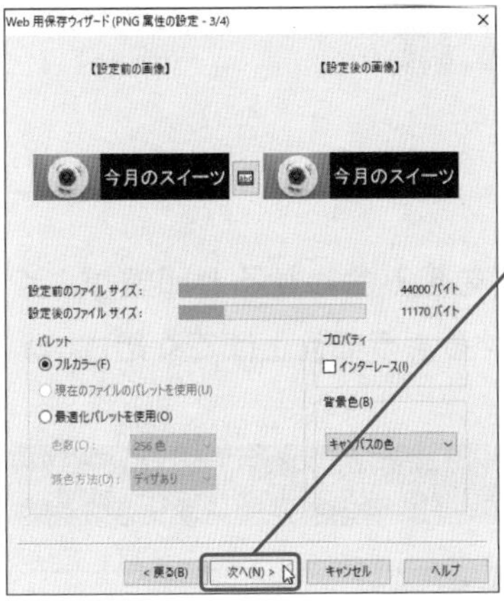

❶ **次へ**ボタンをクリック

⑦ [ホームページ・ビルダーに貼り付け] をクリックする

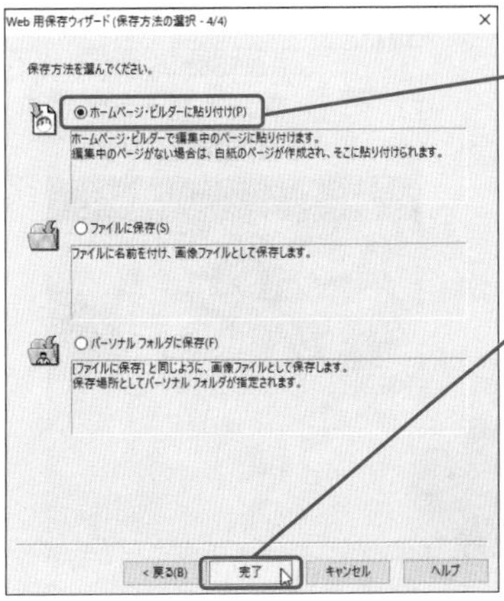

❶ **ホームページ・ビルダーに貼り付け**をクリック

❷ **完了**ボタンをクリック

⑧ バナーが貼り付けられた

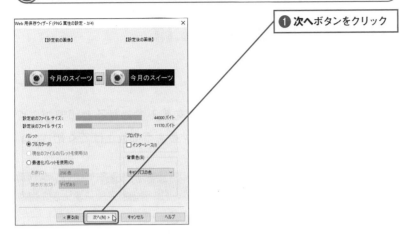

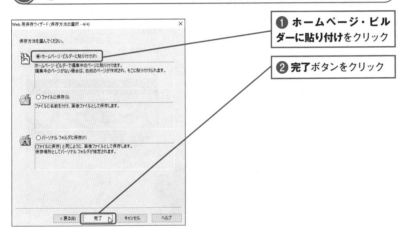

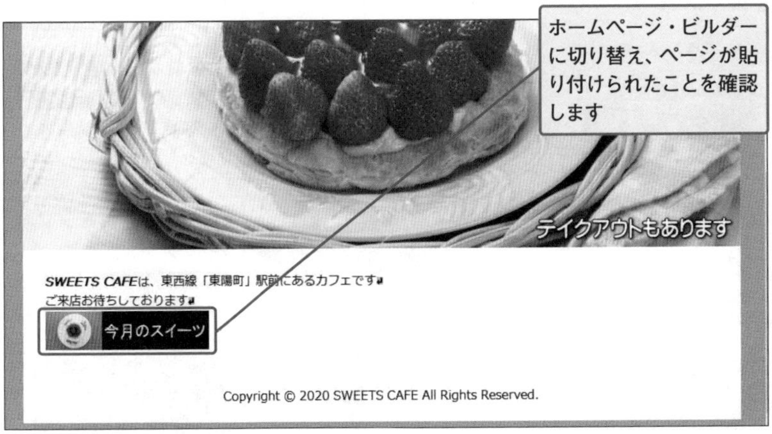

ホームページ・ビルダーに切り替え、ページが貼り付けられたことを確認します

Onepoint 再編集できるように保存する

ホームページに挿入した画像は、ページと一緒に保存できますが、後からウェブアートデザイナーで編集する予定がある場合は、ウェブアートデザイナーの「ファイル」メニュー➡[名前を付けてキャンバスを保存] をクリックしてMIFファイル形式で保存しておきます。

Memo ウェブアートデザイナーを終了する

作業が終わったら、ウェブアートデザイナー画面右上の [×] (閉じる) ボタンをクリックして終了します。

section 57

写真の合成

複数の写真を合成するには

LEVEL ●●●○○

スタート	SECTION57_1 index.html
完成	SECTION57_2 index.html

トップページの画像などは、2枚以上の写真を組み合わせると印象がよくなります。合成する際は、他の写真になじませるように仕上げてください。

写真を追加する

Memo ナビバーから写真の合成を行う

ナビバーの［画像の調整］→［合成画像の編集］から、画像を合成することができますが、細かな編集をする場合はウェブアートデザイナーを使うことをおすすめします。

1 ウェブアートデザイナーを起動する

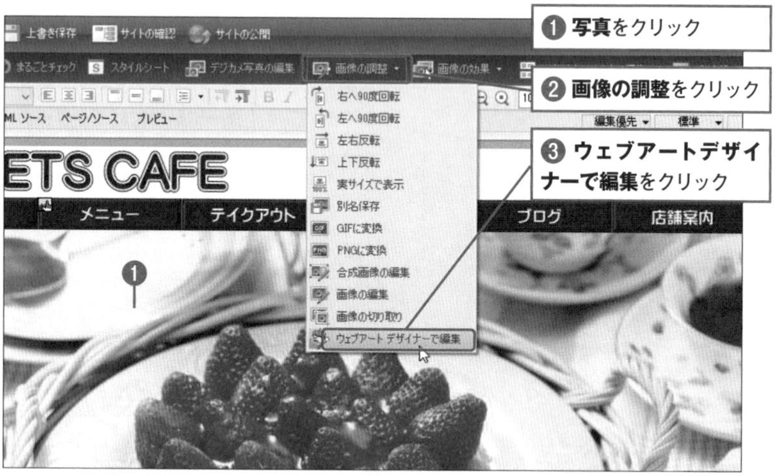

2 写真を選択する

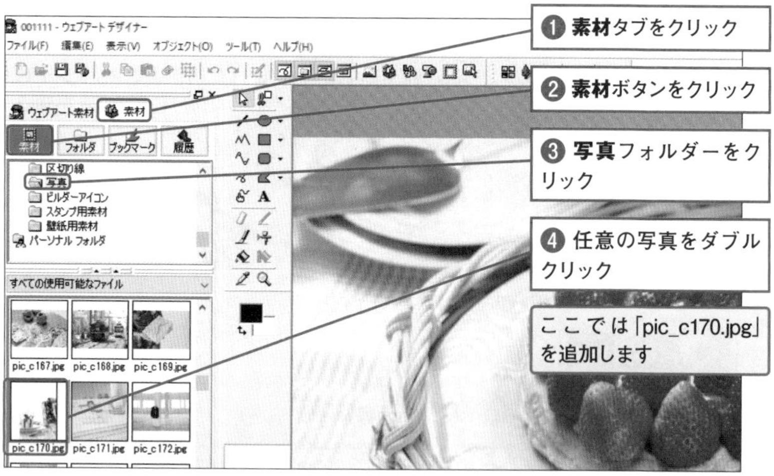

③ 写真が追加された

❶ [Shift] キーを押しながら、周囲の■をドラッグしてサイズを調整

❷ ドラッグで任意の場所に移動する

他の写真になじませる

① 消しゴムを使う

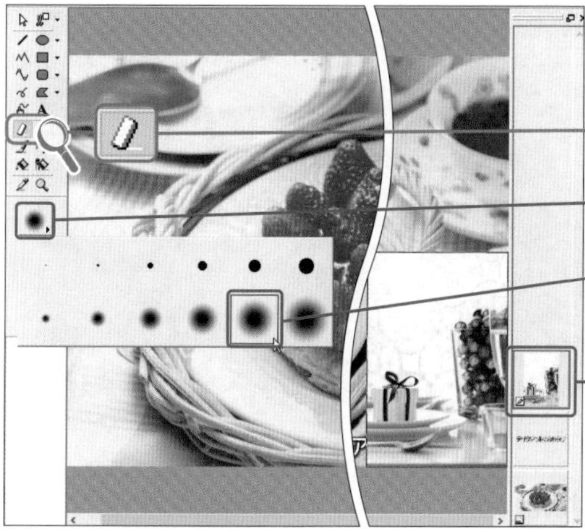

❶ 追加した写真がクリックされていることを確認

❷ **消しゴムを**クリック

❸ **ペンサイズ**をクリック

❹ 下段の●をクリック

Memo 上手く写真をなじませるには

下段の [●] からペンのサイズを選択しますが、細かな部分を消すときは小さな丸を選択してください。やりにくい場合は、「表示」メニューの [拡大表示] で表示倍率を高くして操作しましょう

② 写真の周囲を消す

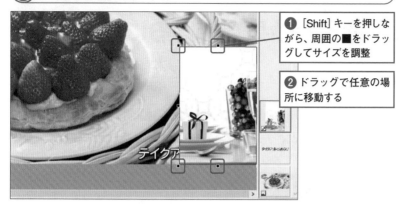

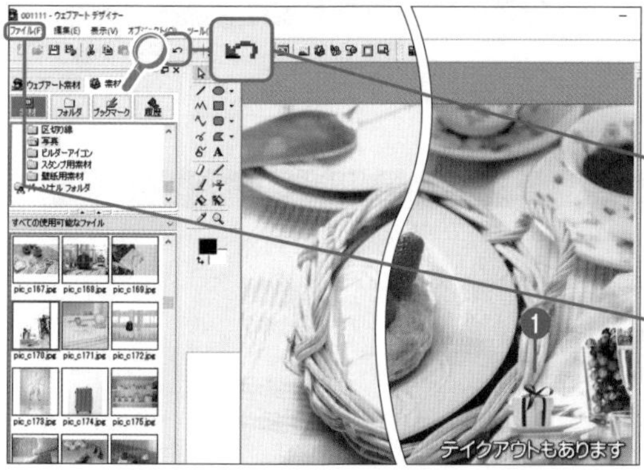

❶ 写真の周囲をドラッグして消す

消し方を失敗したらツールバーの**元に戻す**ボタンでやり直します

仕上がったら、**ファイル**メニューの**ホームページ・ビルダーへ戻る**をクリックして保存します

section 58

フォトモーション

画像に動きの効果を付けるには

LEVEL ●●●○○

スタート	SECTION58_1 index.html
完成	SECTION58_2 index.html

トップページの写真は、1枚の静止画ではなく、自動的に別の写真に切り替えるなどの動きを付けると、インパクトがあるホームページになります。

フォトモーションを設定する

① トップ画像を選択する

② 画像が削除された

Onepoint フォトモーションとは

フォトモーションは、jQuery（Java Scriptを使った技術）を使って画像に動きを付ける機能です。

③ フォトモーションの設定を始める

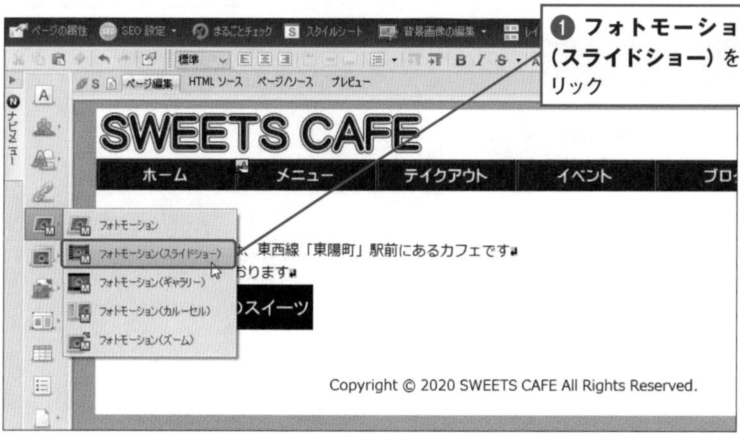

❶ **フォトモーション(スライドショー)** をクリック

④ 「ファイルを開く」ダイアログを表示する

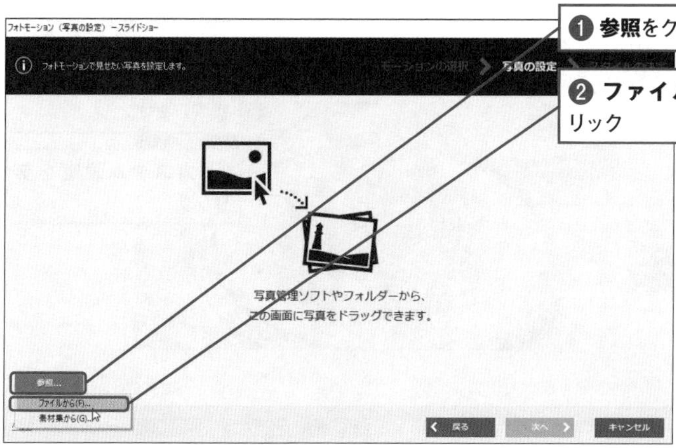

❶ **参照**をクリック

❷ **ファイルから**をクリック

⑤ 画像を選択する

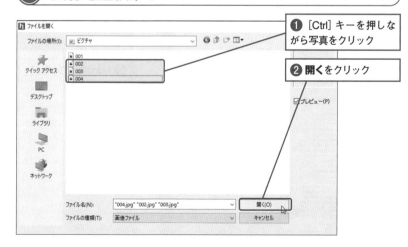

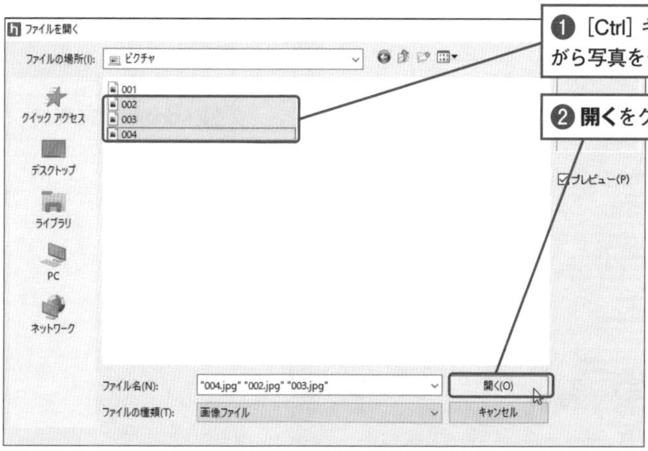

❶ [Ctrl] キーを押しながら写真をクリック

❷ **開く**をクリック

Onepoint フォトモーションの種類

フォトモーションには、次の4種類があります。

- **スライドショー**：効果を付けながら写真を切り替える
- **ギャラリー**：サムネイルをクリックすると、写真を大きく表示する
- **カルーセル**：写真を循環させながら流す
- **ズーム**：ポイントした部分を拡大表示

Memo ここで使用する画像

ここで使用する画像ファイルは、秀和システムのホームページからダウンロードできるサンプルデータ「SECTION58_1」フォルダーにあります。

⑥ 画像が追加された

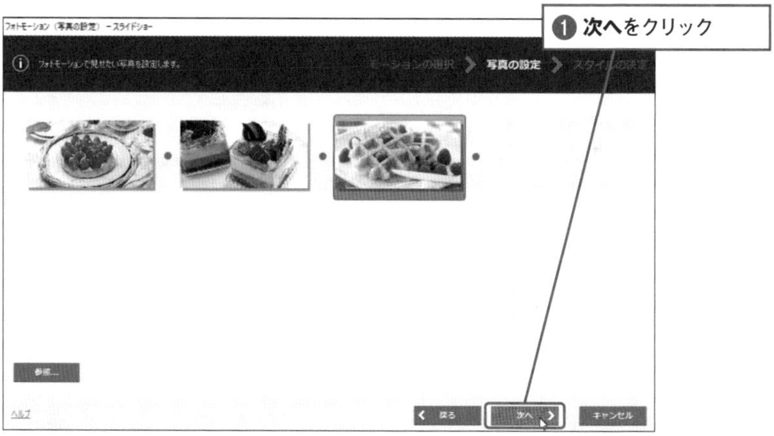

⑦ 効果を選択する

⑧ 「カスタム設定」画面が表示された

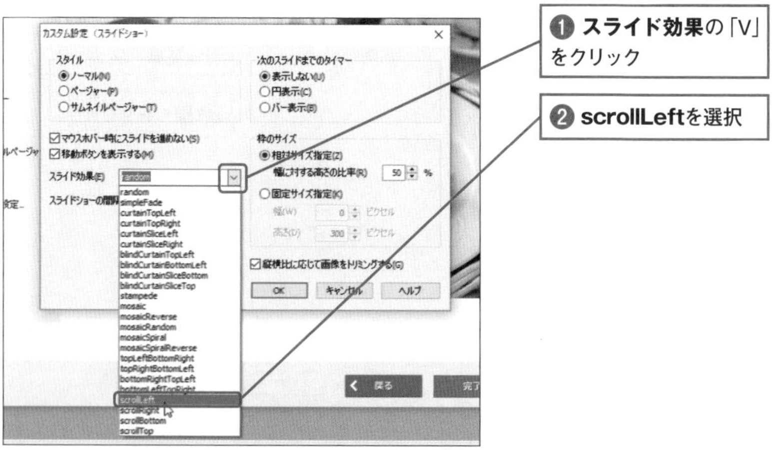

Memo スライド効果とは

次の写真を表示するときに、左からスクロールさせて表示させたり、カーテンをめくるように表示させたりなど、24種類のタイプから選択できます。

⑨ スライドショーの間隔を設定する

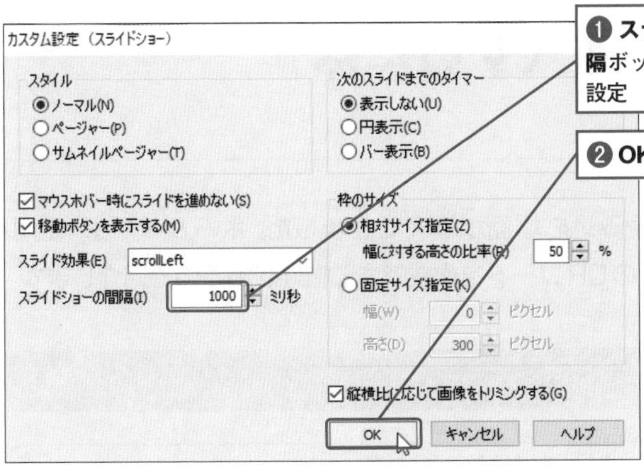

❶ **スライドショーの間隔**ボックスを「1000」に設定

❷ **OK**をクリック

⑩ 設定を終了する

❶ **完了**をクリック

⑪ プレビューで確認する

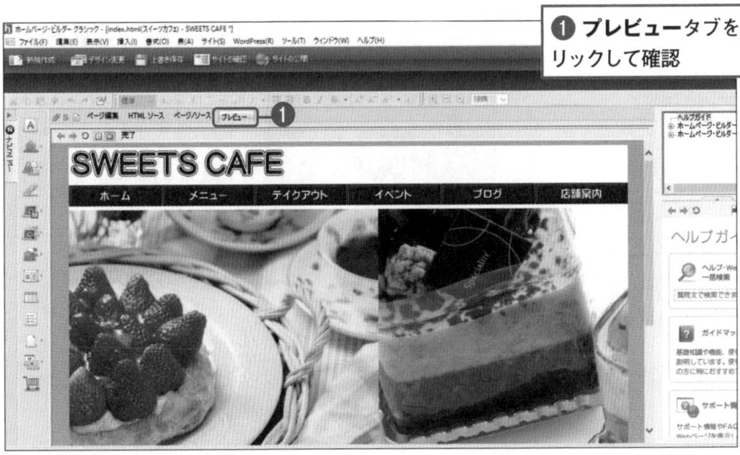

❶ **プレビュー**タブをクリックして確認

Memo スライドショーの間隔

次の写真を表示するまでの時間を早めたいときには、「スライドショーの間隔」ボックスの数値を小さくします。

Onepoint ブラウザーでも確認する

ナビバーの「ブラウザー確認」をクリックしてブラウザーを選択し、ブラウザー上でどのように表示されるかも確認しておきましょう。

section 59

QRコード

QRコードを挿入するには

LEVEL ●●●○○

スタート	SECTION59_1 index.html
完成	SECTION59_2 index.html

スマホでQRコードを読み込む場面が増えてきました。ホームページ・ビルダーには、ホームページのQRコードを作成できる機能があるので紹介します。

QRコードを作成する

① [QRコード] をクリックする

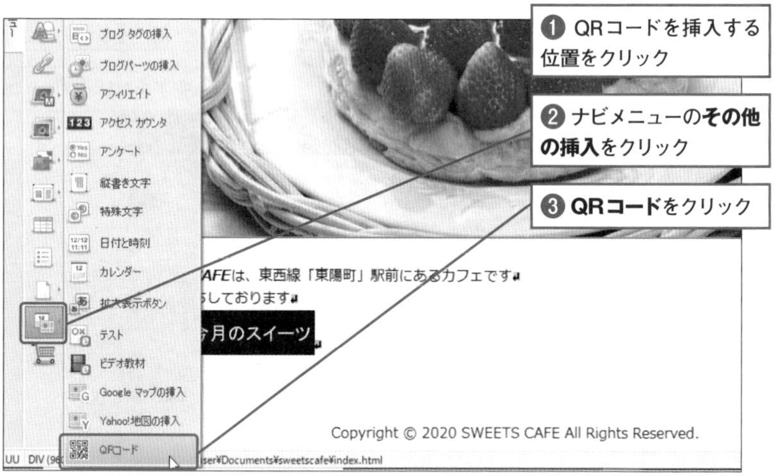

Hint QRコードとは

QRコードは、スマートフォンや携帯電話などのカメラで情報を読み取れる二次元コードのことです。コードには、ホームページのURLやメールアドレスなどを埋め込むことができます。

② データを入力する

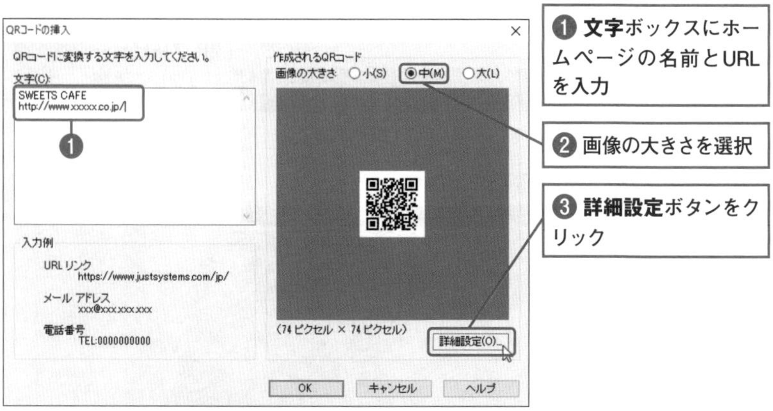

③ 「QRコードの詳細設定」ダイアログが表示された

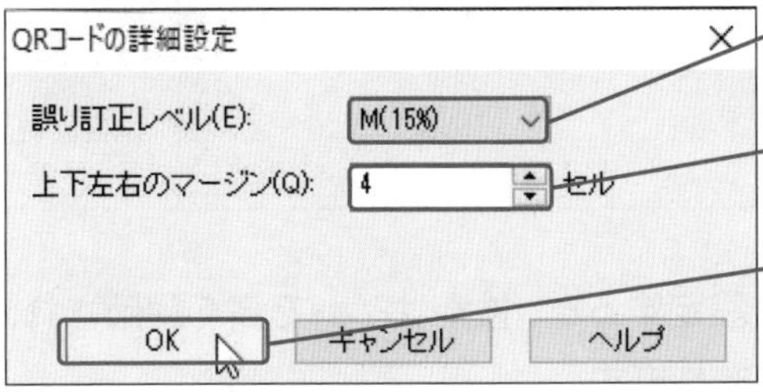

❶ **誤り訂正レベル**を設定

❷ **上下左右のマージン**を設定

❸ **OK**ボタンをクリック

Memo 誤り訂正レベルと上下左右のマージン

誤り訂正レベルは、コードが汚れていても判読できるようにする設定です。数値を大きくすれば、欠損が多くても読み込めるようにできますが、その分データ量が大きくなります。「上下左右のマージン」は、QRコードの周囲の余白のことです。

④ [OK] ボタンをクリックする

❶ **OK**ボタンをクリック

⑤ QRコードが作成された

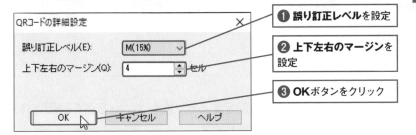

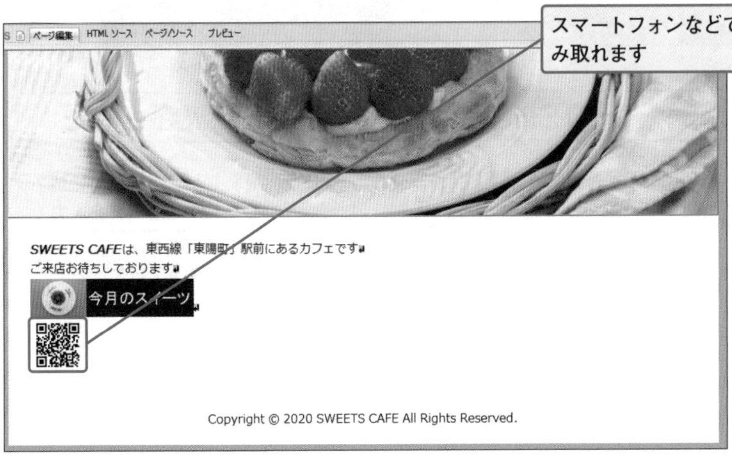

スマートフォンなどで読み取れます

Memo QRコードを変更するには

QRコードの内容に変更がある場合は再作成します。QRコードをクリックし [Delete] キーを押して削除し、新しいQRコードを作り直してください。

section 60

meta タグへのキーワード設定

ページにキーワードや紹介文を設定するには

LEVEL ●●●○○

スタート	SECTION60_1 index.html
完成	SECTION60_2 index.html

ファイルにキーワードや紹介文を設定すると、検索サイトで高く評価され、検索結果の順位が上がる可能性があります。

キーワードを設定する

Hint SEOとは

SEOとは、「Search Engine Optimization」の略で、検索サイトでの検索結果が上位に表示されるように工夫することです。検索結果の上位に表示させるためには、検索サイトのプログラムに高く評価されることが必要です。

①［ページのSEO設定］をクリックする

キーワードを設定するページを開きます

❶ ナビバーの**SEO設定**ボタンをクリック

❷ **ページのSEO設定**をクリック

Hint metaタグとは

HTMLのmetaタグにある記述は検索サイトに高く評価されるので、キーワードや説明などを入れると検索結果の順位が上がる可能性があります。

②「ページのSEO設定」ダイアログが表示された

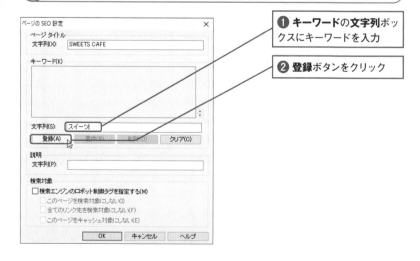

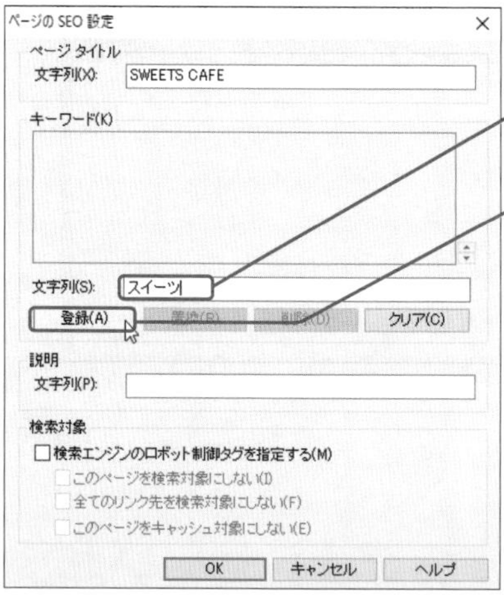

❶ **キーワード**の**文字列**ボックスにキーワードを入力

❷ **登録**ボタンをクリック

③ キーワードを設定できた

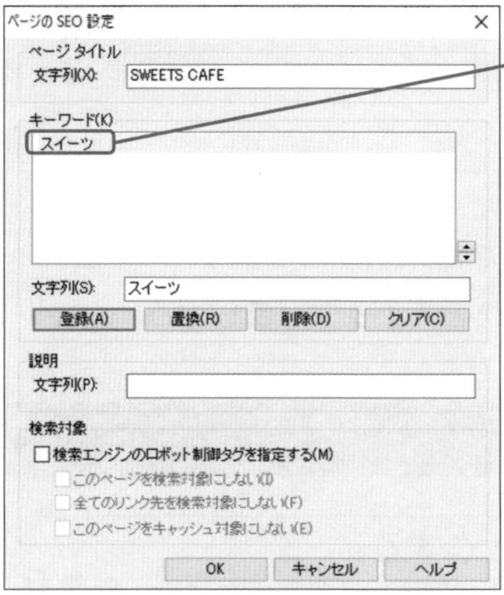

キーワードボックスに追加された

同様に他のキーワードも追加します

> **Memo キーワード入力の注意**
>
> ページに関係のないキーワードを入力したり、キーワードの数が多すぎたりすると不正行為とみなされるので気をつけましょう。

紹介文を設定する

① 紹介文を入力する

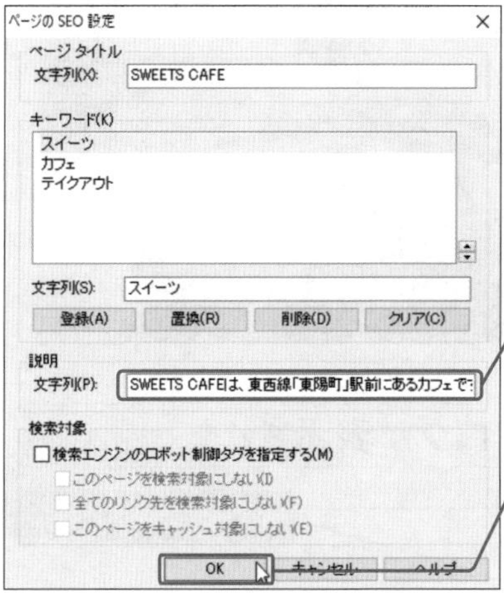

❶ **説明**の**文字列**ボックスに紹介文を入力

❷ **OK**ボタンをクリック

② 紹介文を設定できた

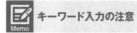

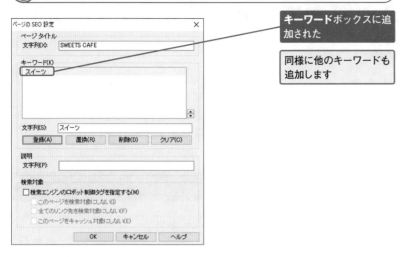

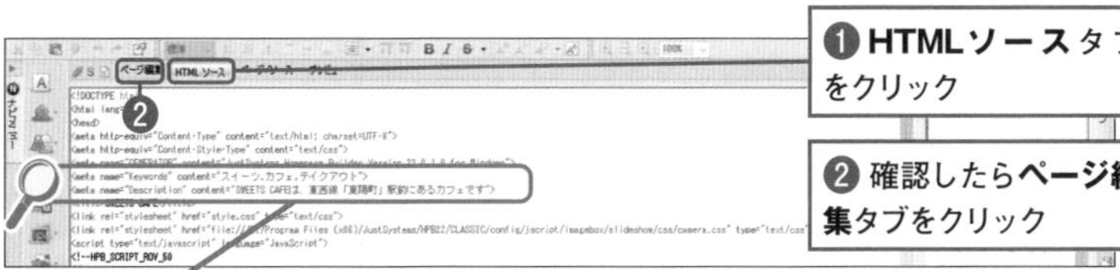

❶ **HTMLソース**タブをクリック

❷ 確認したら**ページ編集**タブをクリック

<meta name="Keywords" content="スイーツ,カフェ,テイクアウト">
<meta name="Description" content="SWEETS CAFEは、東西線「東陽町」駅前にあるカフェです">

設定したキーワードと説明が記述されています

section 61

SEOチェック

SEO対策ができているかをチェックするには

LEVEL ●●●○○

スタート	SECTION61_1 index.html
完成	SECTION61_2 index.html

検索結果を上位にするためにはさまざまな対策法があります。ホームページができたら、SEO対策がなされているかをチェックしましょう。

「SEOチェック」を行う

Onepoint SEOチェックとは

SEOチェックとは、そのページにSEO対策がなされているかをチェックすることです。SEOチェックを行うと、XMLサイトマップ（section63）が作成されていない、メタ情報（section60）が入力されていない、altテキストが設定されていないなどのSEOの視点での重要な項目をチェックできます。これらのチェック項目をクリアしていると検索結果のアップを期待できます。

① [SEOチェック] をクリックする

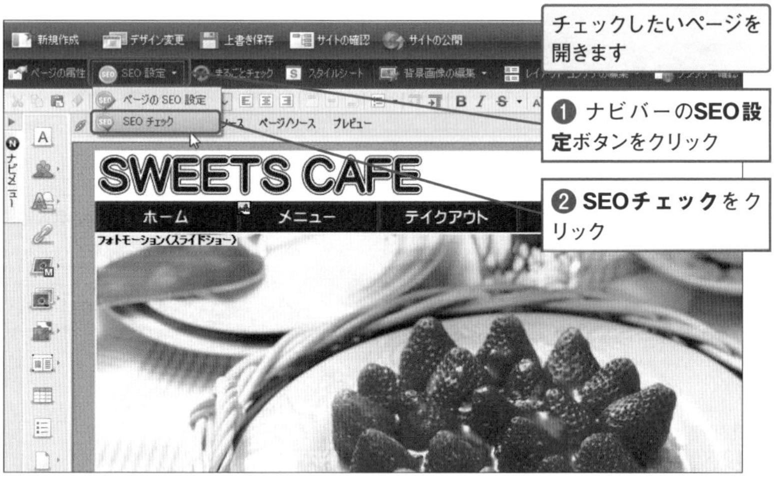

② 「SEOチェック」ダイアログが表示された

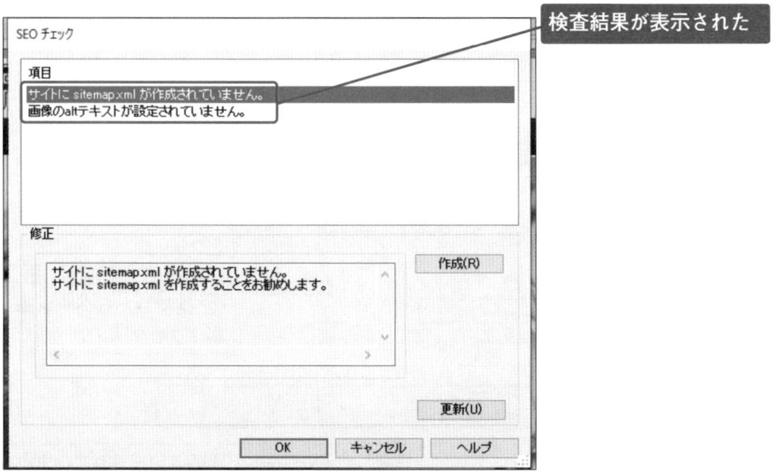

③ チェックされた項目を設定する

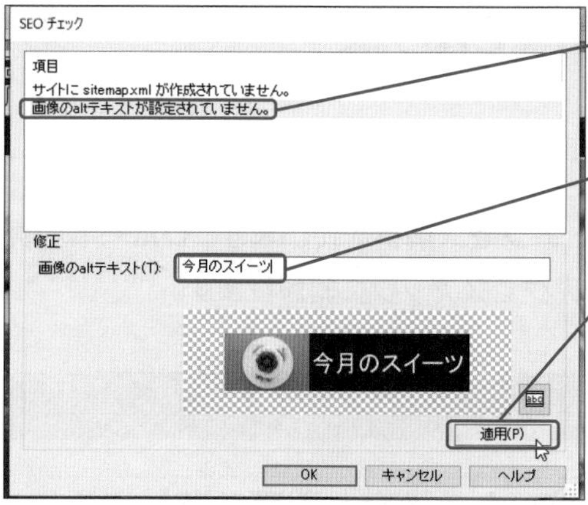

❶「画像のaltテキストが設定されていません」をクリック

❷ **画像のaltテキスト**ボックスに説明を入力

❸ **適用**ボタンをクリック

④ altテキストが設定された

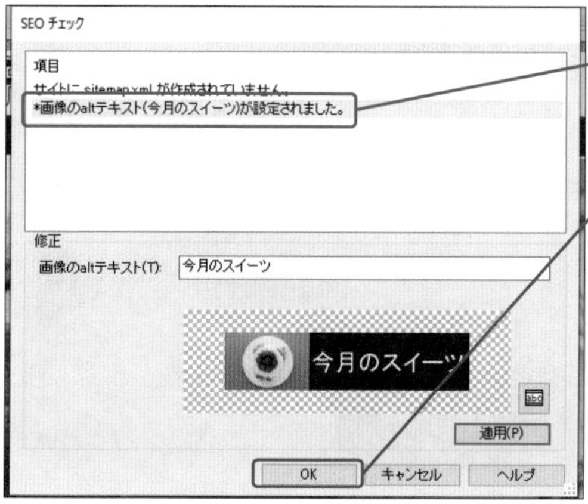

「設定されました」と表示されていることを確認します

❶ **OK**ボタンをクリック

Hint altテキスト

altテキストとは画像の代替テキストのことです（section17参照）。代替テキストは、HTMLではaltタグを使って記述します。altテキストは検索サイトに高く評価されるので設定するようにしましょう。

Memo XMLサイトマップがない場合

section63のXMLサイトマップが作成されていないと、「SEOチェック」ダイアログに「サイトにsitemap.xmlが作成されていません。」と表示されます。

Technic SEOスパムと判定されないようにするには

検索結果の上位を目指すために、文字を隠したり、リンク数を増やしたりすると、検索結果から除外されたり、下位に落とされてしまうことがあります。そうならないために、「サイト」メニューの［アクセス向上］→［SEOチェック設定］をクリックして、「SEOチェック設定」ダイアログを表示し、［スパムペナルティ抵触チェック］の項目をオンにしておくと、SEOチェックの際に一緒に検査できます。

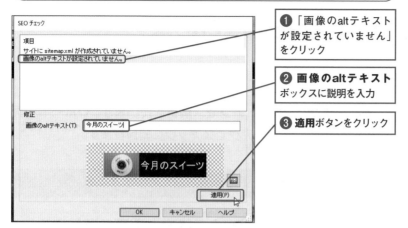

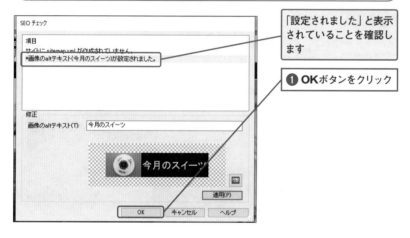

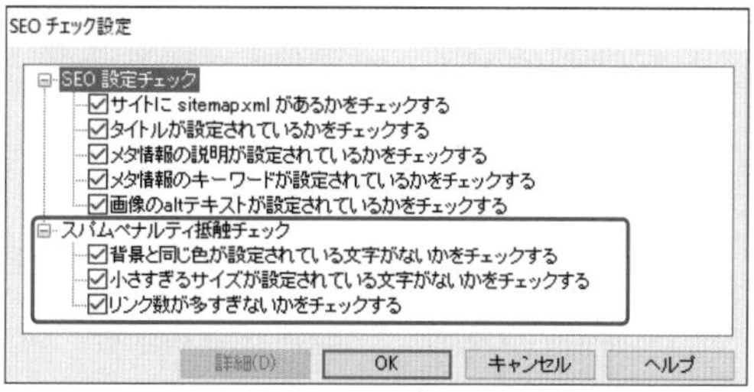

section 62

アクセス解析

アクセス状況を調べるには

LEVEL ●●●○○

ユーザーの動向を知りたい時に、アクセス解析を使います。レポートを見て、サイトの内容を改善すれば、アクセスアップに繋がります。

Googleアナリティクスに登録する

Onepoint Googleアナリティクスとは

Googleアナリティクスは、Googleが提供するアクセス解析サービスです。無料ながらも高機能なので多くの人が利用しています。なお、使用するにはGoogleアカウントが必要です。

①「Googleアナリティクス設定」画面を表示する

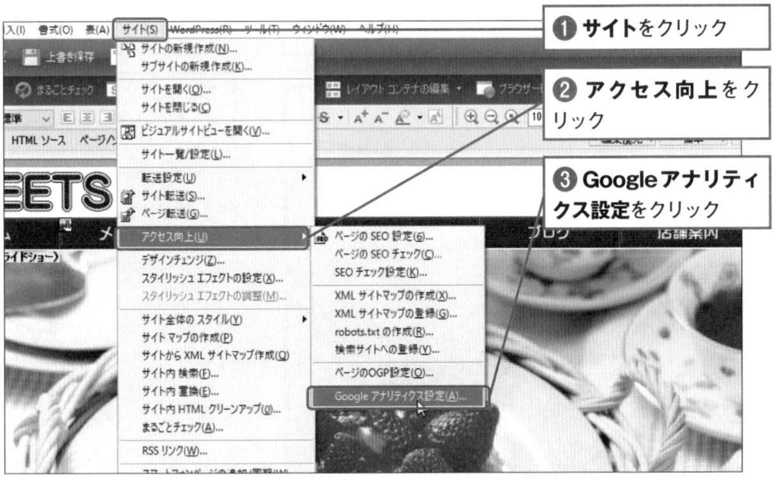
❶ **サイト**をクリック
❷ **アクセス向上**をクリック
❸ **Googleアナリティクス設定**をクリック

②トラッキングIDを取得する

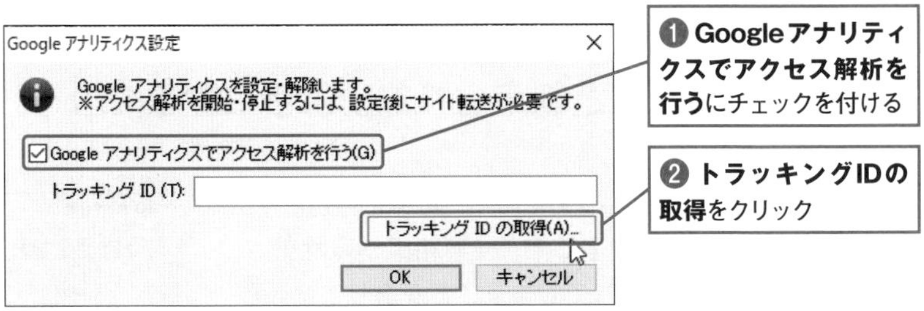
Google アナリティクス設定
Google アナリティクスを設定・解除します。
※アクセス解析を開始・停止するには、設定後にサイト転送が必要です。
Google アナリティクスでアクセス解析を行う(G)
トラッキング ID (T):
トラッキング ID の取得(A)...
OK
キャンセル
❶ **Googleアナリティクスでアクセス解析を行う**にチェックを付ける
❷ **トラッキングIDの取得**をクリック

③ Google アナリティクスに申し込む

❶ **無料で利用する**をクリック

④ Google アカウントのメールアドレスを入力する

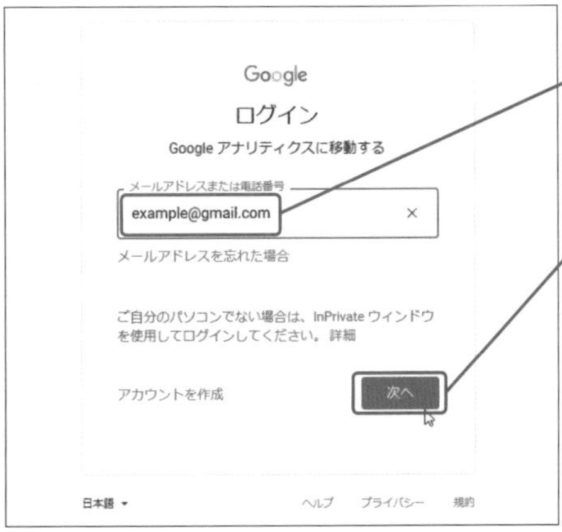

❶ Google アカウントのメールアドレスを入力

❷ **次へ**をクリック

⑤ [次へ] ボタンをクリックする

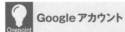

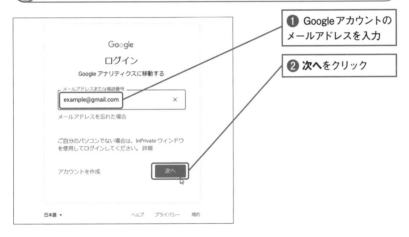

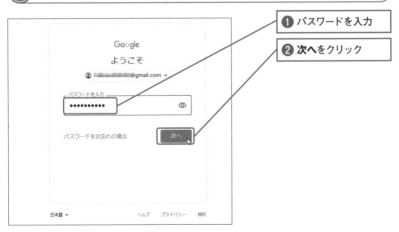

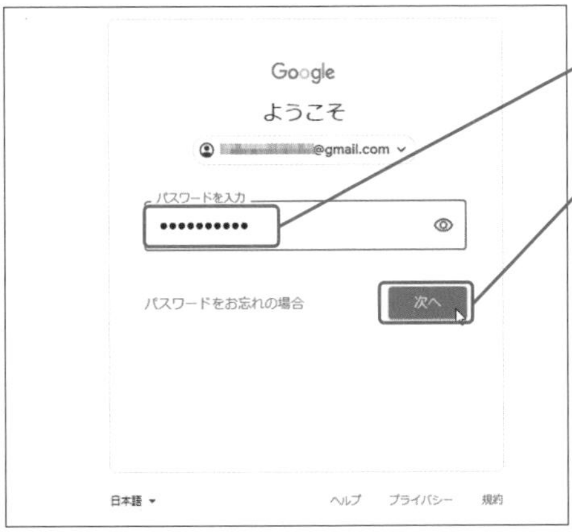

❶ パスワードを入力

❷ **次へ**をクリック

Onepoint Google アカウント

Google アナリティクスを使用するには、Google アカウントが必要です。Google アカウントのメールアドレスとパスワードを入力してログインします。Google アカウントを取得していない場合は、「アカウント作成」をクリックして取得してください。

Technic より詳しく解析したい場合

Googleアナリティクスには、アナリティクス360という有料版もあります。高度な解析やサポート、データ量無制限など、無料版にない機能やサービスがありますが、通常は無料版でも十分です。

Onepoint 解説で使用している画面

ここでは執筆時点での画面で解説しています。実際の画面と異なる場合がありますのでご了承ください。

6 アカウント名を入力する

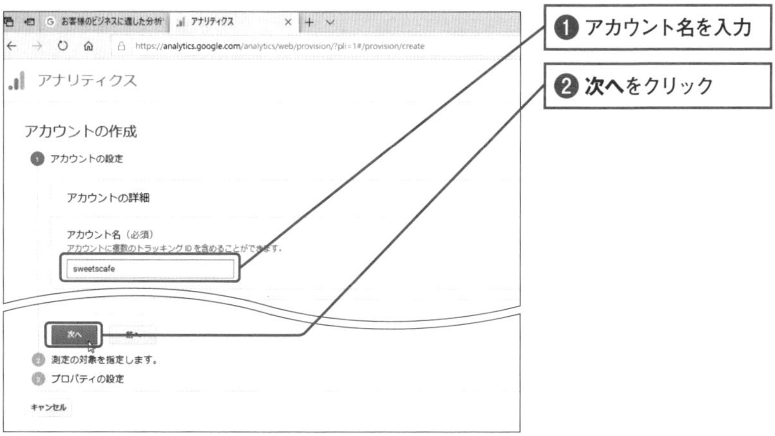

7 測定の対象を選択する

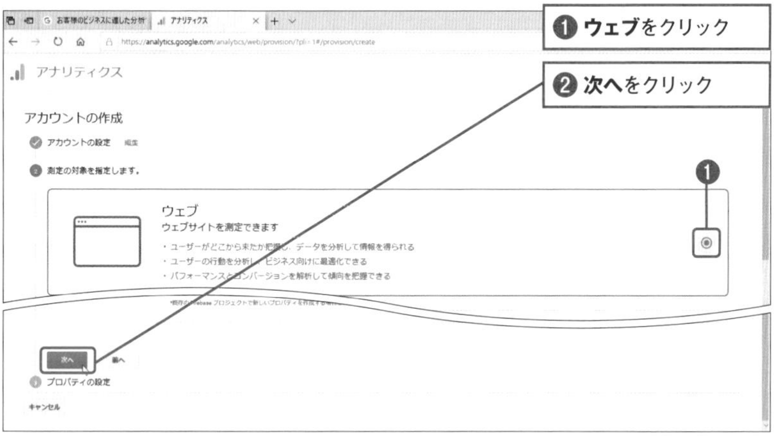

8 プロパティを設定する

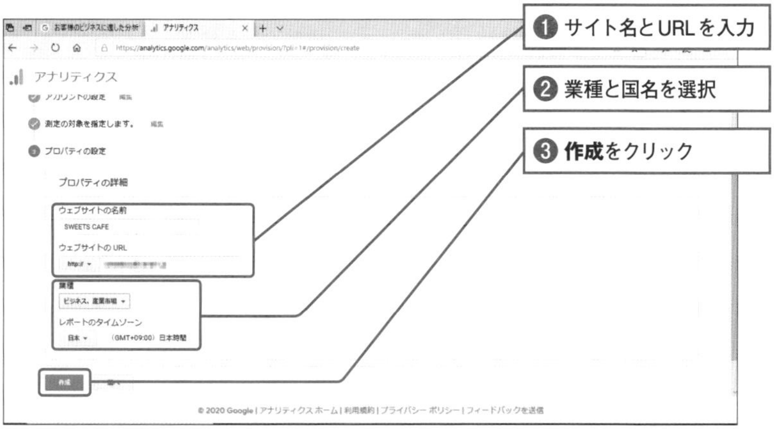

⑨ 規約に同意する

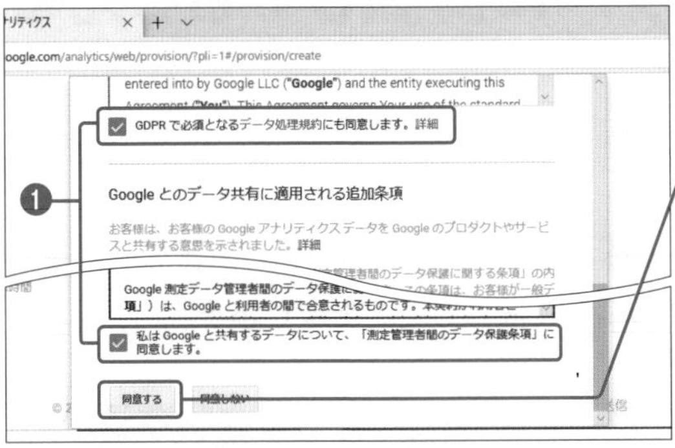

❶ 2か所にチェックを付ける

❷ **同意する**をクリック

メッセージが表示されたら「保存」をクリックします

⑩ トラッキングIDをコピーする

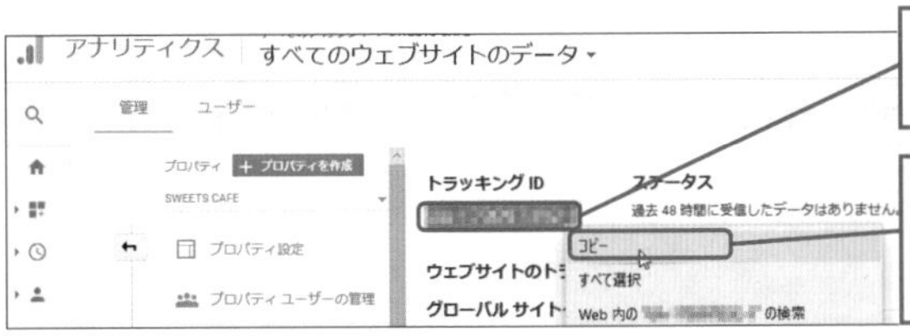

❶ トラッキングIDをドラッグ

❷ 反転している上を右クリックし、**コピー**をクリック

ページに貼り付ける

① トラッキングIDを貼り付ける

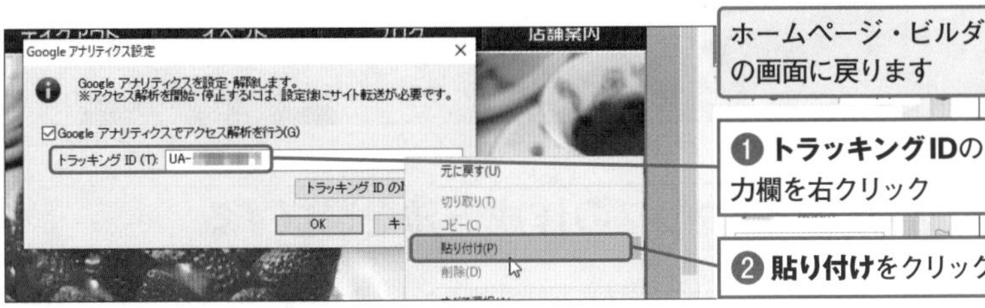

ホームページ・ビルダーの画面に戻ります

❶ **トラッキングID**の入力欄を右クリック

❷ **貼り付け**をクリック

② サイトを転送する

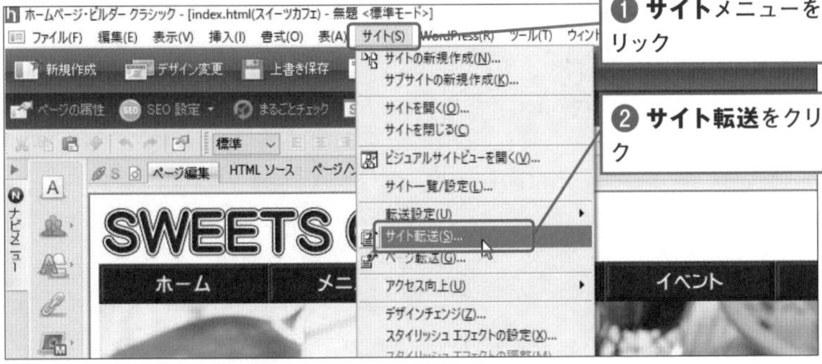

❶ **サイト**メニューをクリック

❷ **サイト転送**をクリック

Technic データを分析する

Googleアナリティクスの画面左にあるメニューからさまざまなデータを分析できます。

リアルタイム：現在アクセスしているユーザー数や閲覧しているページなどがわかります。

ユーザー：訪問者数やページビュー数（ページが開かれた回数）などを確認できます。

集客：訪問者がどのようにたどり着いたかがわかります。

行動：ページ別の訪問数や平均ページ滞在時間などを見ることができます。

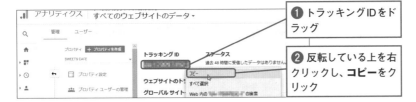

section 63

XML サイトマップの作成

自動巡回プログラムに認識してもらえるようにするには

LEVEL ●●●○○

実は、Googleなどの検索サイトは、プログラムが巡回して情報を収集しています。確実に認識してもらえるように設定しておきましょう。

XML サイトマップを作成する

Onepoint XML サイトマップとは

検索サイトは、「クロール」というプログラムがインターネット上を自動巡回して情報を収集し、順位や表示内容などを決めています。そのプログラムが確実に認識できるように、ページの更新日や更新頻度などを載せるものがXMLサイトマップです。ここではGoogleでの使い方を説明します。手順の流れは、「XMLサイトマップを作成する」→「Google Search Consoleにサイトを追加する」→「ホームページの所有者であることの証明をもらう」→「XMLサイトマップを送信する」です。

① [XML サイトマップの作成] をクリックする

② XML サイトマップの作成方法を選択する

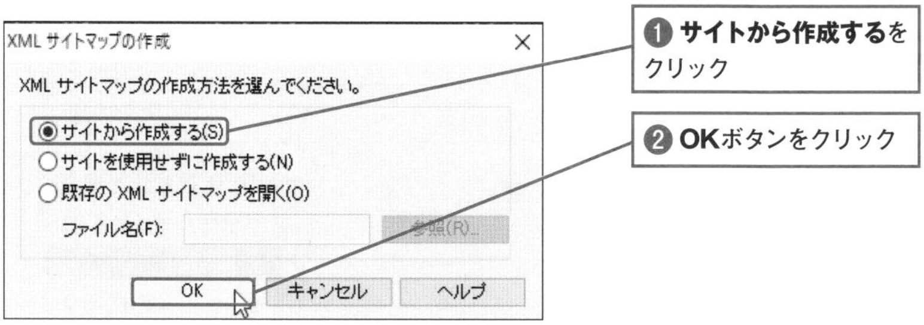

③ ダイアログが表示された

❶ **OK**をクリック

④ サイトのURLを入力する

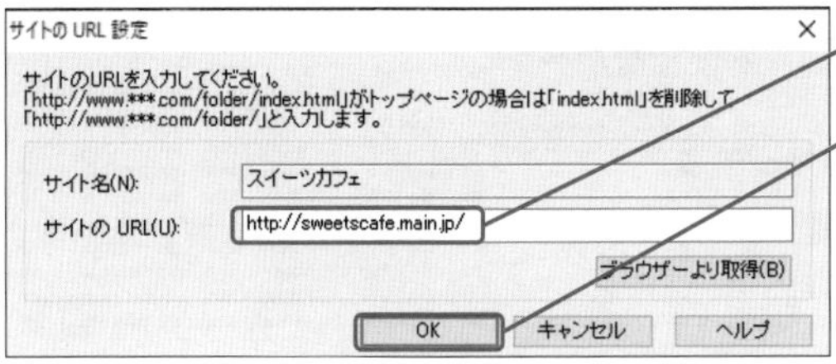

❶ サイトのURLを入力

❷ **OK**をクリック

⑤ [OK] ボタンをクリックする

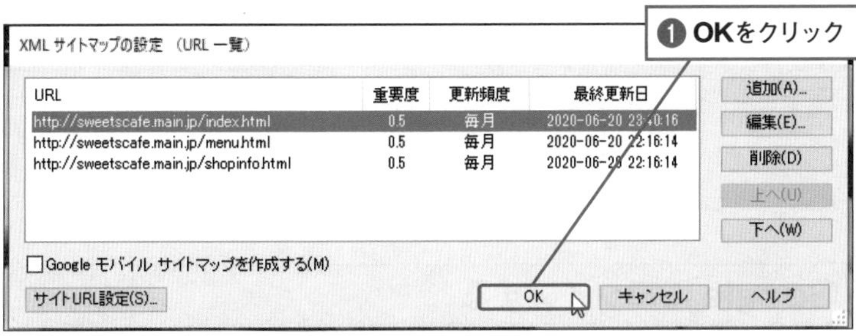

❶ **OK**をクリック

⑥ [閉じる] ボタンをクリックする

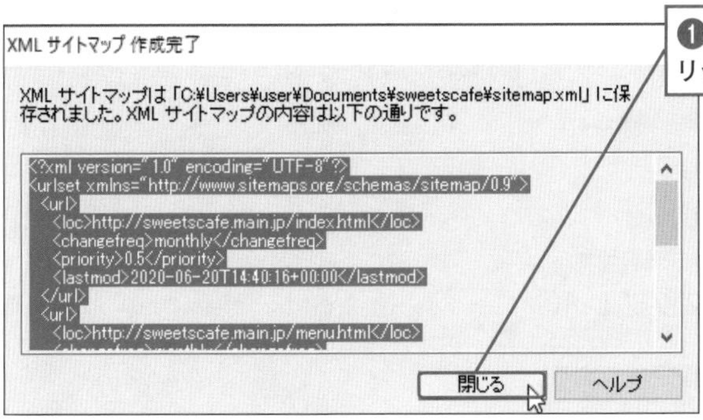

❶ **閉じる**ボタンをクリック

Memo 「サイトのURL設定」ダイアログが表示された

サイトのURLが設定されていない場合は、ダイアログが表示されるので、「サイトのURL」ボックスにホームページのURLを入力して下さい。

Memo XMLサイトマップを確認する

ナビバーの「サイトの確認」をクリックし、「sitemap.xml」のファイルが作成されたことを確認します。その後、section51の方法でサーバーへアップロードします。

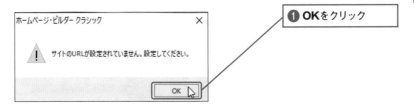

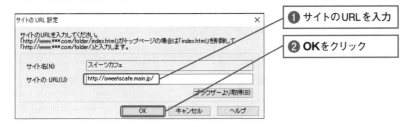

Search Consoleにサイトを追加する

Onepoint Search Consoleとは

Search ConsoleはGoogleの無料サービスで、Googleのクロールがホームページの情報を収集しやすいようにXMLサイトマップを設定することができます。また、Googleの検索結果で、ホームページがどのように表示されるか、検索結果からどのくらいクリックされているかなど、監視と管理もできるサービスです。

①［XMLサイトマップの登録］をクリックする

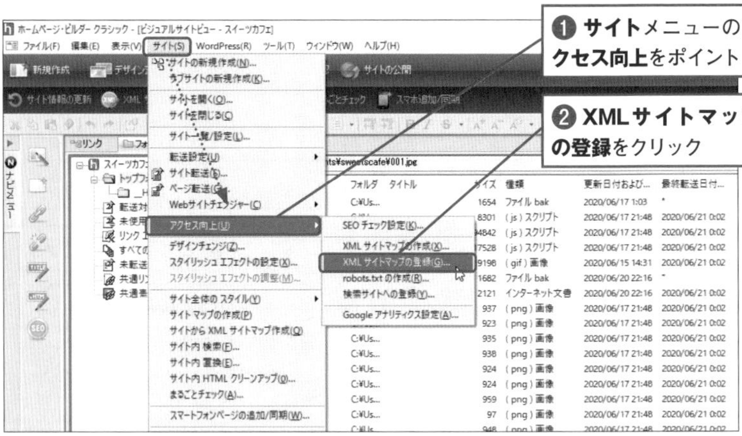

❶ **サイト**メニューの**アクセス向上**をポイント

❷ **XMLサイトマップの登録**をクリック

②「XMLサイトマップの登録」ダイアログが表示された

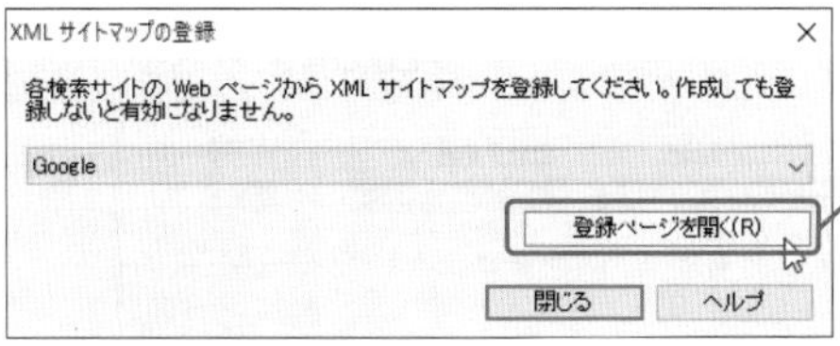

❶ **登録ページを開く**ボタンをクリック

Memo サイトマップの登録にはアカウントが必要

Search ConsoleはGoogleのサービスなので、Googleのアカウントが必要です。取得していなければ［アカウントを作成］をクリックして登録してください。

③ Googleにログインする

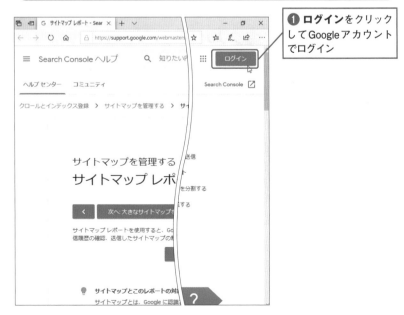

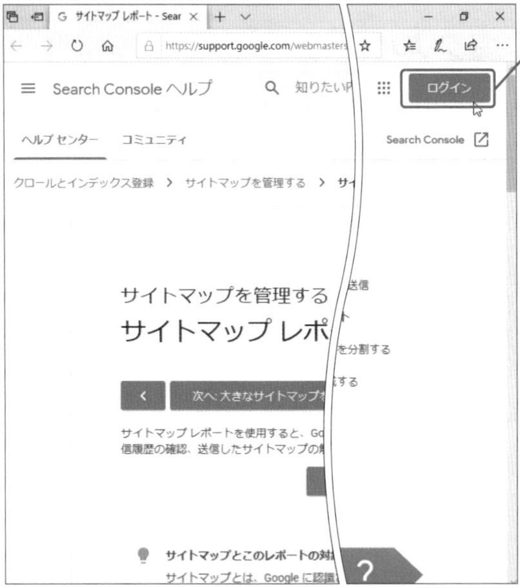

❶ **ログイン**をクリックしてGoogleアカウントでログイン

④ Search Consoleの画面を表示する

⑤ URLを入力する

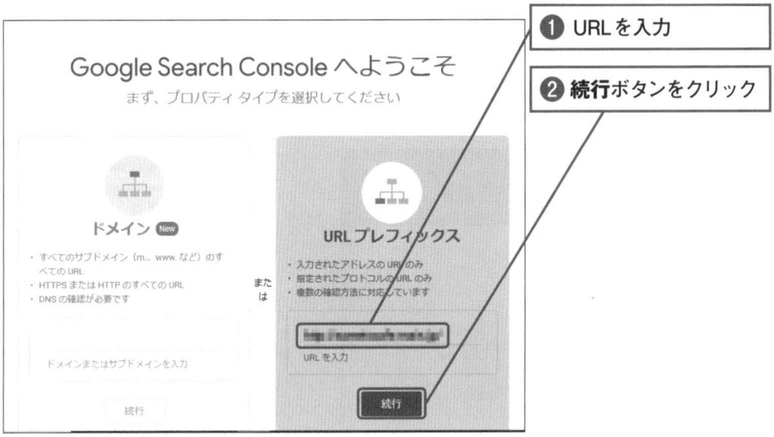

⑥ HTMLファイルをダウンロードする

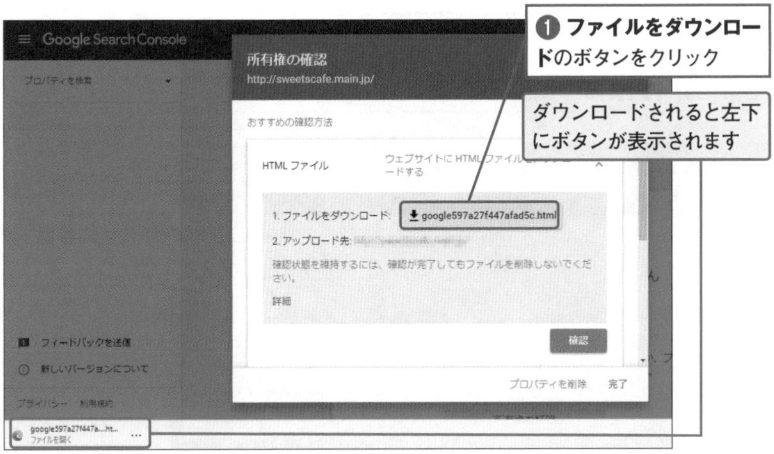

Technic metaタグを使って証明する場合

XMLサイトマップを送信する前に、ホームページの所有者であることの証明が必要です。ここで説明している方法以外にもmetaタグを使う方法もあります。その場合は、手順6の画面下部にある［HTMLタグ］をクリックするとタグが表示されるので、コピーしてトップページの＜head＞section内に貼り付けます。タグの入力が済んだらトップページをサーバーへ転送します。

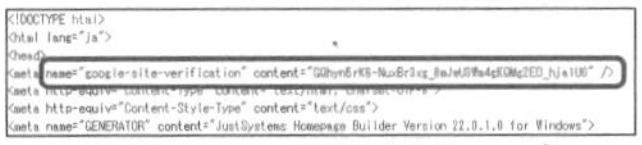

▲HTMLソース画面でトップページのこの位置に貼り付け、サーバーへ転送する

Memo サイトのフォルダーに保存する

ダウンロードしたファイルを、サイトが保存されているフォルダーに保存し、この後ファイル転送ツールを使ってサーバーへ転送します。

Memo Googleアナリティクスを使用している場合

section62のGoogleアナリティクスを同じGoogleアカウントで使用している場合は、手順6の画面で「所有権を自動確認しました」と表示され所有権の確認が完了します。Googleアナリティクスを使わない場合は、ここでのようにHTMLファイルをアップロードするか、ページにメタタグを貼り付ける方法で行ってください。

ダウンロードしたファイルをサーバーへ転送する

Memo ホームページ・ビルダー画面に切り替える

ホームページ・ビルダーの画面に切り替えるには、デスクトップ画面の下部にあるホームページ・ビルダーのアイコンをクリックします。なお、切り替えると、先ほど開いた「XMLサイトマップの登録」ダイアログが表示されたままなので、[閉じる] ボタンをクリックして閉じてください。

❶ ファイルを転送する

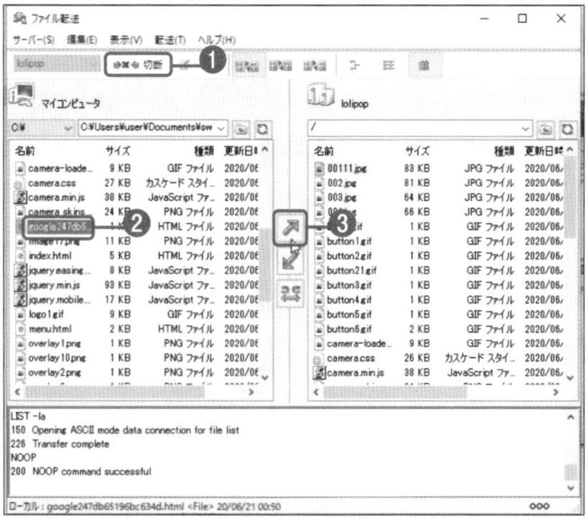

ツールメニューの**ファイル転送ツールの起動**をクリックして「ファイル転送」ツールを起動します

❶ **接続**ボタンをクリックして接続

❷ 先ほどダウンロードしたGoogleのファイルをクリック

❸ ↗ボタンをクリック

❷ [確認] ボタンをクリックする

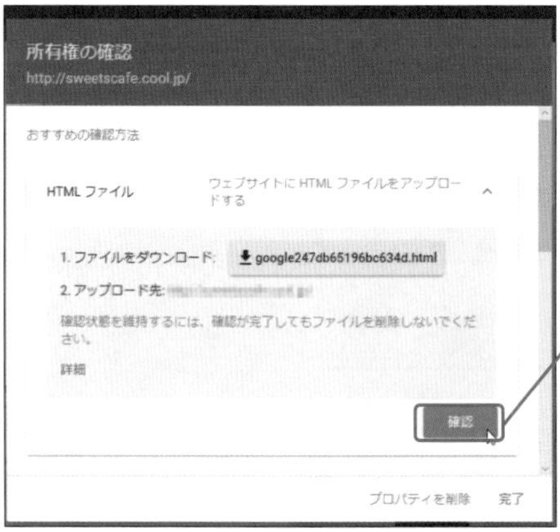

サーバーに転送された

❶ **確認**ボタンをクリック

❸ 所有権が確認された

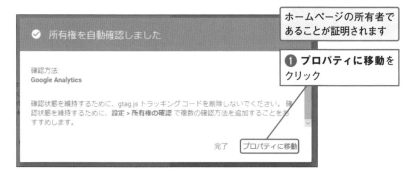

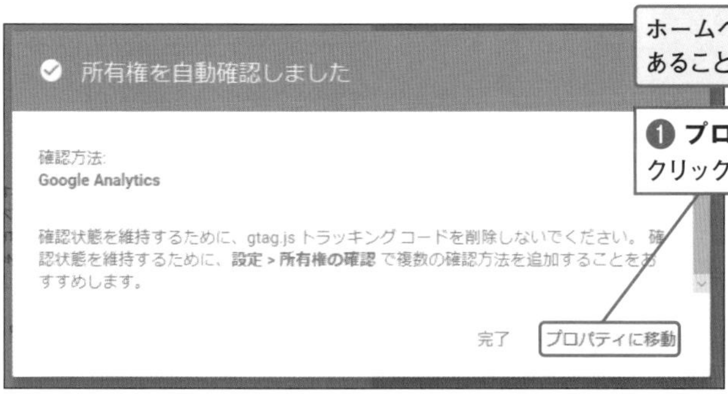

ホームページの所有者であることが証明されます

❶ **プロパティに移動**をクリック

XML サイトマップをGoogleへ送信する

① XMLサイトマップを送信する

証明が完了したらサイトマップを送信します

❶ **サイトマップ**をクリック

❷ ボックス内に「sitemap.xml」と入力

❸ **送信**ボタンをクリック

サイトマップを送信できます

Memo ページを追加や削除した場合

ページを追加したり、削除したりした場合は、XMLサイトマップを作り直します。作成したらサーバーへ転送し、Search Consoleでサイトマップを再送信します。

② XMLサイトマップを送信した

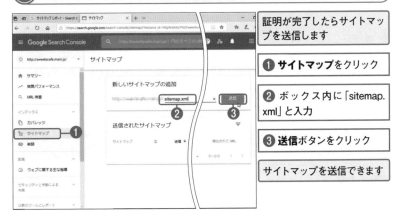

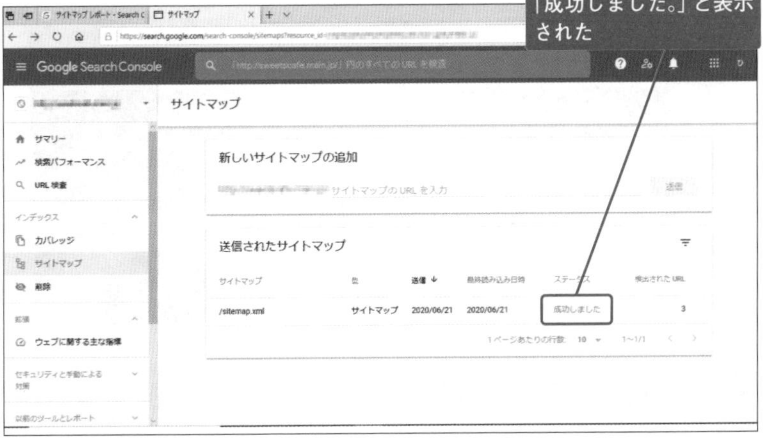

「成功しました。」と表示された

Memo XMLサイトマップの送信

送信後すぐに反映されない場合もあります。その場合は1日経ってから確認してみてください。

section 64

サイトマップの作成

ページのリンク一覧を作るには

LEVEL ●●●○○

スタート	SECTION64_1 index.html
完成	SECTION64_2 sitemap.html

ホームページを訪れた人が、行きたいページに辿りつけないことがないように、案内板としてサイトマップを作成しておきましょう。

サイトマップを作成する

Onepoint サイトマップとは

サイトマップは、ホームページの構成を載せたリンク一覧のことです。サイトマップがあれば、訪問者が目的のページに行きやすくなります。なお、前のsectionのXMLサイトマップとは異なるので間違えないようにしましょう。

① [サイトマップの作成] をクリックする

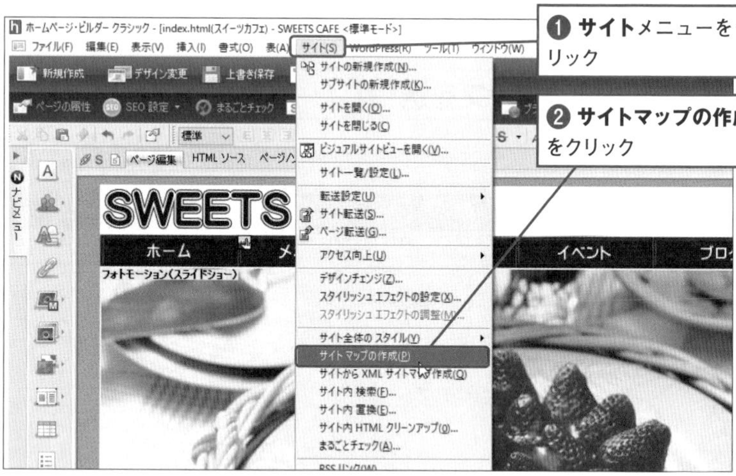
❶ サイトメニューをクリック
❷ サイトマップの作成をクリック
サイト(S)
サイトマップの作成(P)

Hint サイトマップへのリンクを作成する

ページを保存し、サイトマップのファイルへのリンクをトップページに作成します。

② サイトマップが作成された

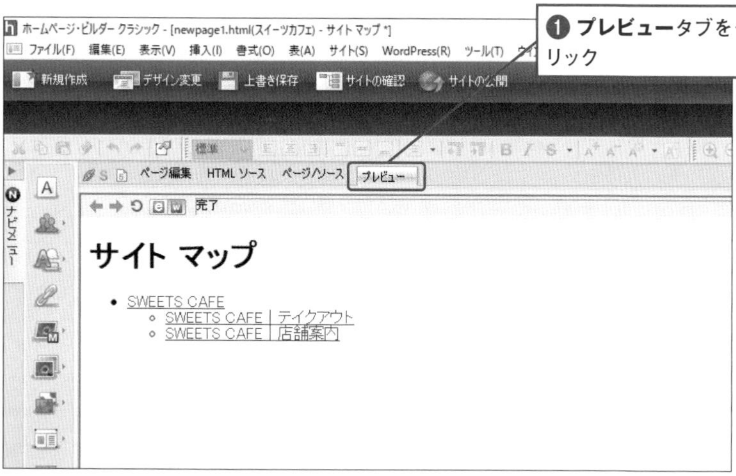

第8章

8

いろいろなWebサービスを利用して、連携や機能の追加をしよう

ホームページを皆に知ってもらいたいとき、TwitterやLINEなどに投稿してもらうと、宣伝効果を期待できます。そのためのボタンをホームページに置くことができ、ホームページ・ビルダーでは簡単に追加できるようになっています。また、お店や会社の地図はわざわざ作らなくても表示させる方法があります。

section 65

スタート	SECTION65_1 index.html
完成	SECTION65_2 index.html

SNSとの連携

TwitterやFacebook・LINEなどのボタンを挿入するには

LEVEL ●●●○○

ホームページにソーシャルネットワーク（SNS）のボタンを設置して、感想を書いてもらったり、情報を広めてもらいましょう。

ツイートボタンを設置する

Onepoint ソーシャルネットワークとは

ソーシャルネットワーク（Social Network）は、社会的なつながりを作るためのインターネットサービスのことで、「SNS」とも呼ばれます。ホームページにTwitterやFacebookなどのボタンを設置しておけば、訪問者がクリックして、情報を広めてくれるので、さらに訪問者を増やすことができます。

①ボタンを挿入する位置をクリックする

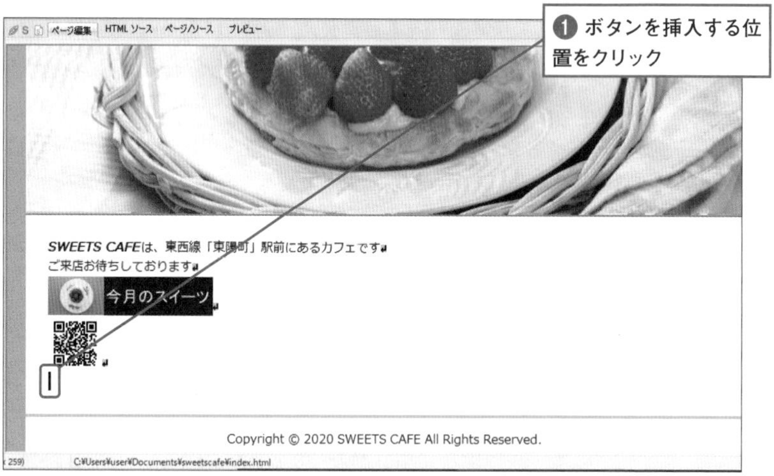

②［ツイートボタン］をクリックする

③ 「ツイートボタン」ダイアログが表示された

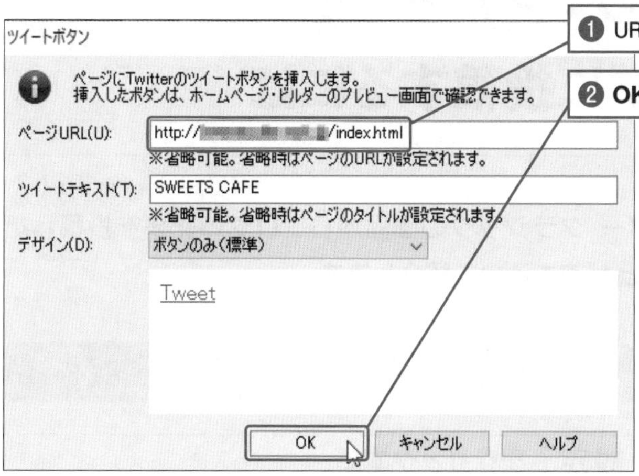

ツイートボタン
ページにTwitterのツイートボタンを挿入します。
挿入したボタンは、ホームページ・ビルダーのプレビュー画面で確認できます。
ページURL(U):
http://　/index.html
※省略可能。省略時はページのURLが設定されます。
ツイートテキスト(T):
SWEETS CAFE
※省略可能。省略時はページのタイトルが設定されます。
デザイン(D):
ボタンのみ（標準）
Tweet
OK
キャンセル
ヘルプ
❶ URLを入力
❷ **OK**ボタンをクリック

④ ボタンが挿入された

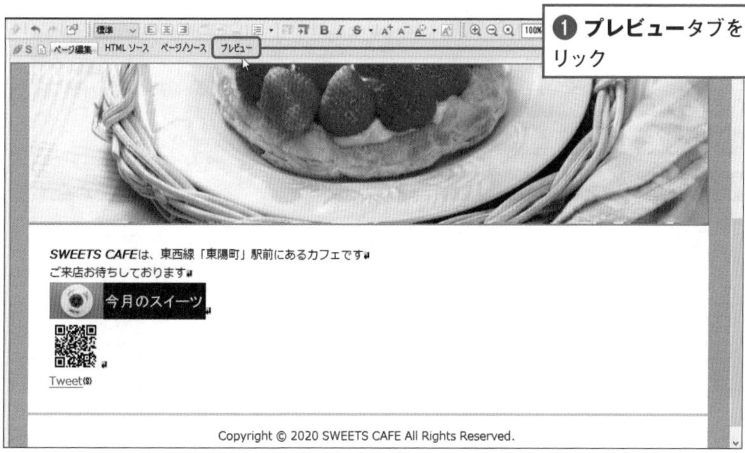

ページ編集
HTMLソース
ページ/ソース
プレビュー
SWEETS CAFEは、東西線「東陽町」駅前にあるカフェです
ご来店お待ちしております
今月のスイーツ
Tweet
Copyright © 2020 SWEETS CAFE All Rights Reserved.
❶ **プレビュー**タブをクリック

⑤ 画像が表示された

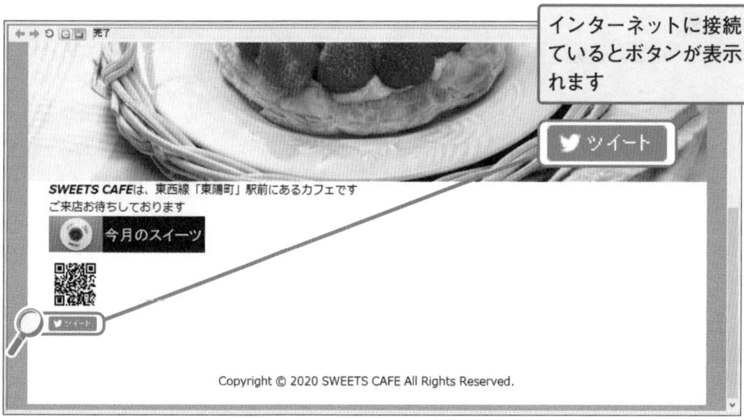

完了
SWEETS CAFEは、東西線「東陽町」駅前にあるカフェです
ご来店お待ちしております
今月のスイーツ
ツイート
Copyright © 2020 SWEETS CAFE All Rights Reserved.
インターネットに接続しているとボタンが表示されます

Memo その他のソーシャルネットワークボタンを挿入するには

複数のボタンをまとめて挿入したいときには、ナビメニュー［ソーシャルネットワークの挿入］の［まとめて挿入］をクリックし、「ソーシャルネットワーク」ダイアログで挿入できます。

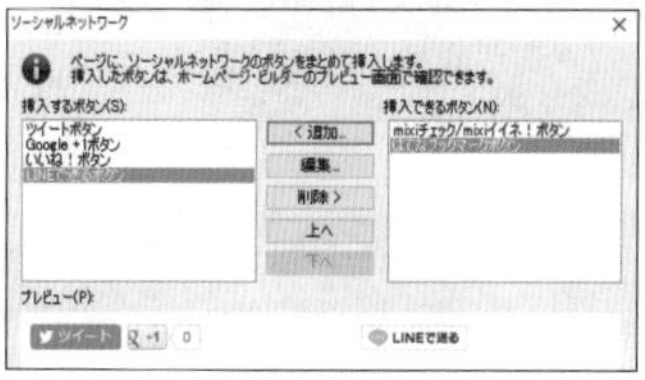

ソーシャルネットワーク

section 66

ブログとの連携

ホームページ・ビルダーを使ってブログに投稿するには

LEVEL ●●●○○

ホームページ・ビルダー クラシックの画面からブログの記事を投稿したり、編集したりすることができるので紹介します。

ブログの設定をする

Onepoint ブログとは

ブログは、ウェブログ（Webをlogする）から名付けられた日記風のサイトのことです。インターネット上にはたくさんのブログサービスがあり、そのほとんどが無料で利用できます。通常はブログの管理画面にアクセスして記事を書きますが、ブログサービスによっては、ホームページ・ビルダー クラシックで記事を投稿することができます。

①［ブログ設定］をクリックする

Onepoint 複数のブログを利用するには

複数のブログを設定する場合は、［ブログ設定追加］ボタンをクリックして設定できます。追加したブログは「設定一覧」ボックスに表示されます。

②「ブログ設定追加」を選択する

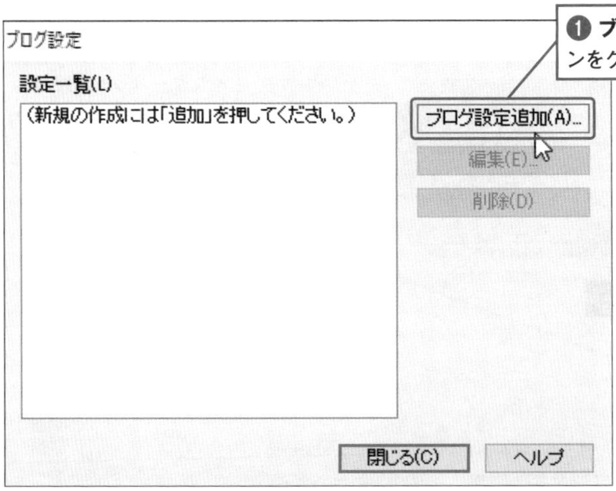

③ ブログプロバイダーをクリックする

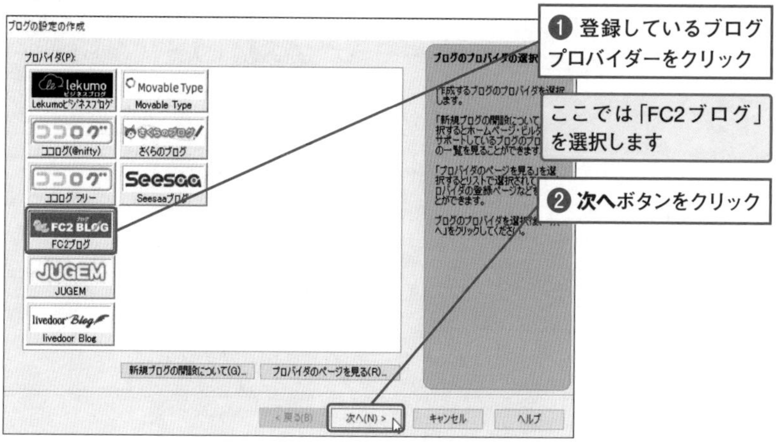

Onepoint ブログサービスに登録するには

ブログプロバイダーを選択し、[プロバイダのページを見る] ボタンをクリックし、登録の選択肢をクリックするとプロバイダーのホームページにアクセスできます。

④ ユーザーIDとパスワードを入力する

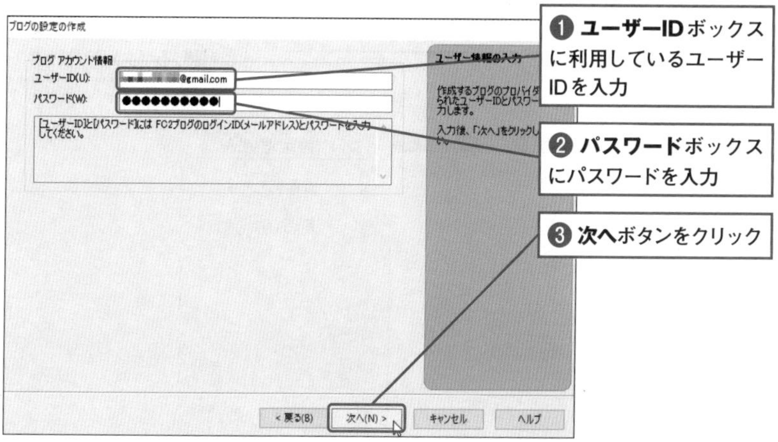

Memo 利用しているブログがない

ホームページ・ビルダーから投稿できるのは、画面3に表示されているブログのみです。アメーバブログなどには対応していません。

⑤ [次へ] ボタンをクリックする

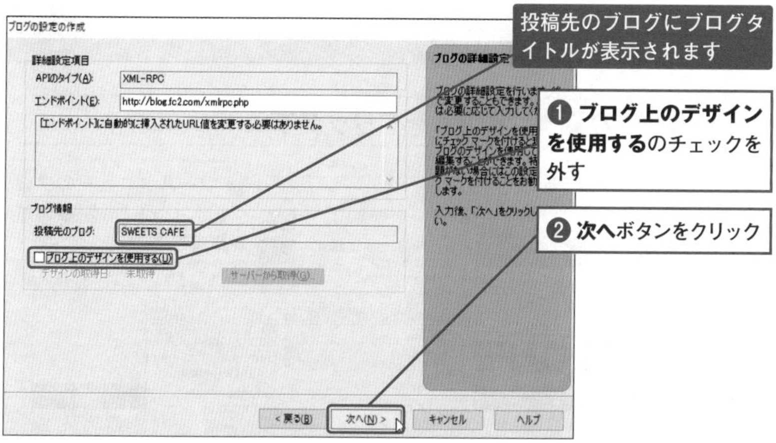

Memo 詳細設定項目

詳細設定項目はブログプロバイダーによって異なります。ココログの場合は、手順5に説明が表示されるので指示通りに入力してください。

Memo ブログ設定名

ブログ設定名は任意の名前を入力します。複数のブログを利用する場合は、どのブログであるかを区別できるように名前を付けましょう。

⑥ ブログ設定名を入力する

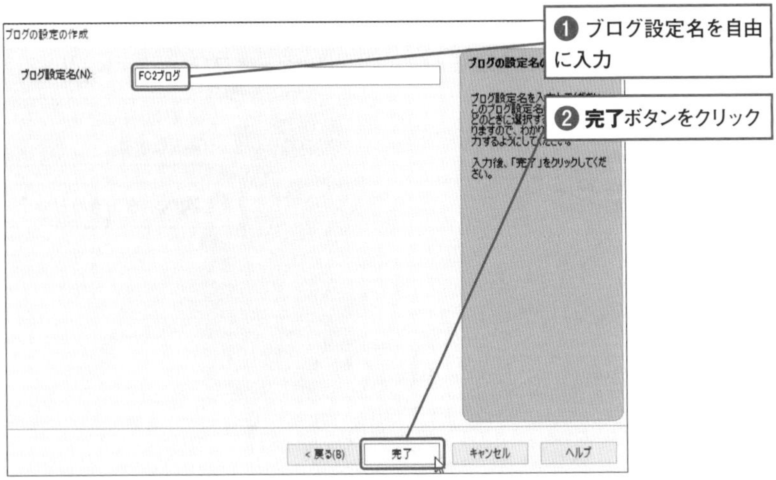

Memo ブログ設定を変更/削除するには

パスワードを変更したときなどブログ設定を変更する場合には、「ブログ設定」ダイアログでブログを選択し、[編集] ボタンをクリックして修正できます。また、ホームページ・ビルダー クラシックから削除したいときは、「ブログ設定」ダイアログでブログを選択して、[削除] ボタンをクリックします。

⑦ [閉じる] ボタンをクリックする

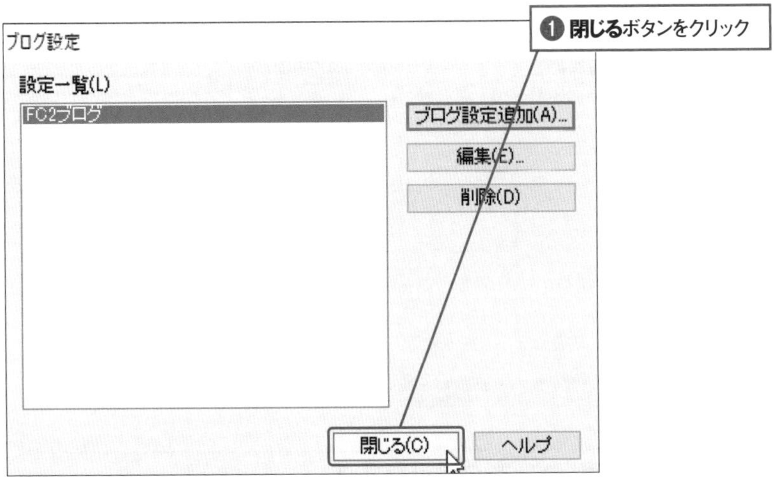

記事を入力する

Hint 複数のブログを設定した場合は

複数のブログを設定した場合は、「ツール」メニューの [ブログ] ➡ [記事の新規作成] をクリックすると、ブログを選択する画面が表示されます。記事を投稿するブログをクリックして [OK] ボタンをクリックします。

① [記事の新規作成] をクリックする

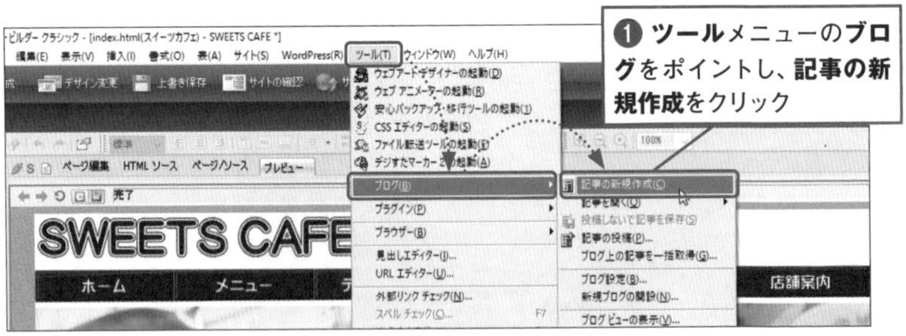

❷ 入力画面が表示された

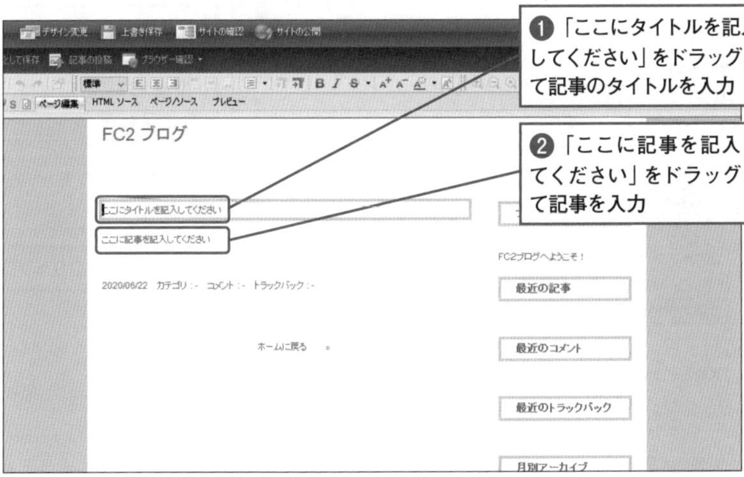

❶「ここにタイトルを記入してください」をドラッグして記事のタイトルを入力

❷「ここに記事を記入してください」をドラッグして記事を入力

Memo ブログに写真を挿入するには

section18の方法でブログに写真を挿入することができます。

記事を投稿する

❶ [記事の投稿] をクリックする

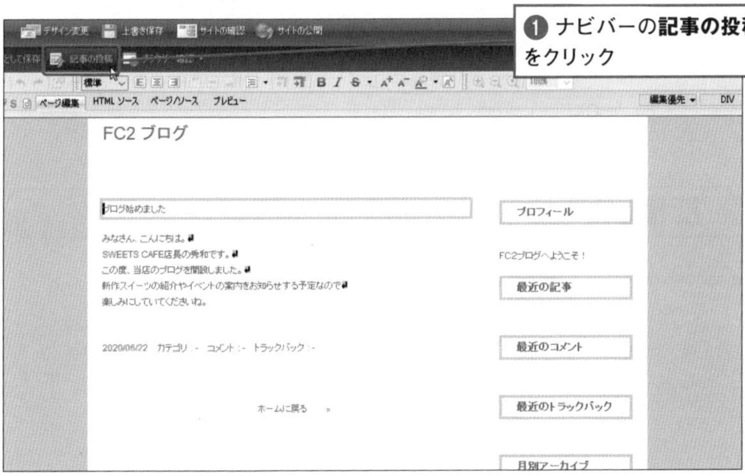

❶ ナビバーの**記事の投稿**をクリック

Memo ブログへのリンクを設定する

ホームページからブログへ行けるようにリンクを設定しておきましょう。また、ブログからホームページに来てもらえるように、ブログの管理画面で設定しておきましょう。

❷「記事編集の終了」ダイアログが表示された

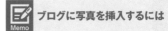

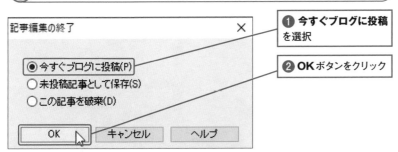

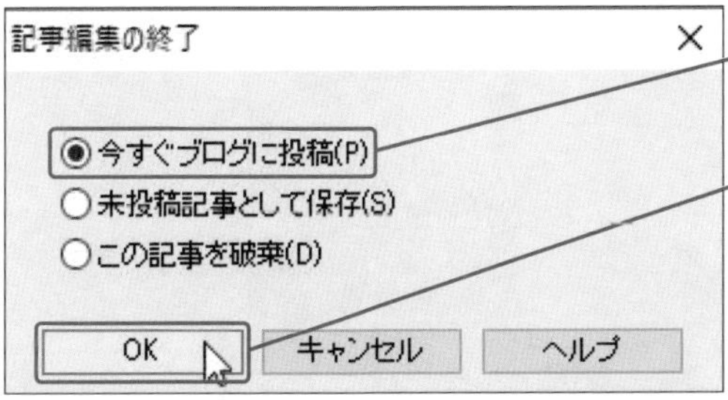

❶ **今すぐブログに投稿**を選択

❷ **OK**ボタンをクリック

Memo 未投稿記事として保存するには

途中まで書いて中断する場合や後で投稿したい場合は、手順2の画面で［未投稿記事として保存］を選択し、［OK］ボタンをクリックします。再編集する場合は「ツール」メニューの［ブログ］➡［記事を開く］をポイントし、［未投稿記事］をクリックして編集します。

Memo カテゴリーの選択

ブログによっては、記事のテーマを選択できるカテゴリーを設定できます。

③ 「記事の投稿」ダイアログが表示された

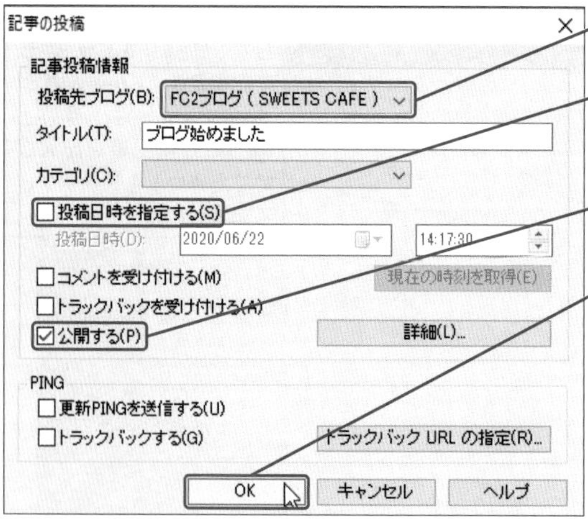

❶ 投稿先のブログを確認

❷ **投稿日時を指定する**をオフにする

❸ **公開する**にチェックを付ける

❹ **OK**ボタンをクリック

④ 投稿が完了した

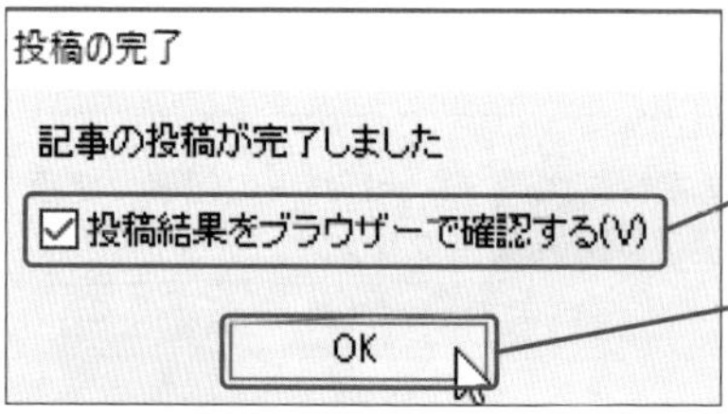

❶ **投稿結果をブラウザーで確認する**にチェックを入れる

❷ **OK**ボタンをクリック

⑤ 投稿した

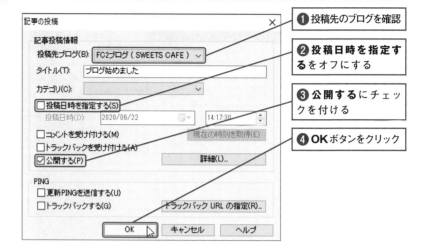

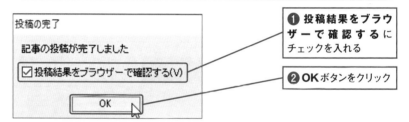

①投稿済みの記事を開く

②「投稿済記事を開く」ダイアログが表示された

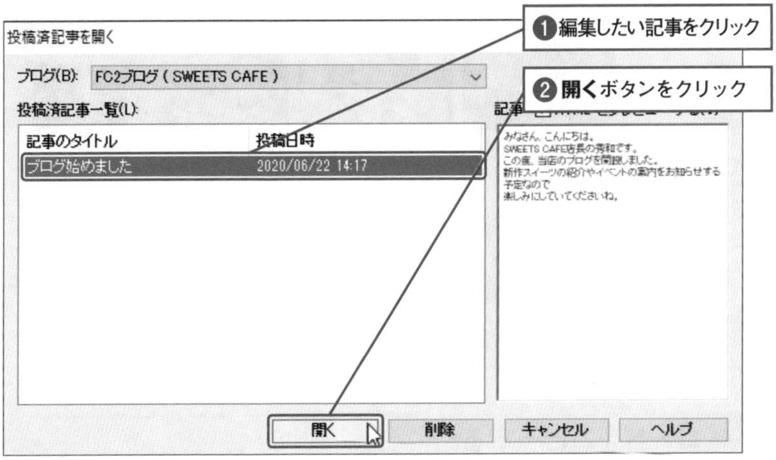

③記事が表示された

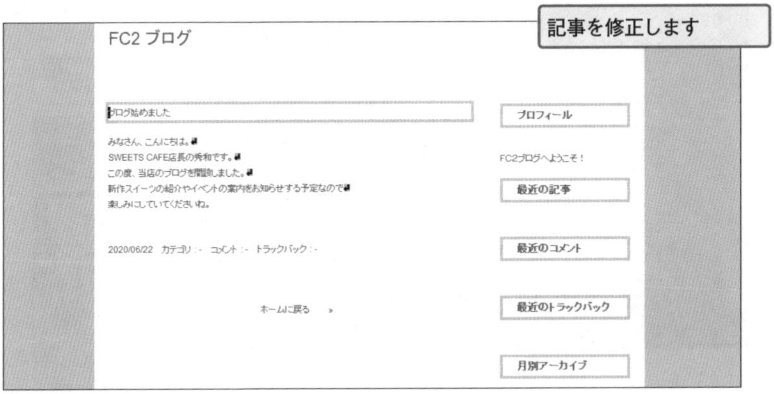

Hint　ブログ上で投稿した記事を取り込むには

過去の記事を取り込むには「ツール」メニューの［ブログ］➡［ブログ上の記事を一括取得］をクリックし、取り込むブログを選択して［OK］ボタンをクリックします。記事を取り込むと件数が表示されるので、［OK］ボタンをクリックします。

Memo　編集した記事を投稿する

編集した記事を投稿する場合も、ナビバーの［記事の投稿］をクリックして投稿します。

section 67

スタート SECTION67_1 event.html

YouTubeとの連携

YouTubeの動画を貼り付けるには

LEVEL ●●●○○

人気の動画共有サービスYouTubeは、閲覧するだけでなく、公開されている動画をホームページに表示させることができます。

YouTubeの埋め込みコードを貼り付ける

Onepoint YouTubeとは

YouTubeは、個人や企業が撮影した動画を世界中で共有できるサービスです。誰でもおもしろい場面や珍しい映像を見ることができ、撮影した動画を投稿することもできます。また、気に入った動画をホームページやブログなどに埋め込むことができます。

① YouTubeにアクセスする

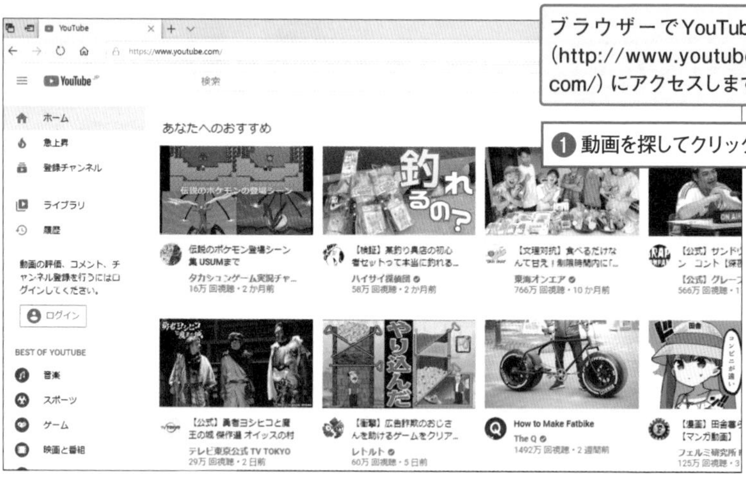

ブラウザーでYouTube (http://www.youtube.com/) にアクセスします

❶ 動画を探してクリック

② コードをコピーする

❶ 動画の上で右クリック

❷ **埋め込みコードをコピー**をクリック

③ ホームページ・ビルダーに切り替える

④ コードをHTMLとして貼り付ける

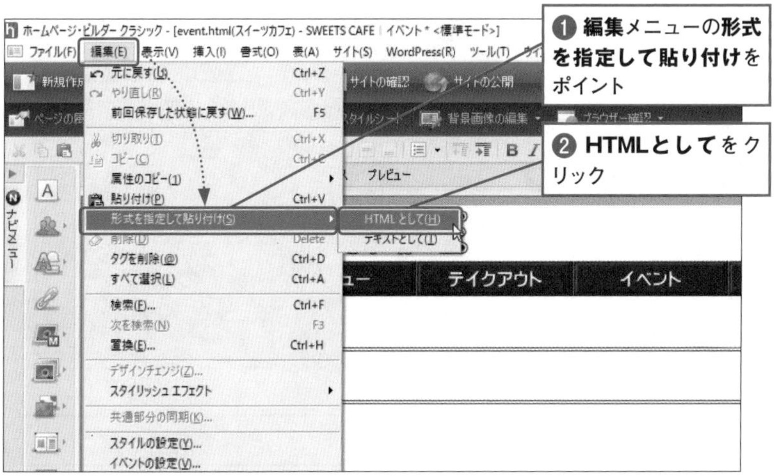

⑤ 動画を貼り付けることができた

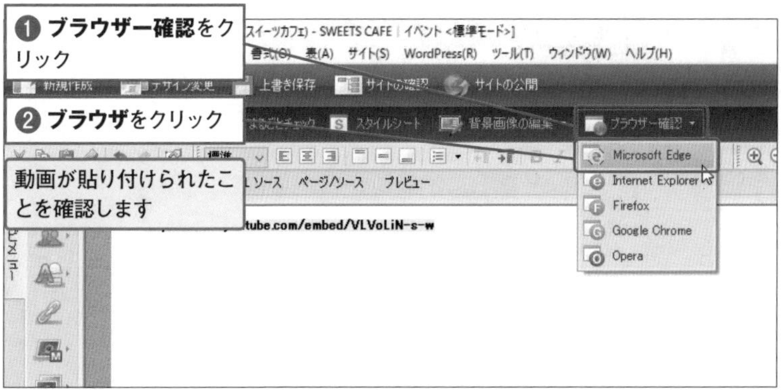

Onepoint 動画を貼り付けるときの注意

ここで紹介する方法でYouTubeの動画をホームページに埋め込むことは問題ありません。ただし、まれに違法でアップロードされている動画があるので気を付けてください。テレビの映像などは、公式チャンネルの動画を使うようにしましょう。

section 68

地図の挿入

地図を貼り付けるには

LEVEL ●●●○○

スタート	SECTION68_1 siteinfo.html
完成	SECTION68_2 siteinfo.html

お店や会社の案内のページに、住所と一緒に地図を載せておきましょう。Googleマップを使えば、一から作成する必要はなく、簡単に挿入できます。

Googleマップを挿入する

① 住所を入力する

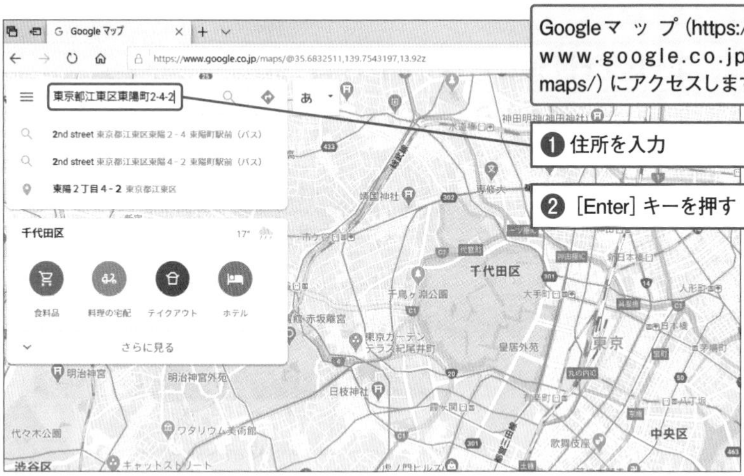

Googleマップ（https://www.google.co.jp/maps/）にアクセスします

❶ 住所を入力

❷ ［Enter］キーを押す

Hint Googleマップとは

Googleが提供している地図サービスです。目的地の地図を見るだけでなく、目的地までの経路、交通状況、お店のレビューなどさまざま機能があります。ここでは、Googleマップで地図を表示させHTMLコードをコピーしてページに貼り付けます。

② 地図を共有する

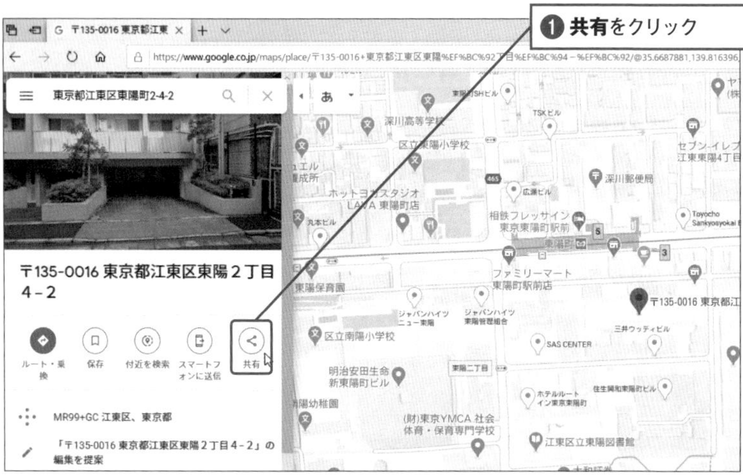

❶ **共有**をクリック

③ 地図を埋め込む

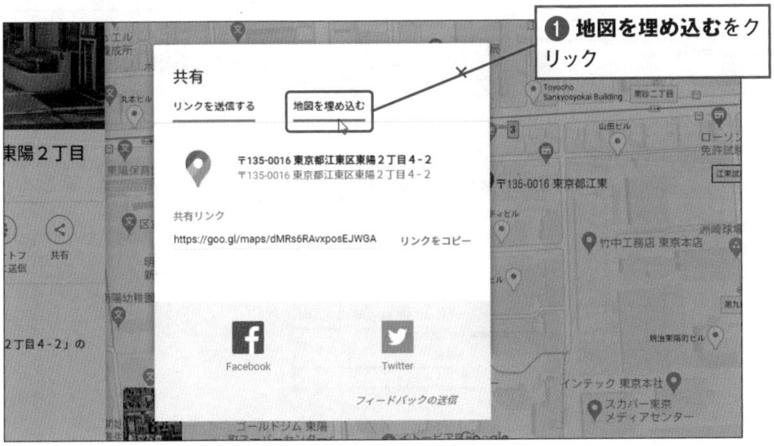

④ サイズを選択する

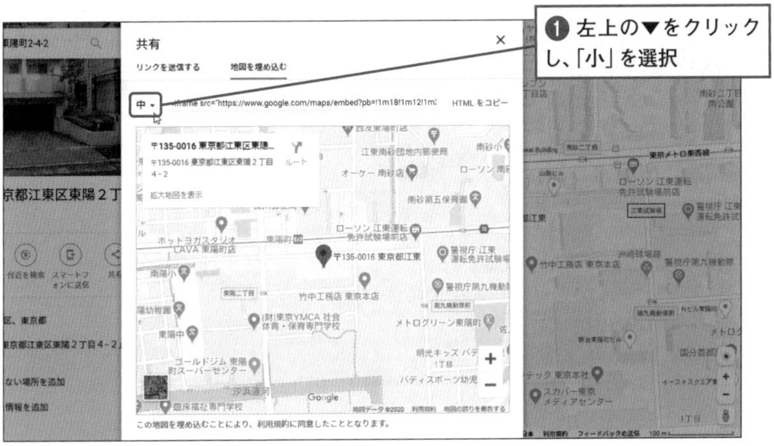

⑤ HTMLコードをコピーする

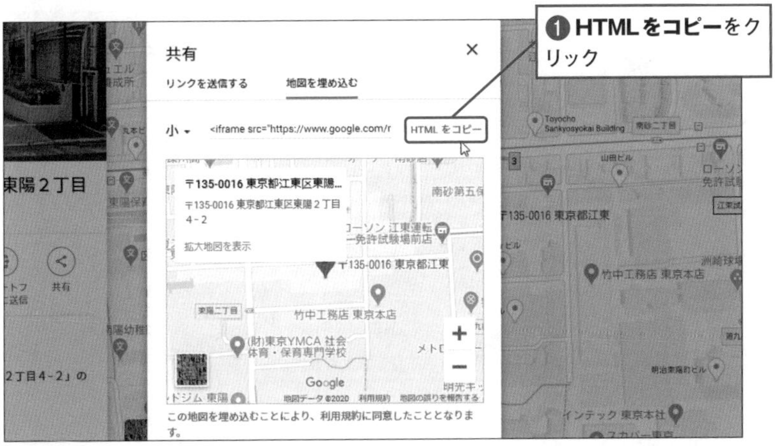

Memo 地図のサイズ

手順4の画面で「小」「中」「大」「カスタマイズ」からサイズを選ぶことができます。中サイズでは大きすぎると感じる場合は「小」にするか「カスタマイズ」を選択してサイズを指定してください。

⑥ HTMLコードを貼り付ける

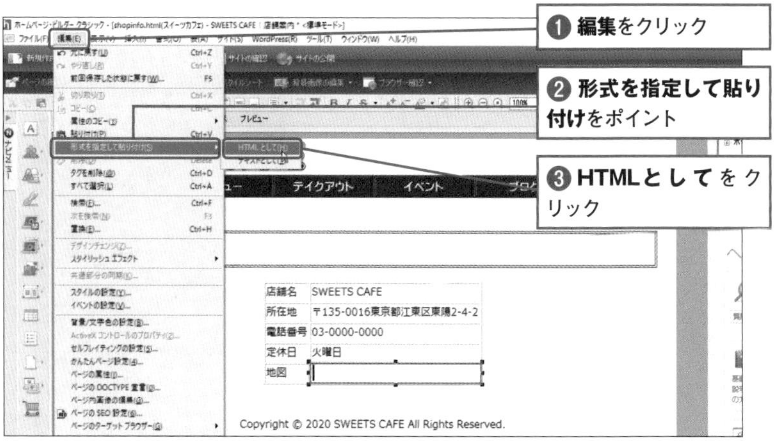

地図を削除するには

挿入した地図を削除するには、地図の上をクリックし、[Delete] キーを押します。

⑦ 地図を埋め込んだ

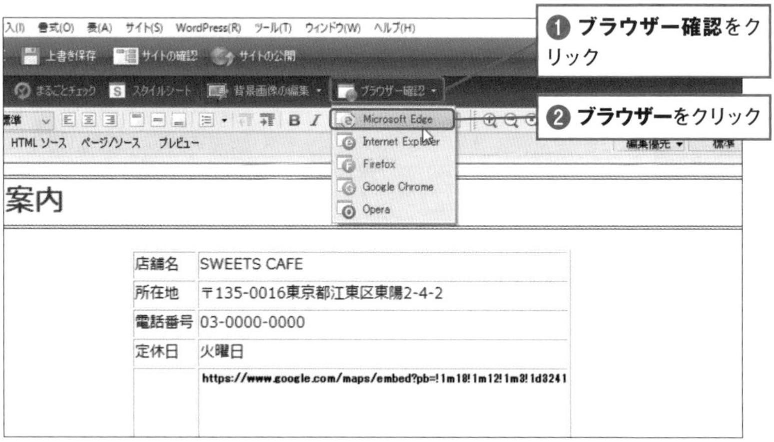

⑧ 地図が表示された

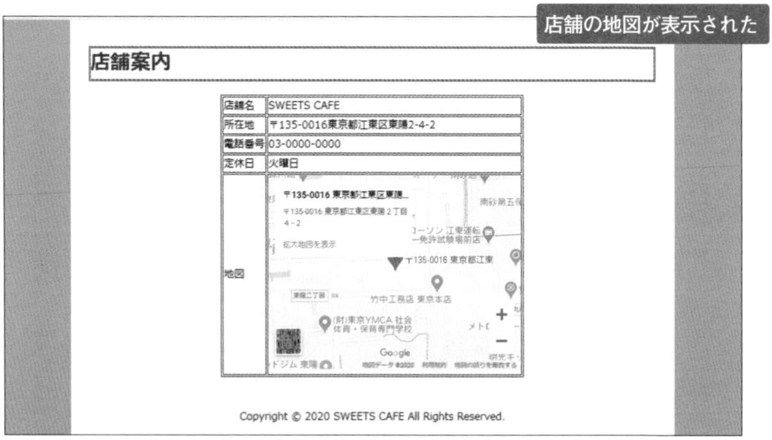

第9章

9

テンプレートを使って、プロ並みのホームページを作ってみよう

第４章でCSSの使い方を説明しましたが、もっと簡単に作りたいときには、フルCSSテンプレートを使ってみましょう。自分でCSSファイルを作成しなくても、用意されているテンプレートを使って見栄えの良いホームページ作ることができます。ここでは、第８章までとは異なる別のサイトを作成します。

section 69

フルCSSテンプレート

フルCSSテンプレートを使うには

LEVEL ●●●○○

完成	SECTION69_2 index.html

フルCSSテンプレートを使ったサイトの作り方を説明します。ここでは、新たにベーカリーショップのホームページを作成します。

フルCSS テンプレートのサイトを作成する

Onepoint フルCSSテンプレートとは

フルCSSテンプレートは、ホームページ・ビルダー22クラシックに搭載されているCSSを使ったテンプレートです。スタンダードは48種類、ビジネスプレミアムは139種類の中から選べます。

① [フルCSSテンプレート] をクリックする

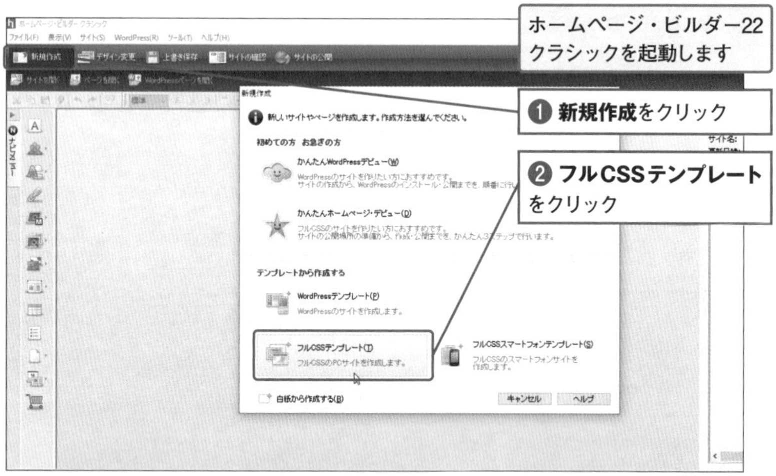

Hint フルCSSスマートフォンテンプレート

手順1の画面で、「フルCSSスマートフォンテンプレート」を選択すると、テンプレートを元にしたスマホサイトを作成することができます。

② 「フルCSSテンプレート」画面が表示された

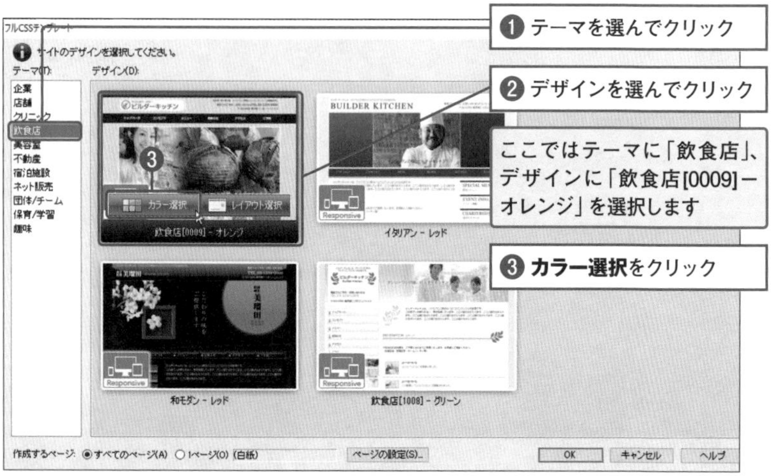

③ デザインを選択する

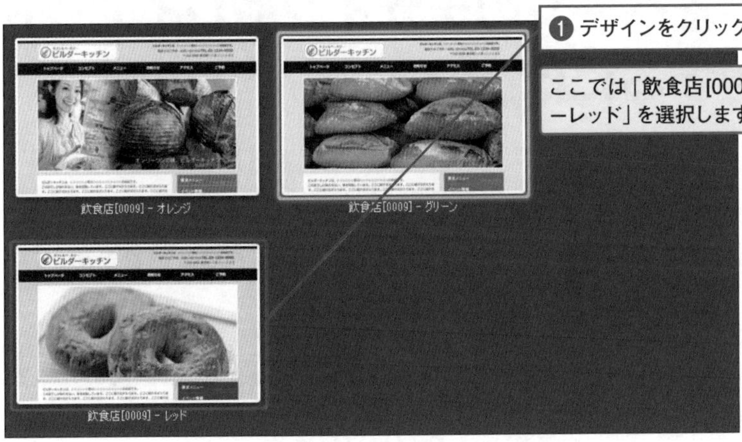

飲食店[0009] - オレンジ
飲食店[0009] - グリーン
飲食店[0009] - レッド

❶ デザインをクリック

ここでは「飲食店[0009]ーレッド」を選択します

④ [OK] ボタンをクリックする

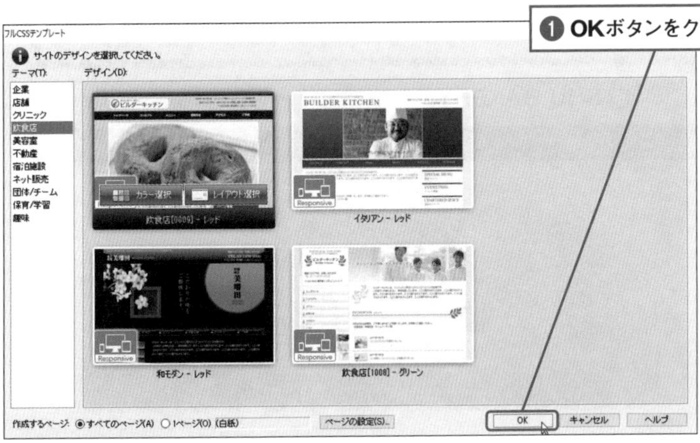

❶ **OK**ボタンをクリック

Memo 新しいサイトを作る

これまで作成したサイトを上書きしないように、手順5で［サイトをつくる］のチェックを付けて、新規にサイトを作成してください。

⑤ 「フルCSSテンプレートの保存」ダイアログが表示された

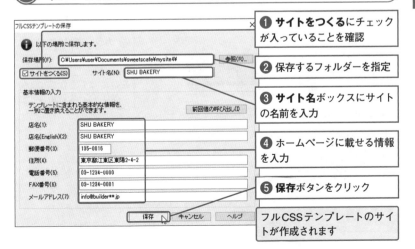

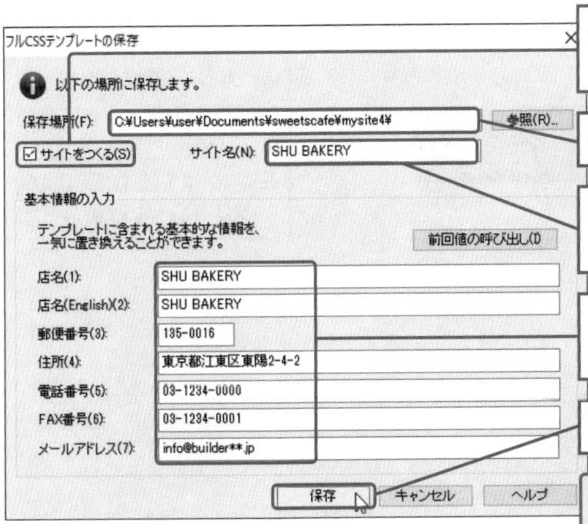

❶ **サイトをつくる**にチェックが入っていることを確認

❷ 保存するフォルダーを指定

❸ **サイト名**ボックスにサイトの名前を入力

❹ ホームページに載せる情報を入力

❺ **保存**ボタンをクリック

フルCSSテンプレートのサイトが作成されます

Memo 基本情報の入力

ここで入力する基本情報は、ホームページのタイトルや住所欄に表示されます。

section 70

デザインチェンジ

作成したページのデザインやレイアウトを変更するには

LEVEL ●●●○○

スタート	SECTION70_1 index.html
完成	SECTION70_2 index.html

フルCSSテンプレートで作成したページのデザインやレイアウトを後から変更する方法を解説します。すべてのページを瞬間的に変更できます。

デザインとレイアウトを変更する

Onepoint デザインチェンジとは

フルCSSテンプレートには、デザインチェンジという機能があり、デザインやレイアウトを瞬時に変更できるようになっています。

① [デザインの変更] をクリックする

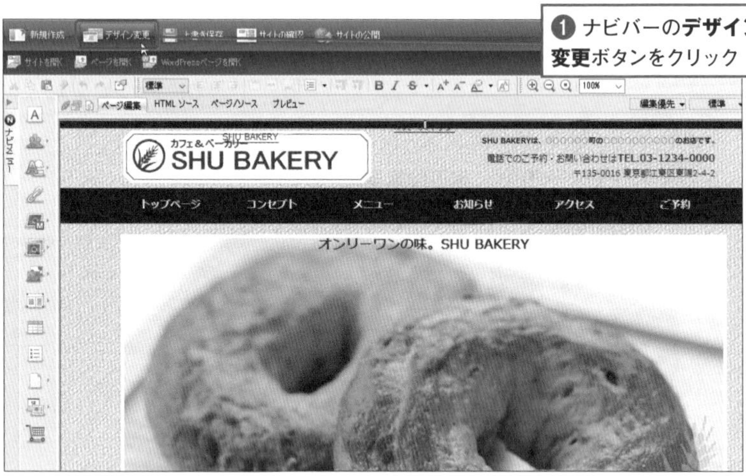

❶ ナビバーの**デザイン変更**ボタンをクリック

Memo テーマを選択できない

デザインチェンジは、作成した時と同じテーマの中から選択します。

② 「デザインチェンジ(サイト)」ダイアログが表示された

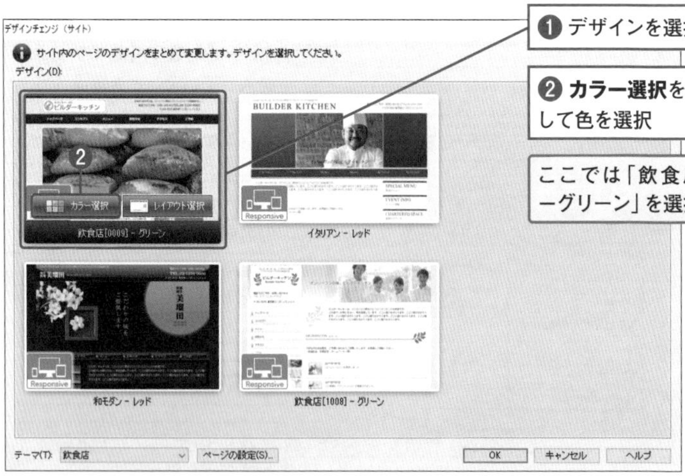

❶ デザインを選択

❷ **カラー選択**をクリックして色を選択

ここでは「飲食店[0009]ーグリーン」を選択します

③ レイアウトを選択する

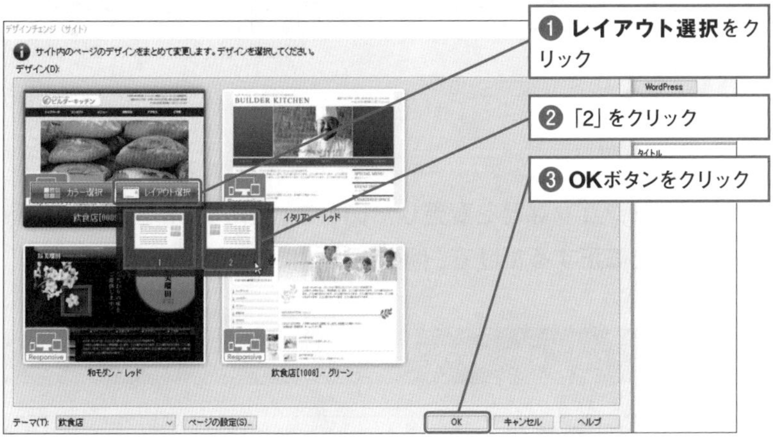

④ [はい] ボタンをクリックする

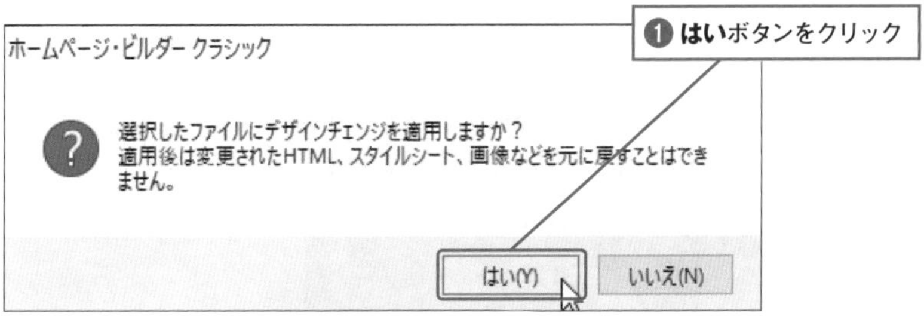

⑤ デザインとレイアウトが変更された

Hint CSSファイルへのリンクの指示

フルCSSテンプレートでサイトを作成すると、すべてのページにCSSファイルへのリンクが設定されます。HTML画面を見ると、<head>と</head>の間に、CSSファイルにリンクするという命令文が書かれています。

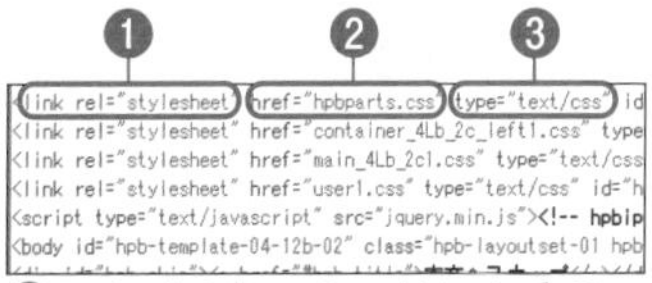

❶スタイルシートへリンクする
❷ファイル名はhpbparts.css
❸テキスト形式のファイル

section 71

スタート	SECTION71_1 index.html
完成	SECTION71_2 index.html

共通部分の同期

他のページと共通する箇所を一括で変更するには

LEVEL ●●●○○

ヘッダーやナビゲーションなどを変更したいとき、フルCSSテンプレートなら一つのページを修正するだけで、他のページにも反映できます。

共通部分を同期する

Onepoint 共通部分の同期とは

共通部分の同期とは、他のページと共通する部分を揃えることです。ページ上部のヘッダーやページ下部のフッター、他のページへのリンクが設定されているナビゲーションはどのページも同じなので、1つのページを変更すると他のページも変更しなければなりません。そのようなとき、共通部分の同期を行うと、他のページに一括で反映させることができます。

① ヘッダーを修正する

❶ ヘッダーの文字をクリックし、文字を修正

ここでは、ヘッダーにある文章を「SHU BAKERYは、東西線「東陽町」駅前のベーカリーショップです。」と修正します

Memo 共通部分はグループごとに適用する

共通部分の同期は、ヘッダーやフッターなどのグループごとに適用します。ヘッダーとフッターの両方変更したい場合は、それぞれの箇所で同期をおこないます。なお、他のページと共通している箇所は、クリックしたときにナビバーに［共通部分の同期］ボタンが表示されます。

② ［共通部分の同期］をクリックする

ヘッダーにカーソルがあることを確認します

❶ ナビバーの**共通部分の同期**をクリック

③ 「共通部分の同期」ダイアログが表示された

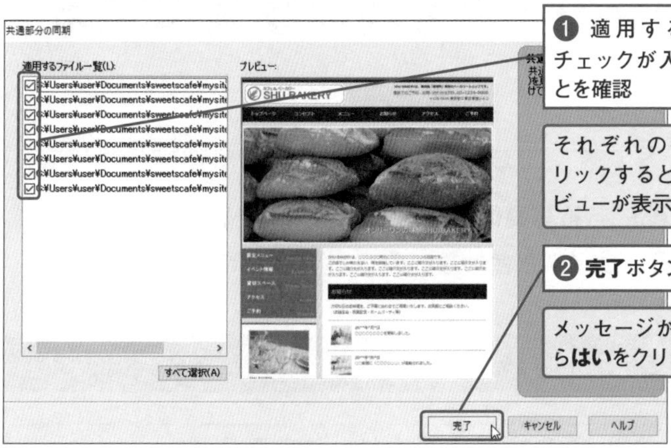

❶ 適用するページにチェックが入っていることを確認

それぞれのページをクリックすると右側にプレビューが表示されます

❷ **完了**ボタンをクリック

メッセージが表示されたら**はい**をクリックします

④ 保存する

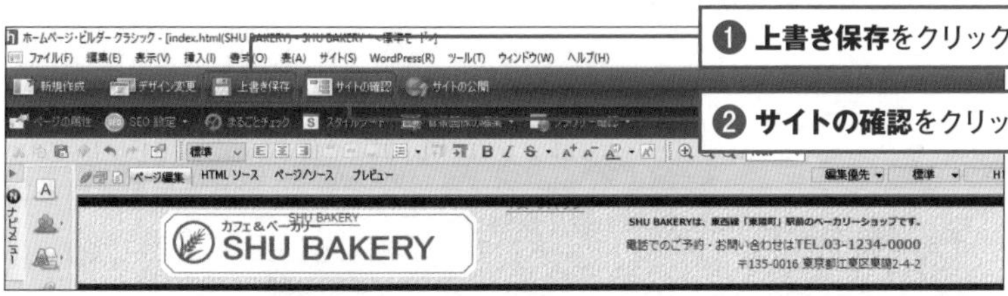

❶ **上書き保存**をクリック

❷ **サイトの確認**をクリック

⑤ ページを開く

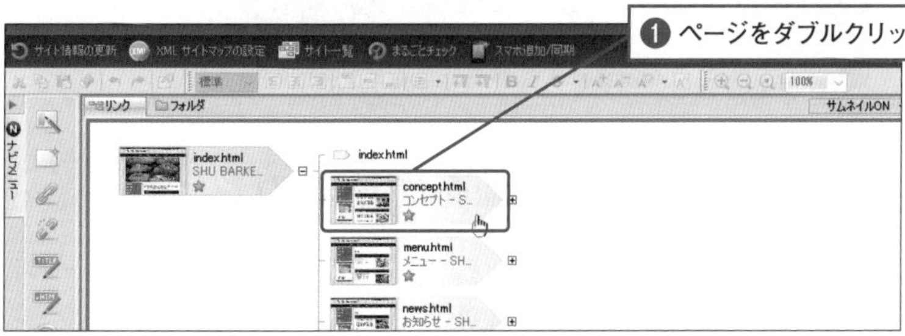

❶ ページをダブルクリック

⑥ 文字が反映されていることを確認する

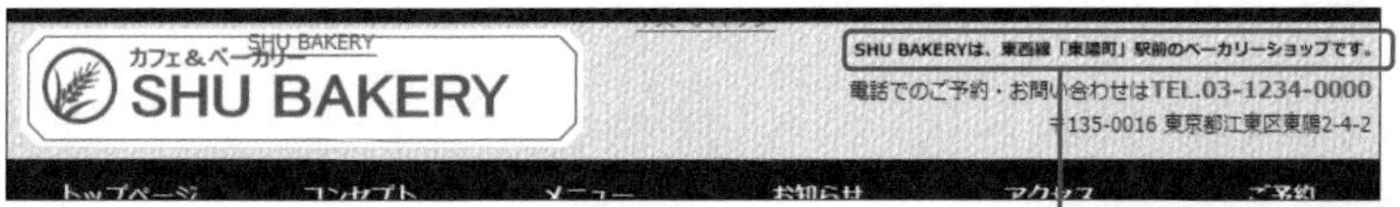

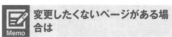

文字が反映された

他のページも開いて、ヘッダーが変更されていることを確認します

Memo 変更したくないページがある場合は

「共通部分の同期」ダイアログでは、共通しているページがすべて表示されます。変更したくないページがある場合は、「適用するファイル一覧」のチェックをはずします。

section 72

画像のトリミングとサイズ調整

トップページの写真を別の写真にするには

LEVEL ●●●○○

スタート	SECTION72_1 index.html
完成	SECTION72_2 index.html

トップページの上部にある写真はサイトのイメージを表すので重要です。そのまま入れ替えるとサイズが合わないので、切り抜いて入れましょう。

トップページの写真を入れ替える

①［合成画像の編集］をクリックする

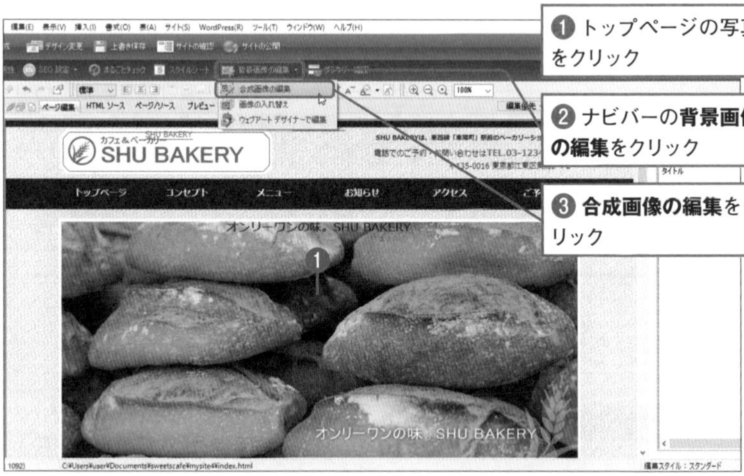

❶トップページの写真をクリック

❷ナビバーの**背景画像の編集**をクリック

❸**合成画像の編集**をクリック

Memo 元の写真のサイズをメモしておく

元の写真と同じサイズの写真にするため、元の写真のサイズをメモしておきます。

②「合成画像の編集」画面が表示された

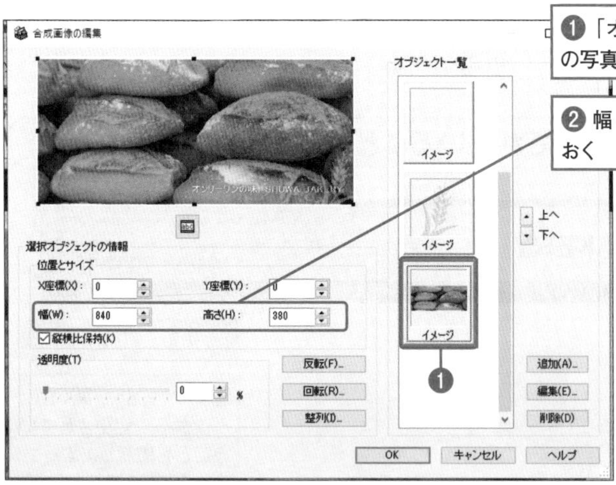

❶「オブジェクト一覧」の写真をクリック

❷幅と高さをメモしておく

③ [追加] ボタンの [素材集から] をクリックする

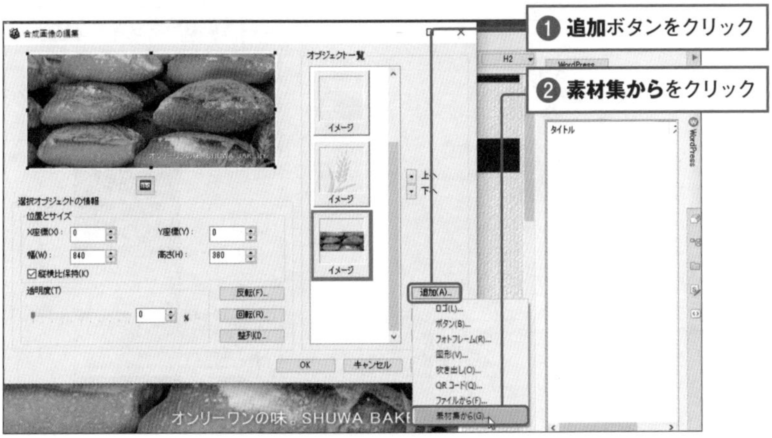

❶ 追加ボタンをクリック
❷ 素材集からをクリック

④ 「素材集から開く」画面が表示された

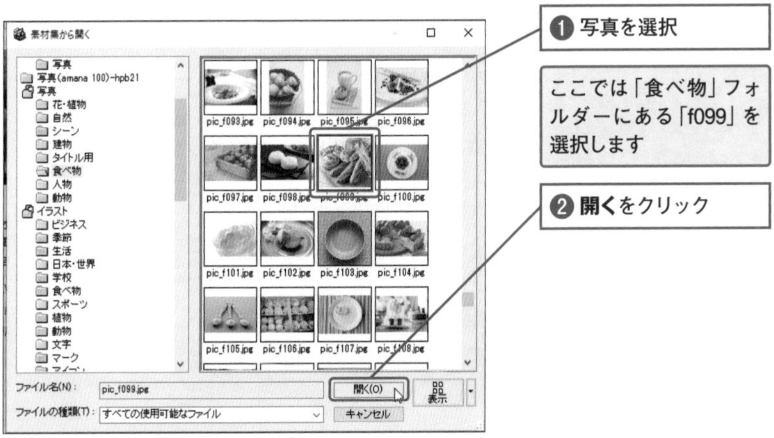

❶ 写真を選択
ここでは「食べ物」フォルダーにある「f099」を選択します
❷ 開くをクリック

⑤ 写真が追加された

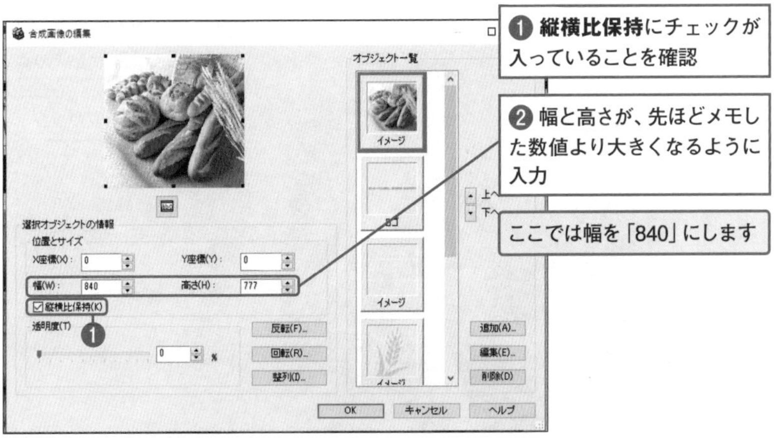

❶ 縦横比保持にチェックが入っていることを確認
❷ 幅と高さが、先ほどメモした数値より大きくなるように入力
ここでは幅を「840」にします

Memo 素材集以外の写真を使う場合

ハードディスクに保存されている写真を使う場合は、[追加] ボタンをクリックして [ファイルから] をクリックして、写真を選択します。

Memo 幅と高さの指定

元の写真よりもサイズが小さい場合は、写真を拡大してから切り取ります。その際、[縦横比保持] がオンの状態で、幅と高さどちらも元のサイズより小さくならないように、数値を入力してください。

6 ［編集］ボタンの［画像の切り取り］をクリックする

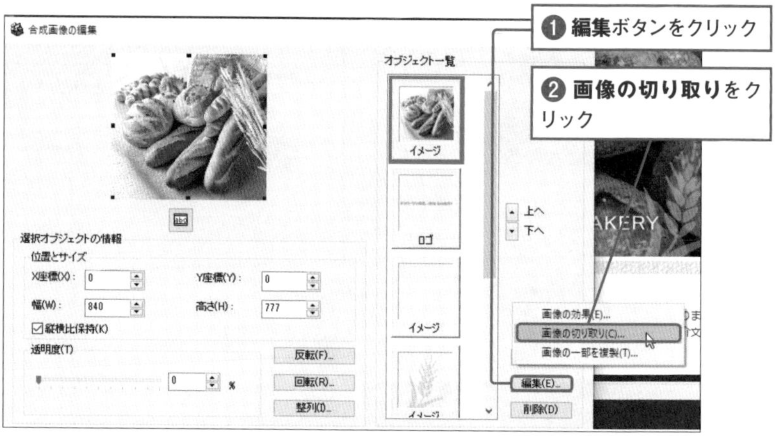

7 「画像の切り取り」画面が表示された

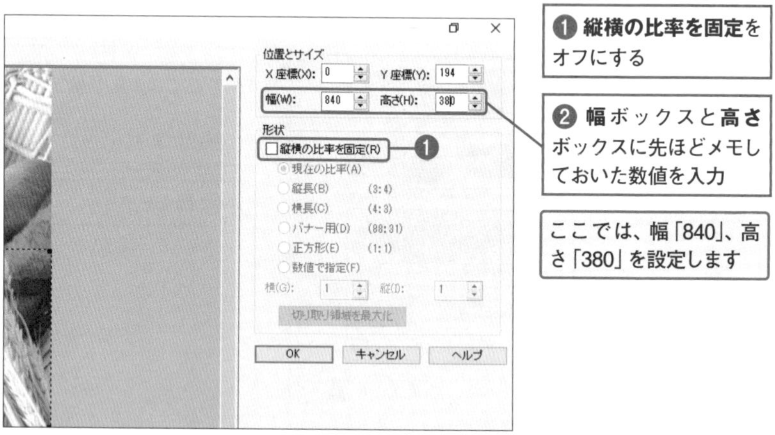

Memo 切り取り後のサイズを指定する

手順7で指定している幅は切り取り後のサイズなので、先ほどメモした幅と高さを入力します。［縦横の比率を固定］がオンになっていると、自由なサイズで切り取れないのでチェックが入っていないことを確認しましょう。

8 使用する部分を指定する

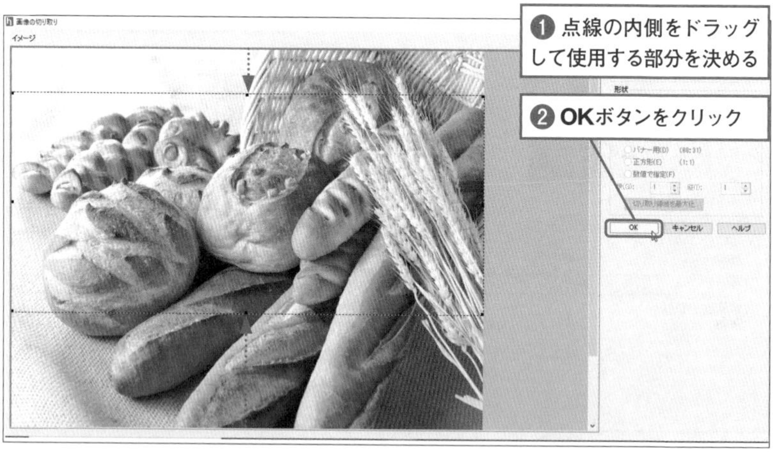

9 ▸ 画像を切り取れた

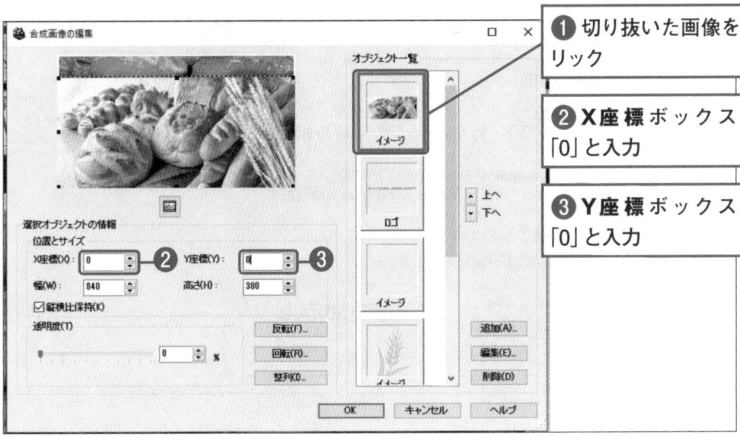

❶ 切り抜いた画像をクリック

❷ **X座標**ボックスに「0」と入力

❸ **Y座標**ボックスに「0」と入力

10 ▸ 画像の順序を入れ替える

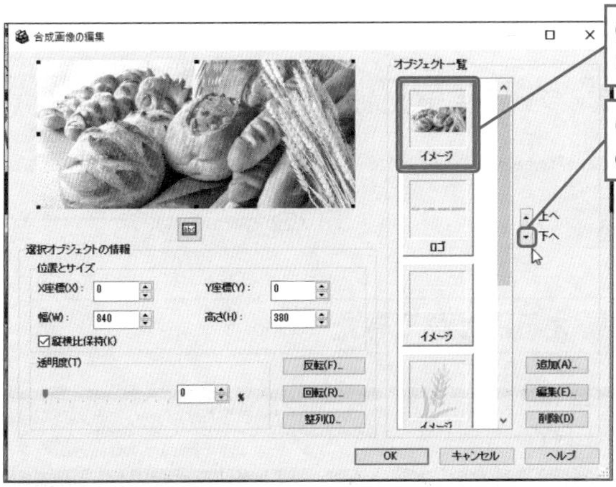

❶ 追加した画像をクリック

❷ ▼をクリックして元の画像の上に移動する

11 ▸ 元の画像を削除する

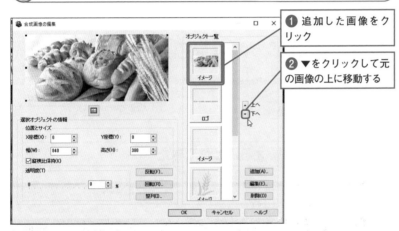

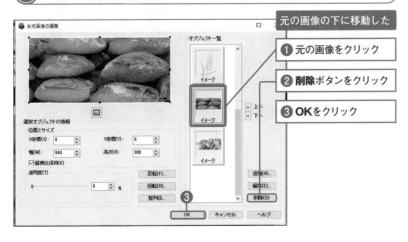

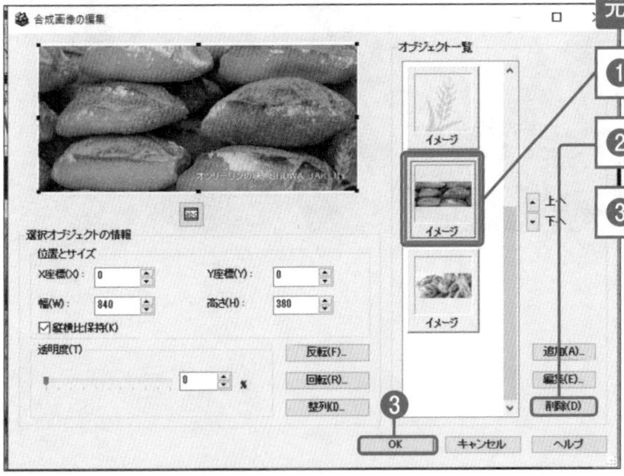

元の画像の下に移動した

❶ 元の画像をクリック

❷ **削除**ボタンをクリック

❸ **OK**をクリック

Memo X座標とY座標

X座標は横の位置で、Y座標は縦の位置です。ここでは、切り抜いた画像の左上角に合わせるため、X座標とY座標を0にします。

Memo 「スタイル属性の変更方法の指定」ダイアログ

CSSファイルを書き換える場合は［スタイルシートに反映する］を選択し、ページ内にCSSを埋め込む場合は［編集したページだけに反映する］を選択します。

⑫ 「スタイル属性の変更方法の指定」ダイアログが表示された

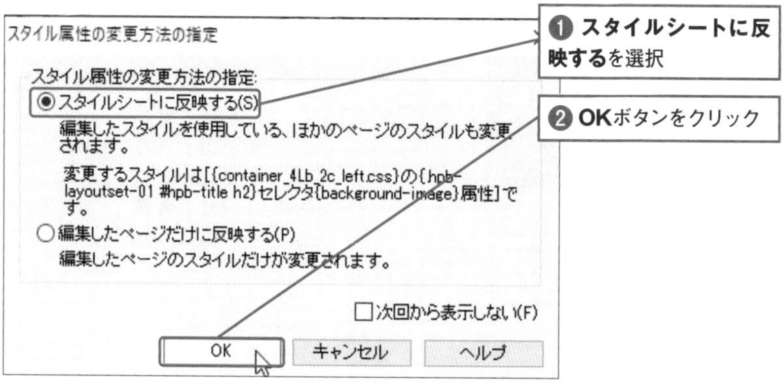

⑬ ダイアログが表示された

Hint SEO文字とは

フルCSSテンプレートで作成したページには、画像やタイトルの上に、ブラウザでは見えない文字が含まれています。これは、検索結果の上位に表示させるSEO対策の文字です。変更したいときには、文字の上をクリックして修正するか、［HTMLソース］タブで修正します。

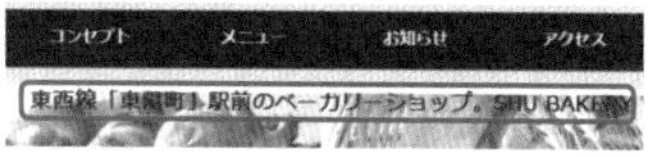

⑭ 写真を入れ替えることができた

合成された画像を入れ変える場合

① ウェブアートデザイナーを起動する

❶ 画像をクリック

❷ **背景画像の編集**をクリック

❸ **ウェブアートデザイナーで編集**をクリック

Memo 合成された画像を入れ替える

デザインによっては、複数の写真やイラストで合成されている画像があります。そのような場合は、ウェブアートデザイナーを使った方が操作しやすいです。

② 画像の順序を入れかえる

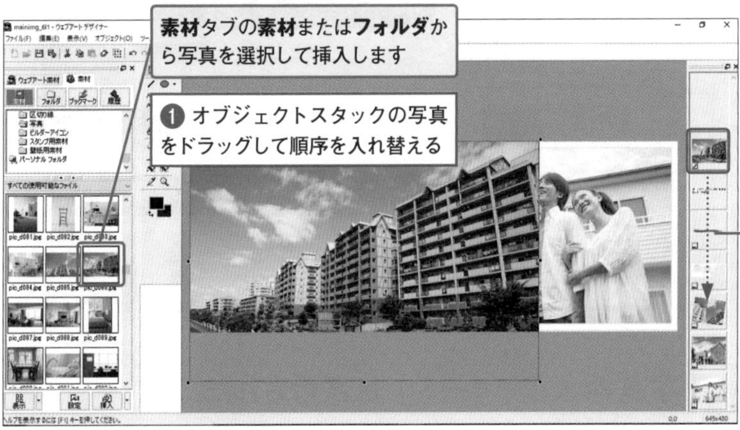

素材タブの**素材**または**フォルダ**から写真を選択して挿入します

❶ オブジェクトスタックの写真をドラッグして順序を入れ替える

Memo 写真の順序を入れかえる

写真を挿入したらオブジェクトスタックを使って、写真の順序を入れ替えます。ここでは、写真枠の下に写真の画像をドラッグします。また、写真を傾かせる場合は、写真の右上角をポイントし、マウスポインターが ♀ の形でドラッグします。

③ 画像を挿入できた

❶ [Shift] キーを押しながら四隅をドラッグしてサイズを調整する

❷ 元の画像をクリックし、[Delete] キーを押して削除

編集が終わったら、**ファイル**メニューの**ホームページ・ビルダーへ戻る**をクリックします

section 73

写真の変更

ページ内の写真を他の写真に変えるには

LEVEL ●●●○○

スタート	SECTION73_1 concept.html
完成	SECTION73_2 concept.html

ページにある写真はダミーなので、素材集やデジタルカメラで撮った写真などに変更します。ページの内容に合う写真を入れましょう。

写真を変更する

❶ [デジカメ写真の編集] をクリックする

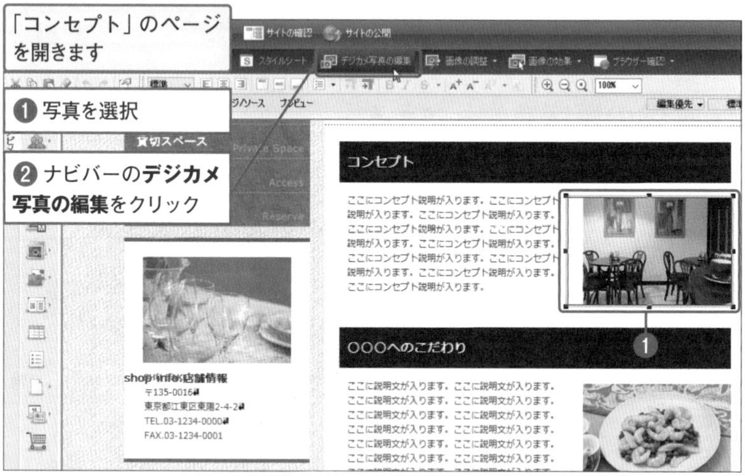

「コンセプト」のページを開きます
❶ 写真を選択
❷ ナビバーの**デジカメ写真の編集**をクリック
コンセプト
〇〇〇へのこだわり

❷ 「写真挿入ウィザード」が表示された

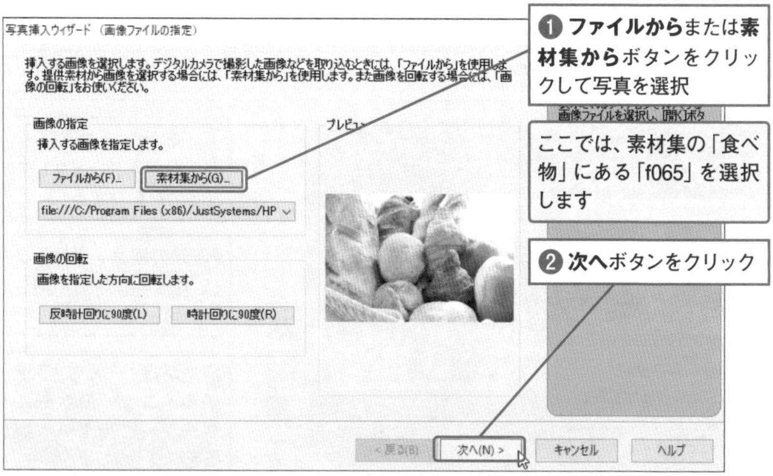

❶ **ファイルから**または**素材集から**ボタンをクリックして写真を選択
ここでは、素材集の「食べ物」にある「f065」を選択します
❷ **次へ**ボタンをクリック
写真挿入ウィザード（画像ファイルの指定）
画像の指定
挿入する画像を指定します。
ファイルから(F)...
素材集から(G)...
画像の回転
画像を指定した方向に回転します。
反時計回りに90度(L)
時計回りに90度(R)
次へ(N) >
キャンセル
ヘルプ

Memo 写真画像の選択

デジタルカメラの写真を使う場合は、[ファイルから] ボタンをクリックしてファイルを選択し、素材集の写真を使う場合は、[素材集から] ボタンをクリックして選択します。

③ [属性の大きさ] をクリックする

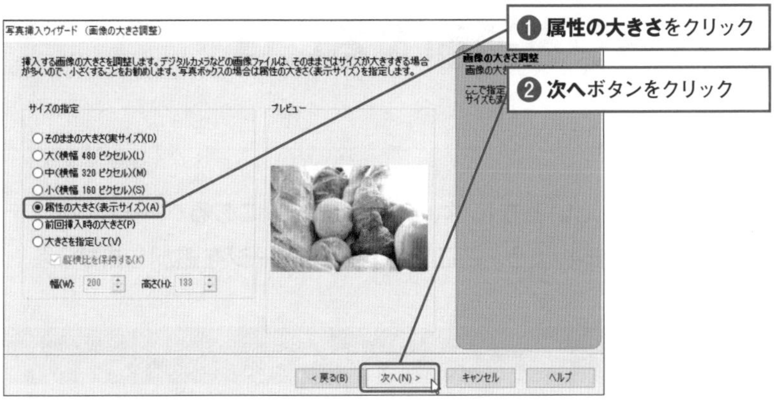
❶ 属性の大きさをクリック
❷ 次へボタンをクリック

④ 画像の補整をする

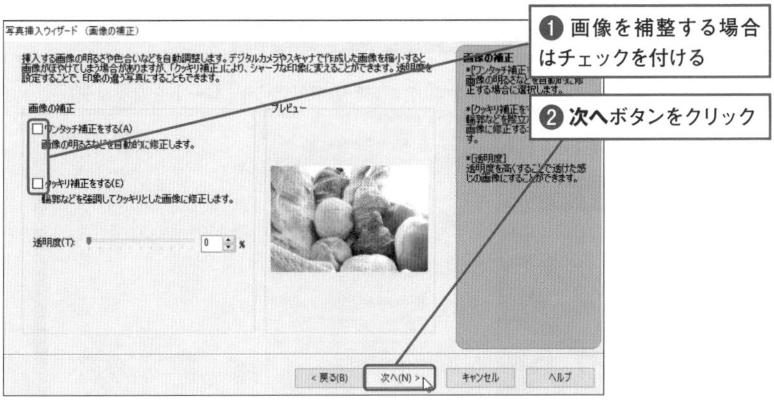
❶ 画像を補整する場合はチェックを付ける
❷ 次へボタンをクリック

⑤ [完了] ボタンをクリックする

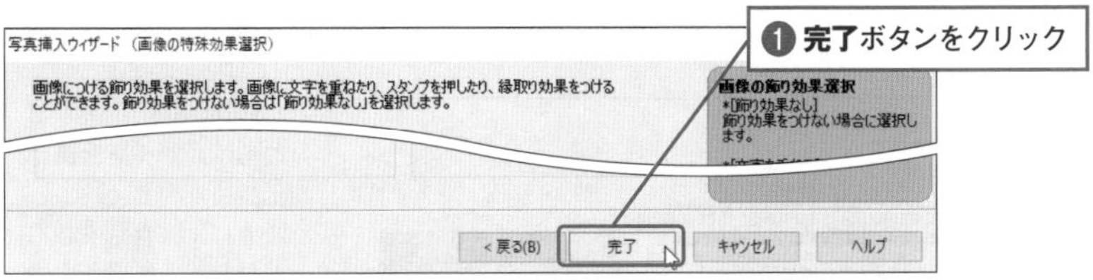
❶ 完了ボタンをクリック

⑥ 写真を変更できた

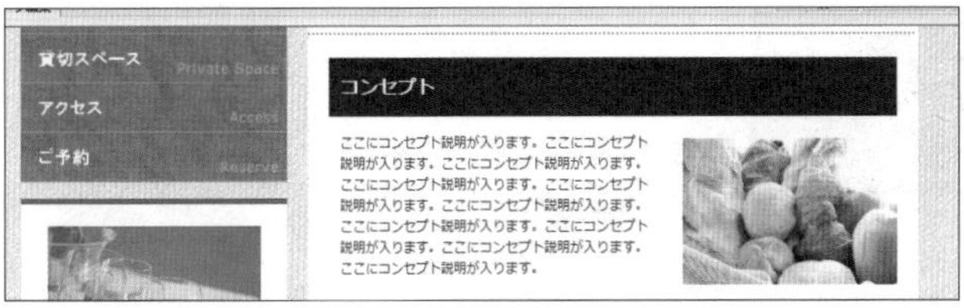

Memo レイアウト枠に合わせて写真を挿入する

写真をそのままのサイズで挿入すると、レイアウトが崩れることがあります。[属性の大きさ] を選択すれば、レイアウト枠の横幅に合うようにサイズを調整して挿入できます。

Memo 画像に代替テキストを設定する

写真を変更したら、「属性」ダイアログで代替テキストを設定します。代替テキストの設定については、section17を参照してください。

section 74

テンプレートからのページの追加

新たにページを追加するには

LEVEL ●●●○○

スタート	SECTION74_1 index.html
完成	SECTION74_2 blankpage.html

新たにページを用意したいときには、テンプレートにあるページと同じデザインのページを使いましょう。ここでは白紙のページを追加します。

同じデザインのページを追加する

① [フルCSSテンプレート] をクリックする

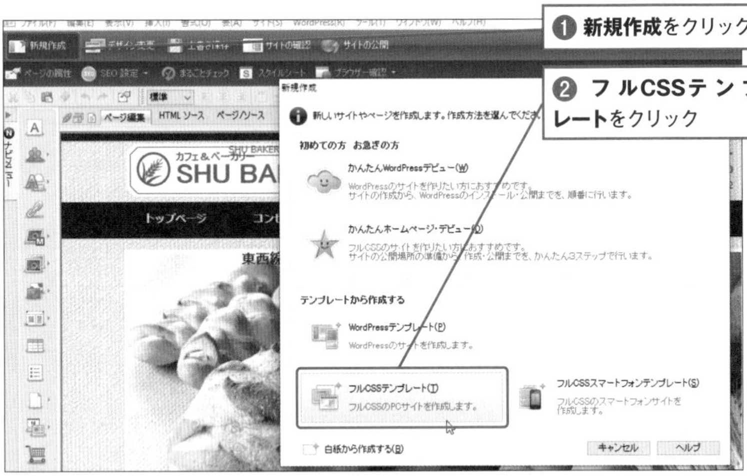

❶ **新規作成**をクリック

❷ **フルCSSテンプレート**をクリック

② [ページの設定] ボタンをクリックする

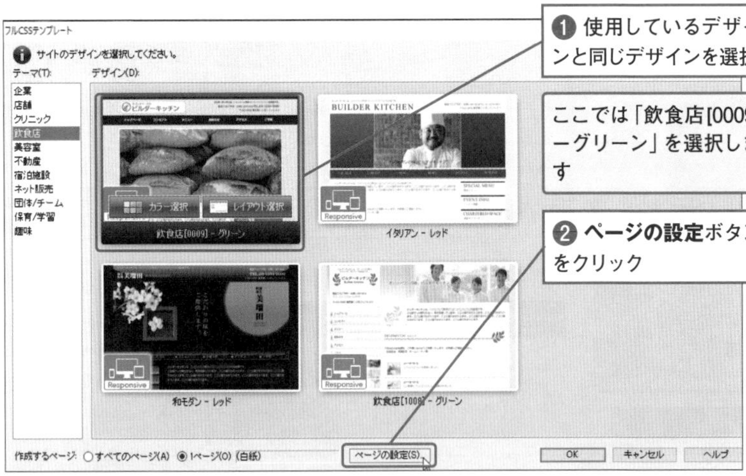

❶ 使用しているデザインと同じデザインを選択

ここでは「飲食店[0009]ーグリーン」を選択します

❷ **ページの設定**ボタンをクリック

Memo 使用しているデザインと同じデザインを選択する

サイト全体でデザインを統一するために、使用しているデザインと同じデザインを選択しましょう。別のデザインを選択することもできますが、共通部分の同期が上手くいかない場合があるので、同じデザインを選んでください。

③ 「ページの設定」ダイアログが表示された

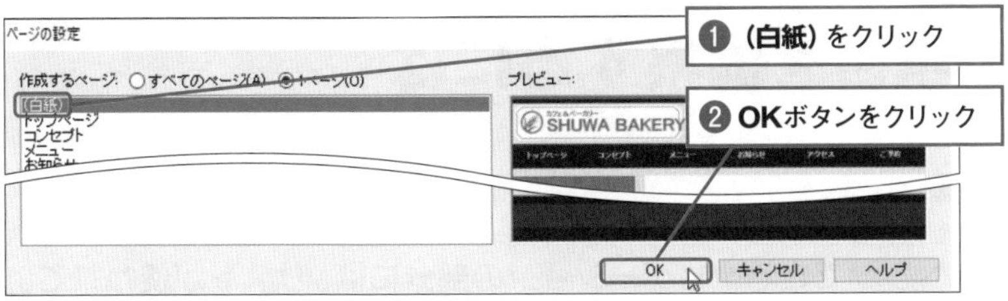

❶ (白紙) をクリック
❷ OKボタンをクリック

Memo ページの種類

ここでは白紙のページを選択しますが、メニューやお知らせなどを選択し、編集して使用することも可能です。右側にプレビューが表示されるので、確認しながら選ぶことができます。

④ デザインとページの種類を確認する

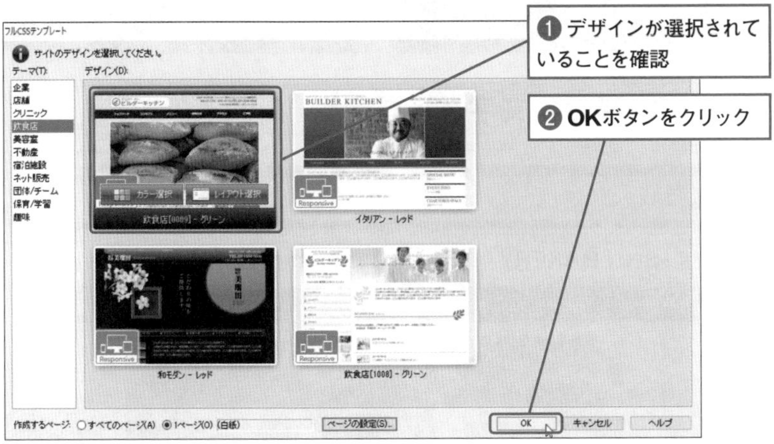

❶ デザインが選択されていることを確認
❷ OKボタンをクリック

⑤ 「フルCSSテンプレートの保存」ダイアログが表示された

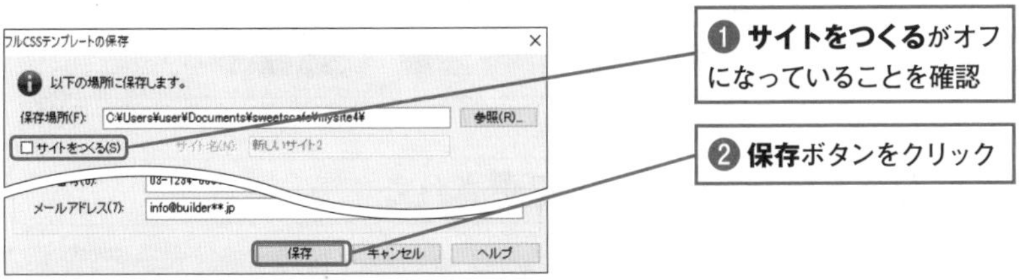

❶ サイトをつくるがオフになっていることを確認
❷ 保存ボタンをクリック

Memo 同じフォルダーに保存する

サイト内にページを作成するので、[サイトをつくる] がオフになっていることと、保存場所のフォルダーが使用しているサイトのフォルダーであることを確認します。

⑥ ページが作成された

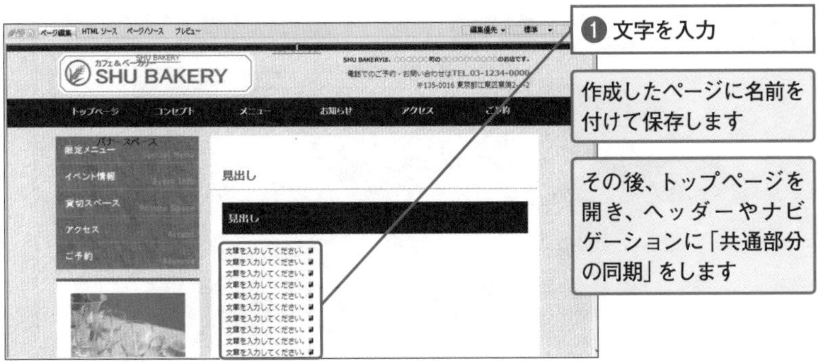

❶ 文字を入力
作成したページに名前を付けて保存します
その後、トップページを開き、ヘッダーやナビゲーションに「共通部分の同期」をします

Memo 共通部分の同期をおこなう

その後、追加したページはテンプレートのまま追加されます。ヘッダーやフッターなどを編集している場合は、section71の「共通部分の同期」をおこなってください。

リスト項目の編集

リスト項目を編集するには

LEVEL ●●●○○

スタート	SECTION75_1 index.html
完成	SECTION75_2 index.html

他のページへ移動できるナビゲーションの部分には、リストが使われています。リスト項目の順序は、簡単に入れ替えることができます。

リスト項目名を変更する

Onepoint リスト項目とは

section41で説明した箇条書きがリストです。ページ上部やサイドにあるナビゲーションメニューは、リストのタグにCSSを設定して作られていて、リスト項目として操作できるようになっています。

1 リスト項目の文字を変更する

2 リスト項目の名前が変更された

リスト項目の順序を入れ替える

①▸［リスト項目を後へ移動］をクリックする

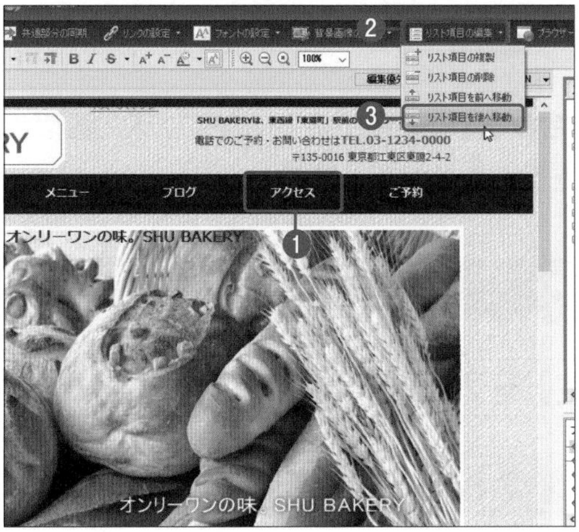

❶ ナビゲーションメニューの項目をクリック

ここでは「アクセス」をクリックします

❷ ナビバーの**リスト項目の編集**ボタンをクリック

❸ **リスト項目を後へ移動**をクリック

②▸リスト項目が後ろへ移動した

リスト項目が移動した

❶ **共通部分の同期**をクリック（section71参照）

③▸共通部分の同期を行う

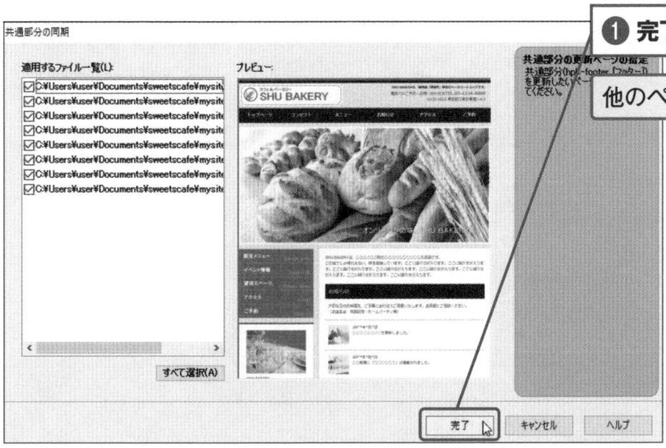

❶ **完了**をクリック

他のページに反映されます

Memo ［リスト項目の編集］ボタンがない

［リスト項目の編集］ボタンはナビバーの右側にあるため、隠れている場合があります。その場合はウィンドウを最大化して表示させてください。

section 76

スタート SECTION76_1 contactus.html

問い合わせフォーム

問い合わせフォームを使えるようにするには

LEVEL ●●●○○

ホームページを訪れた人が問い合わせや予約をしたいときに、入力画面があればメールや電話を使う手間を省くことができます。

フォームを設定する

お問い合わせフォームとは (Onepoint)

フルCSSテンプレートには、訪問者が問い合わせや予約をするためのページが用意されています。ただし、利用しているプロバイダー（レンタルサーバー）がフォーム用のCGIプログラムを提供している場合に有効です。設定については各プロバイダー（レンタルサーバー）の指示に従って入力してください。

ホームページ・ビルダーサービスを利用している場合 (Memo)

有料のホームページ・ビルダーサービスを利用している場合は手順2で［ホームページ・ビルダーサービスフォームメール設定］ボタンからフォームの設定ができます。

① ［フォームの設定］をクリックする

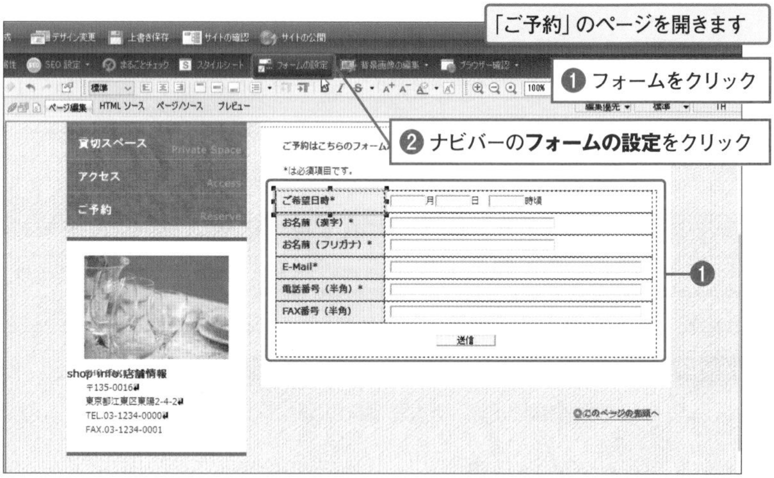

② 「フォームの設定」ダイアログが表示された

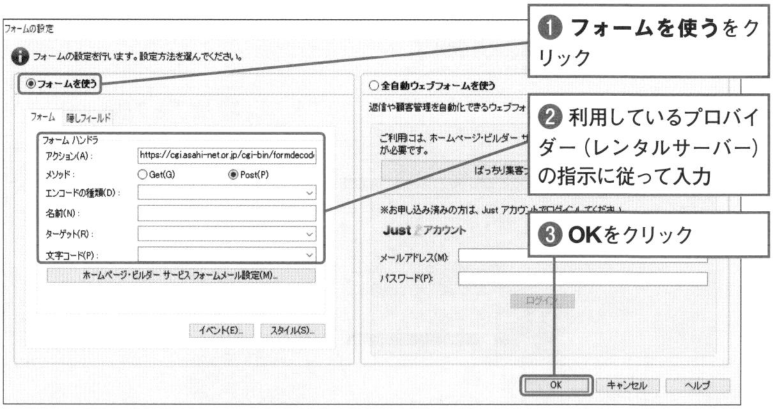

section 77

スタート	SECTION77_1 index.html
完成	SECTION77_2 spフォルダーの index.html

スマートフォン用サイトの作成

フルCSSテンプレートを使っていないサイトにスマートフォンサイトを追加するには

LEVEL ●●●○○

ここでは、本書前半で作成したようなフルCSSテンプレートを使っていないパソコンサイトに、スマートフォンサイトを追加する方法を説明します。

既存のサイトにスマートフォンサイトを追加する

① [スマートフォンページの追加／同期] をクリックする

ここでは本書の前半で作成した「SWEETS CAFE」のサイトを開きます

❶ **サイト**メニューをクリック

❷ **スマートフォンページの追加／同期**をクリック

② デザインを選択する

❶ テーマを選択

❷ デザインを選択

ここでは「飲食店」の「スマホ [0002]」を選択します

❸ **OK**ボタンをクリック

Onepoint 新規にスマートフォンサイトを作成するには

パソコンサイトとは別に、新たにスマートフォンサイトを作成する場合は、[新規作成] をクリックし、[フルCSSスマートフォンテンプレート] をクリックして作成します。なお、フルCSSテンプレートで作成したサイトは、自動的にスマホの画面幅に表示できるので、スマートフォンサイトを作成しなくても大丈夫です。

Memo 保存先フォルダー名

ここでの場合、サイトフォルダーの「sp」フォルダーにスマートフォンサイトが保存されます。URLはサイトのURLの末尾に「/sp」を付けたアドレスになります。

③ 「フルCSSスマートフォンテンプレートの保存」ダイアログが表示された

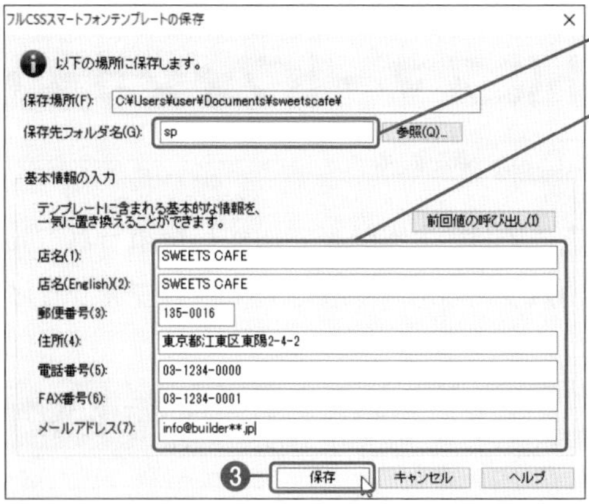

❶ フォルダー名を確認

❷ 基本情報を入力

❸ **保存**ボタンをクリック

④ メッセージが表示された

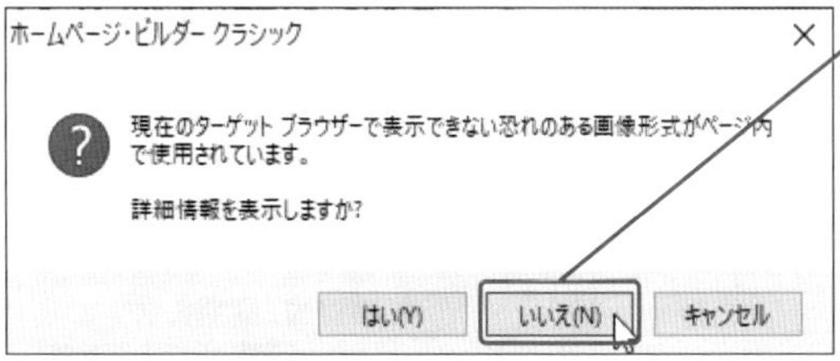

❶ **いいえ**をクリック

⑤ サイトを確認する

❶ **サイトの確認**をクリック

Memo スマートフォンサイトのページを開くには

パソコンサイトと同様に、ビジュアルサイトビューでダブルクリックして開くことができます。トップページ以外は折りたたまれているので、開く場合は［+］をクリックして表示させます。

⑥ ビジュアルサイトビューが表示された

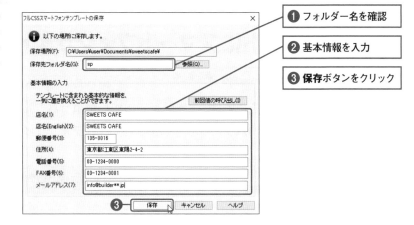

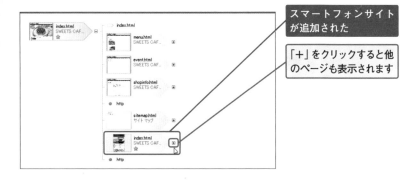

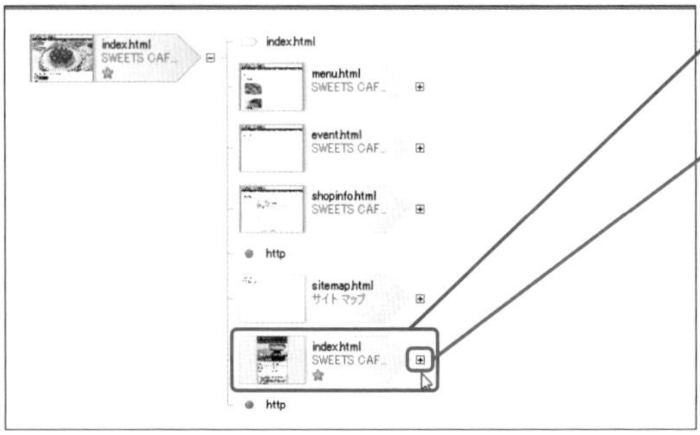

スマートフォンサイトが追加された

「+」をクリックすると他のページも表示されます

第10章

10

ホームページ・ビルダーSPを使ってみよう

第９章までは、「ホームページ・ビルダークラシック」を解説しましたが、ここでは、もう１つのホームページ・ビルダーである「ホームページ・ビルダーSP」について解説します。「ホームページ・ビルダークラシック」とは操作が異なりますが、使いやすい部分もあるので試してみるとよいでしょう。なお、クラシックで作成したホームページをSPで編集することはできませんし、反対にSPで作成したホームページをクラシックで編集することもできません。どちらか一方を使ってホームページを作成することになるので注意してください。

section 78

サイト作成

ホームページ・ビルダーSPでサイトを作成するには

LEVEL ●●●●○

完成	SECTION78_2

まずは、ホームページ・ビルダーSPを起動してサイトを作成しましょう。テンプレートは、店舗や会社のイメージに合わせて選んでください。

ホームページ・ビルダーSPを起動する

① ホームページ・ビルダーSPを起動する

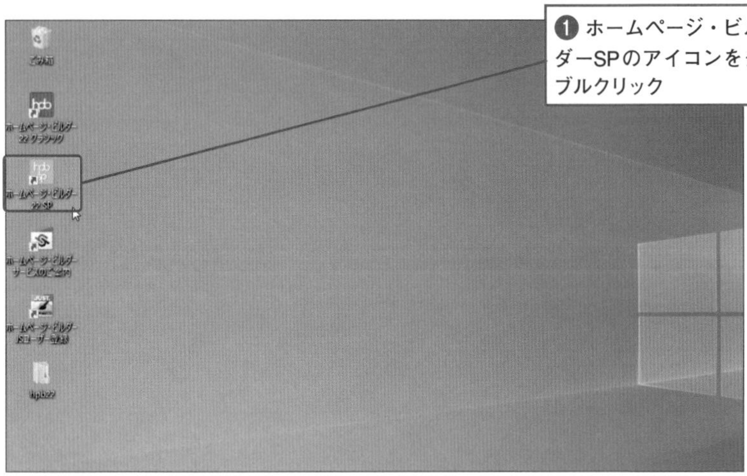

❶ ホームページ・ビルダーSPのアイコンをダブルクリック

② ホームページ・ビルダーSPが起動した

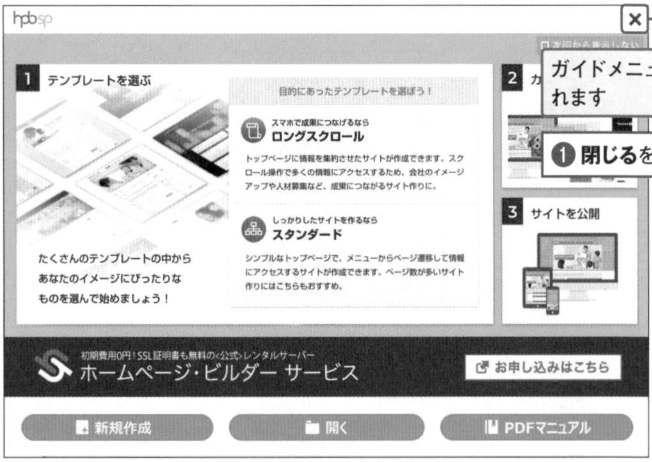

ガイドメニューが表示されます

❶ **閉じる**をクリック

Memo ホームページ・ビルダーSPを起動するには

解説の手順以外にも、デスクトップ画面左下の「スタート」ボタンをクリックしてソフトの一覧から起動することも可能です。

サイトを新規作成する

❶ サイトを新規作成する

❷ テンプレートを選択する

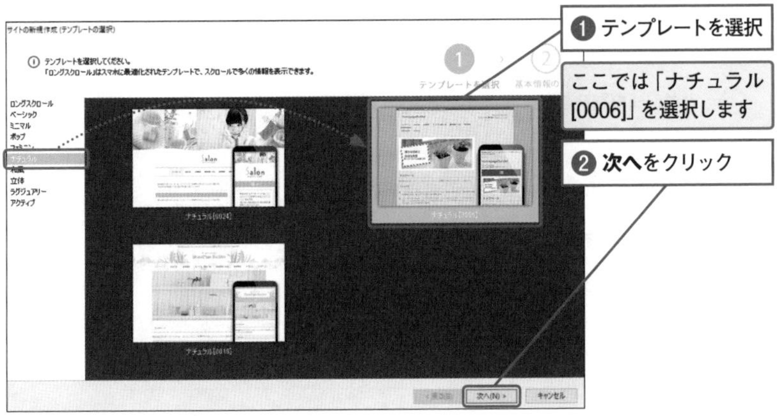

❶ テンプレートを選択
ここでは「ナチュラル[0006]」を選択します
❷ 次へをクリック

❸ サイト名を入力する

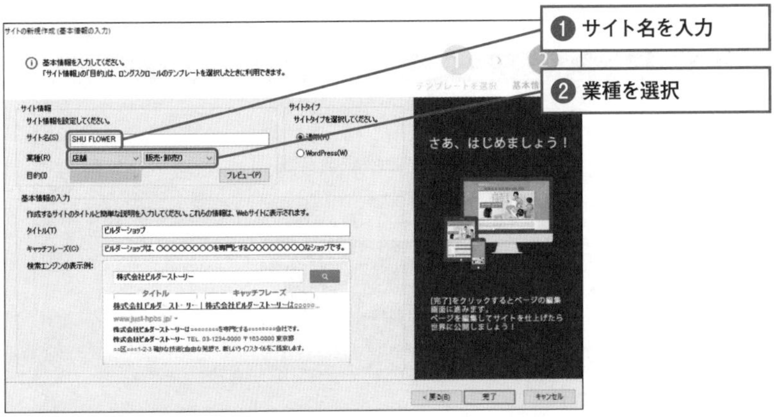

Memo ガイドメニューでサイトを新規作成する

ガイドメニューの「新規作成」をクリックして作成することも可能です。

Onepoint ホームページ・ビルダーSPのテンプレート

「ポップ」「フェミニン」「ナチュラル」などさまざまなデザインのテンプレートが用意されています。店舗や企業のイメージ、目的の内容に合うものを選びましょう。

Onepoint ロングスクロールとは

スマホに適したテンプレートで、ページ内に多くの情報を入れて、スクロール操作で見てもらうことができます。企業のイメージアップや人材募集など、訪問者にひと目で見てもらいたい情報がある場合に選択するとよいでしょう。

④ タイトルとキャッチフレーズを入力する

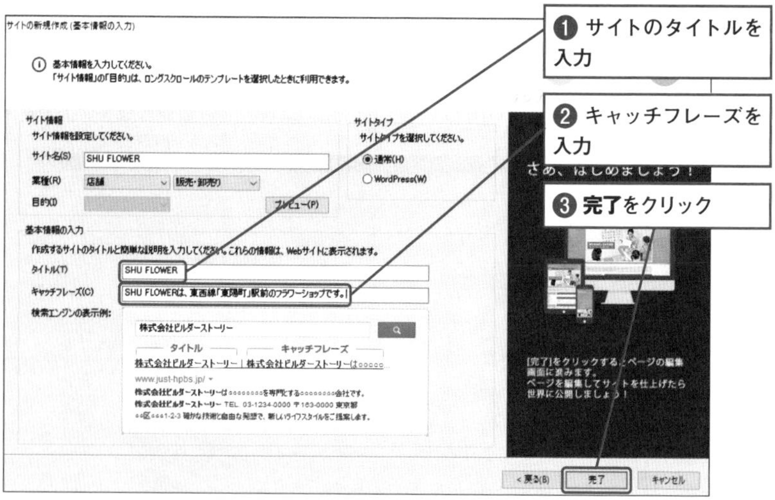

⑤ ダイアログが表示された

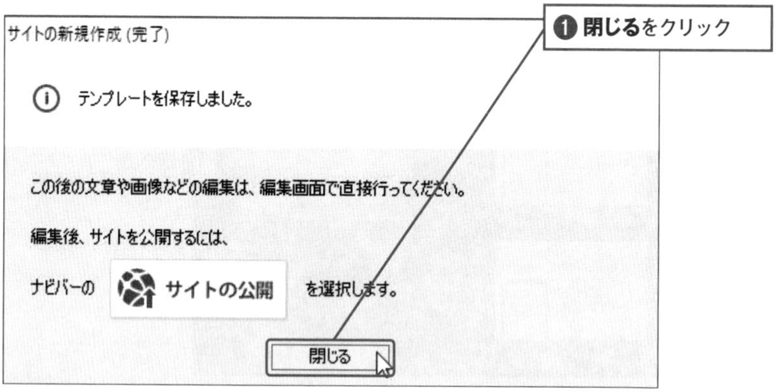

⑥ サイトを作成した

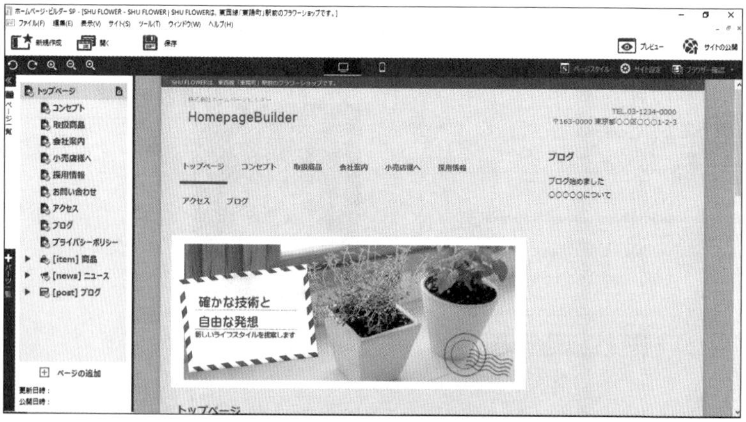

Onepoint ホームページ・ビルダーSPのマニュアル

ホームページ・ビルダーSPの操作でわからないことがあったときには、「ヘルプ」メニューの［ホームページ・ビルダーSPのマニュアル］をクリックすると説明が表示されるので参考にしてください。

ホームページ・ビルダーSPの画面構成

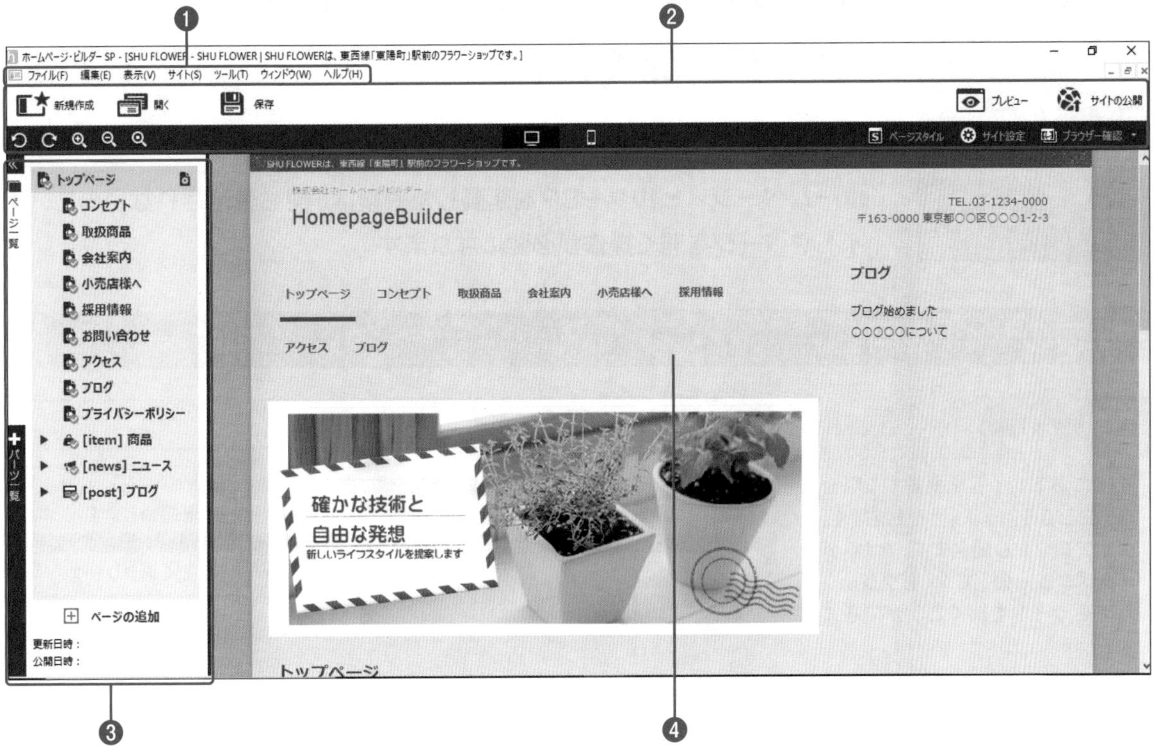

❶ メニューバー
クリックするとドロップダウンメニューが表示され機能を選択できます

❷ ナビバー
よく使うボタンが並んでいます

❸ ビュー
ページ一覧とパーツ一覧があり、タブをクリックして切り替えることができます

❹ ページ編集領域
ページを編集する領域です。

Onepoint ホームページ・ビルダーSPでサイトを閉じるには

サイトを閉じるときは、ホームページ・ビルダークラシックのように、「サイトを閉じる」の操作は必要ありません。ページを保存し、画面右上の「×」をクリックするとサイトが閉じて終了します。

Onepoint 複数のサイトを開ける

複数のサイトを開くことができ、メニューの「ウィンドウ」をクリックして表示される一覧からサイトを切り替えることができます。

section 79

スタート SECTION79_1

サイトを開く

ホームページ・ビルダーSPでサイトを開くには

LEVEL ●●●●○

ホームページ・ビルダーSPを起動した直後は、何も表示されないので、サイトやページを開く操作が必要になります。

既存のサイトを開く

Memo サイトを開く

すでにあるサイトを編集する場合は、ここでのように「サイトを開く」ダイアログから開きます。なお、ガイドメニューの「開く」をクリックしてもサイトを開くことができます。

❶ サイトを開く

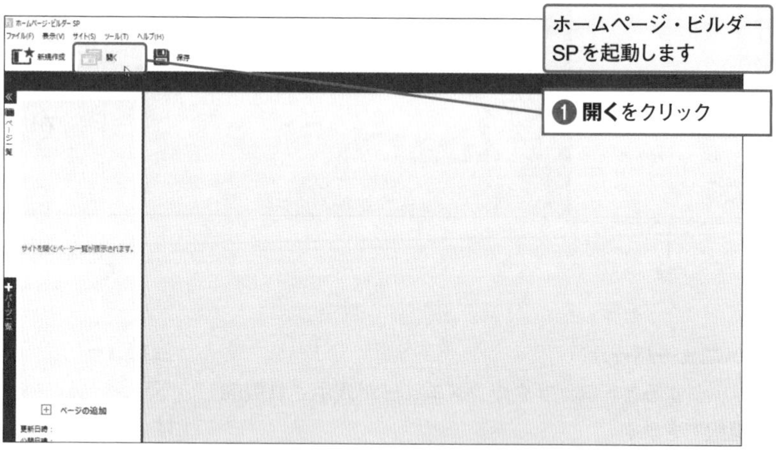

Hint サイトを削除するには

間違えて作成したサイトや不要になったサイトを削除したい場合は、「サイト」メニューの「サイトの一覧」をクリックし、サイトを選択して「削除」ボタンをクリックします。

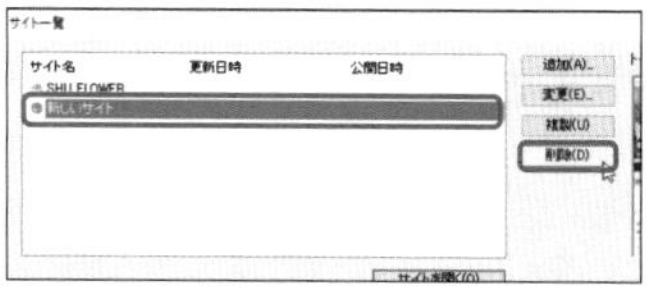

❷ サイトを選択する

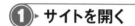

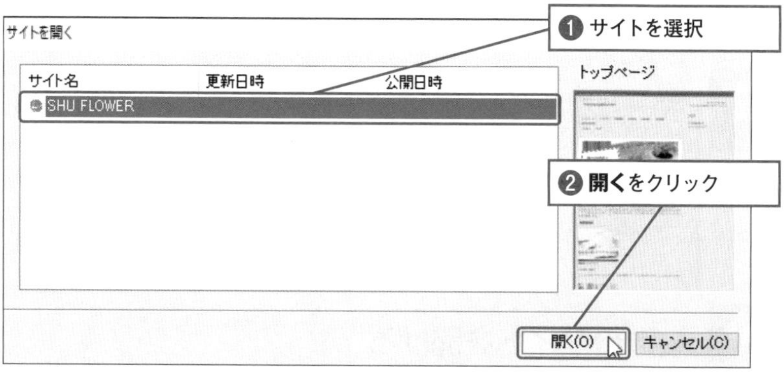

③ サイトが表示された

ページを開く

① ページを選択する

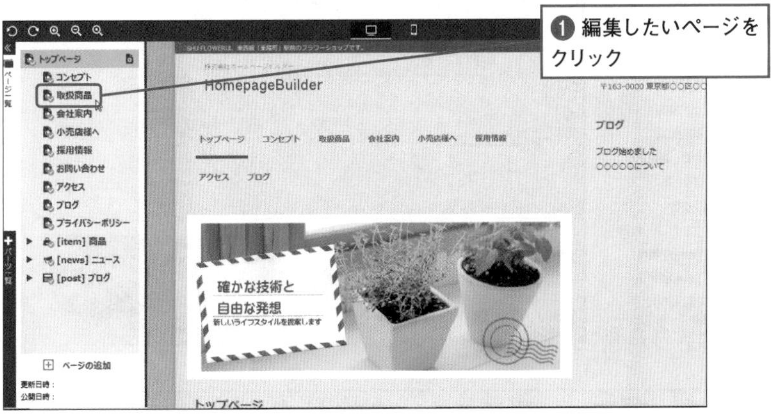
❶ 編集したいページをクリック

② ページが開いた

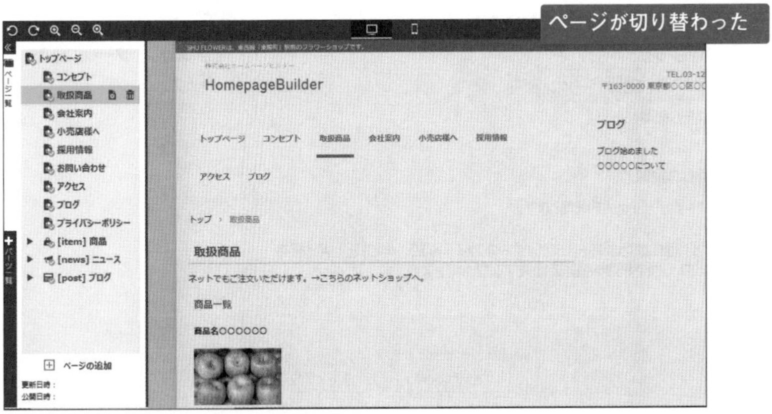
ページが切り替わった

Memo ページ一覧が表示されない

ページ一覧ビューは折りたたむことができます。折りたたまれている場合は「>>」をクリックすると展開され、ページを選択できるようになります。

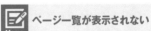

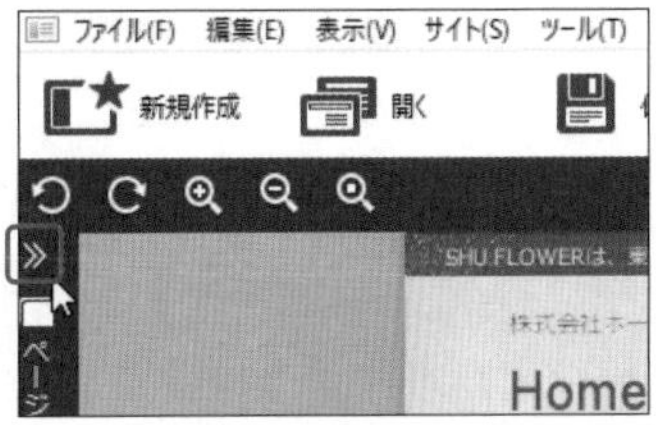

section 80

ロゴや文章の編集

ページを編集するには

LEVEL ●●●●○

スタート	SECTION80_1
完成	SECTION80_2

テンプレートに表示されているロゴや文章はサンプルなので、そのまま使わず修正しましょう。文章を改行する方法も覚えておきましょう。

ロゴを編集する

① ロゴを選択する

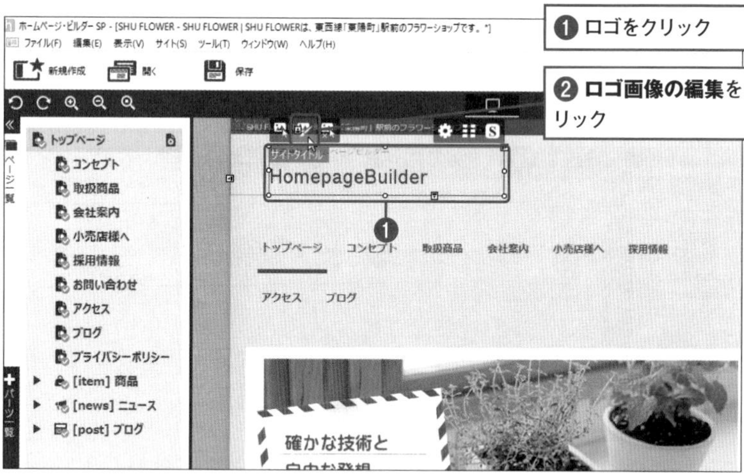

❶ ロゴをクリック

❷ **ロゴ画像の編集**をクリック

② ウェブアートデザイナーを起動する

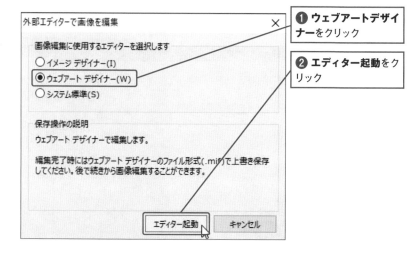

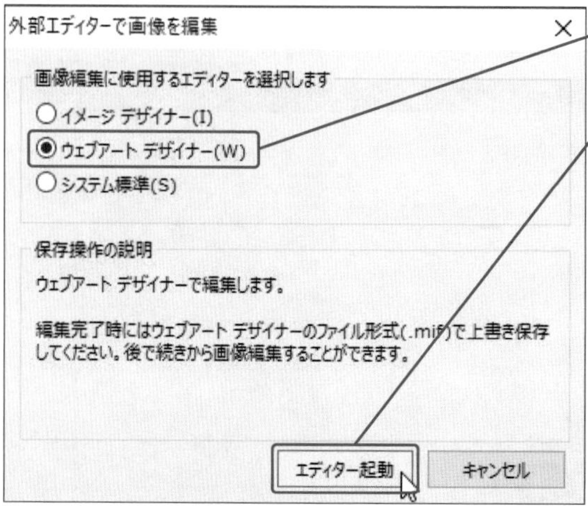

❶ **ウェブアートデザイナー**をクリック

❷ **エディター起動**をクリック

Memo トップ画像を変更するには

トップページの大きな写真も、サンプルの写真なのでサイトの内容に合わせて変更してください。ロゴ画像と同様にウェブアートデザイナーを起動して編集します。

③ ウェブアートデザイナーが起動した

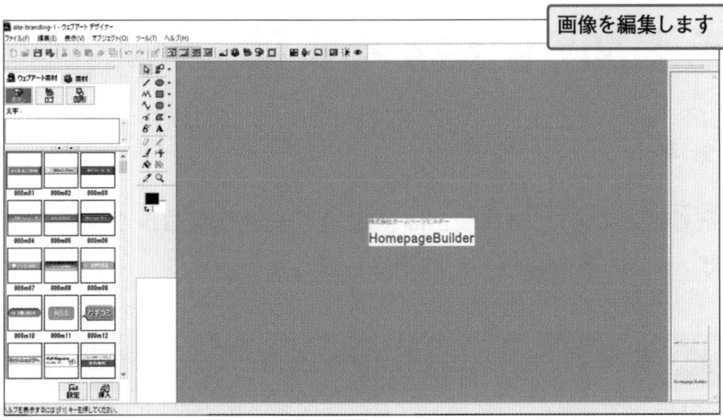

画像を編集します

Onepoint ウェブアートデザイナーの使い方

ウェブアートデザイナーについてはsection56を参考にして編集してください。

本文を入力する

① 文章を入力する

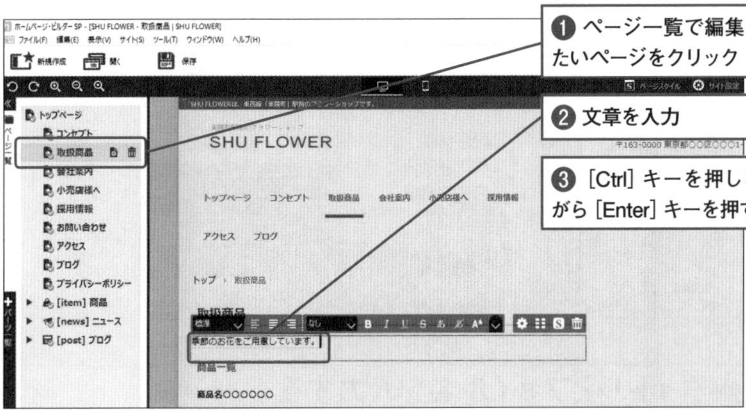

❶ ページ一覧で編集したいページをクリック

❷ 文章を入力

❸ [Ctrl] キーを押しながら [Enter] キーを押す

Memo 改行するには

ホームページ・ビルダーSPで、文章を改行する場合は、[Ctrl] キーを押しながら [Enter] キーを押します。[Enter] キーだけでは、改行ではなく、別の段落になってしまうので間違えないようにしてください。

② サンプル文字を修正する

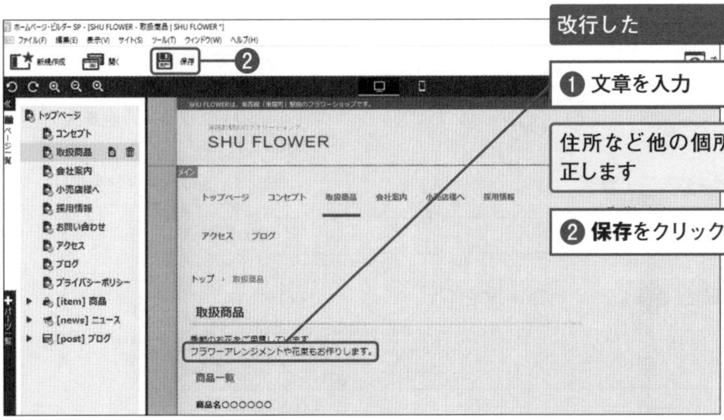

改行した

❶ 文章を入力

住所など他の個所も修正します

❷ **保存**をクリック

Memo ページタイトルを変更するには

テンプレートのページタイトルはサンプルなので、内容に合わせて変更してください。手順1の画面で、をクリックすると「ページの設定」ダイアログが表示されるので、タイトルを入力して「OK」をクリックします。

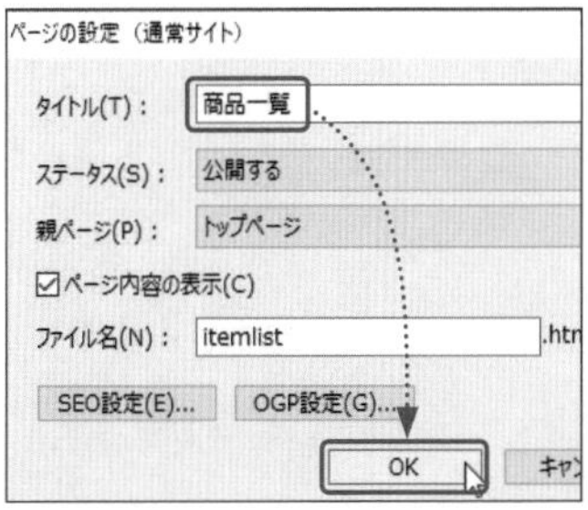

section 81

空白ページの追加

ページを追加・削除するには

LEVEL ●●●●○

スタート	SECTION81_1
完成	SECTION81_2

一からページを作成したいという場合は空白のページを追加して作成することができます。また、不要なページは削除しましょう。

ページを追加する

1 新規にページを作成する

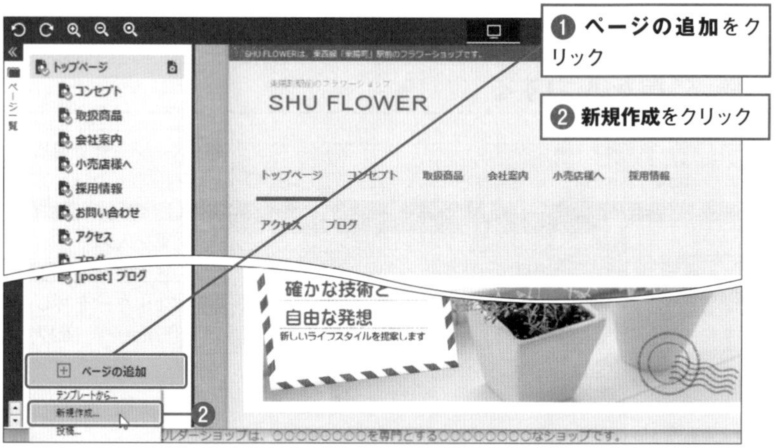

2 タイトルとファイル名を入力する

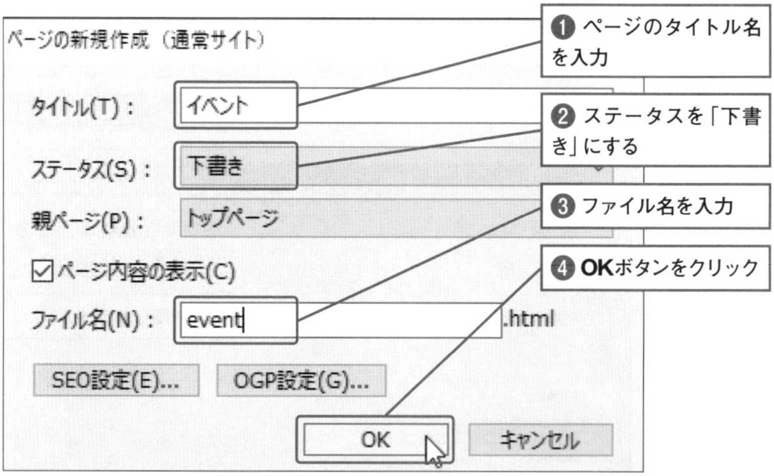

Memo 下書き保存

編集途中のページは下書き保存しておくことができます。公開にする方法はsection85で説明します。

③ ページを作成した

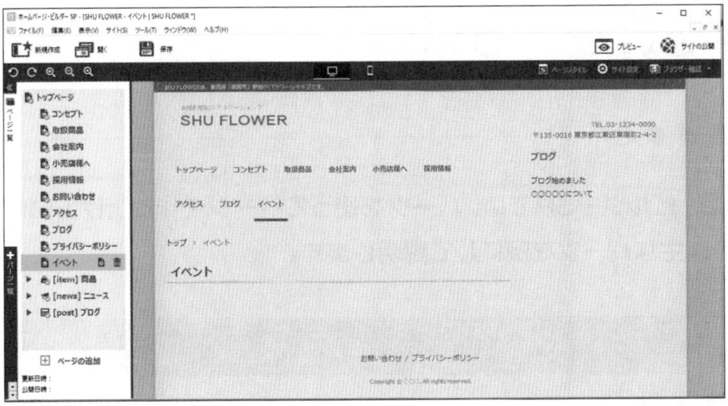

Onepoint サイトナビゲーションへの追加

新しくページを作成すると、自動的にサイトナビゲーションに追加されます。

ページを削除する

① 「ゴミ箱」をクリックする

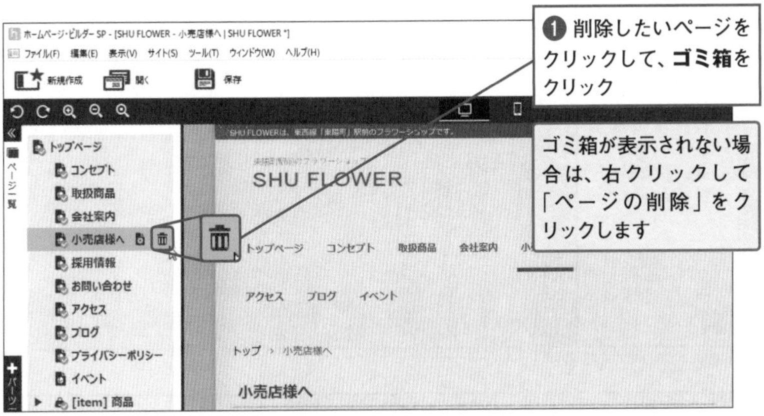

❶ 削除したいページをクリックして、**ゴミ箱**をクリック
ゴミ箱が表示されない場合は、右クリックして「ページの削除」をクリックします

Memo 不要なページの削除

テンプレートは、サンプルのページで構成されています。使用しないページを残しているとサイトナビゲーションにも表示されてしまうので、忘れずに削除するようにしてください。

② メッセージが表示された

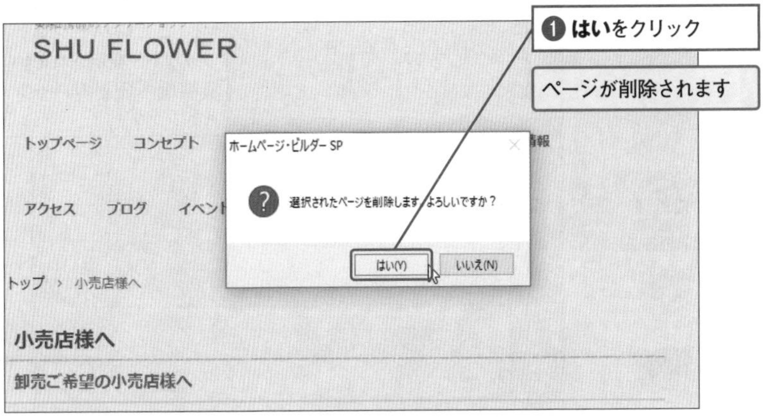

Memo 間違えてページを削除した場合

削除した直後の場合は、画面左上の「操作を元に戻します」ボタンをクリックすると削除を取り消すことができます。なお、画面左下の「ページの追加」をクリックし、「テンプレートから」をクリックすると、テンプレートのページを再度追加することができます。

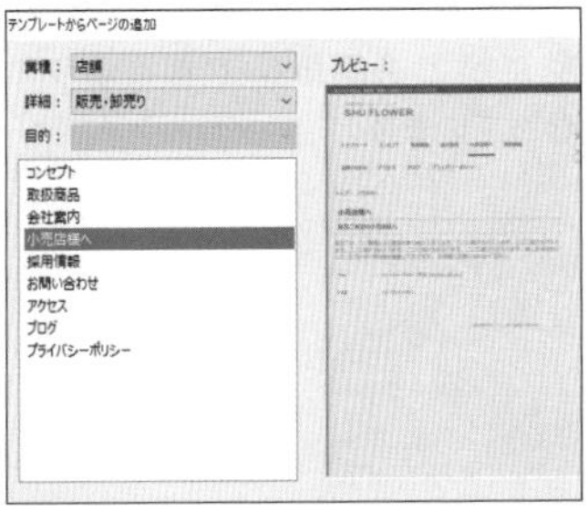

section 82

画像やリンクボタンの追加

パーツを追加するには

LEVEL ●●●●○

スタート	SECTION82_1
完成	SECTION82_2

ホームページ・ビルダーSPでは、パーツを使ってページを作り上げていきます。ここでは主なパーツを例にして説明します。

画像を追加する

1 パーツ一覧ビューを表示する

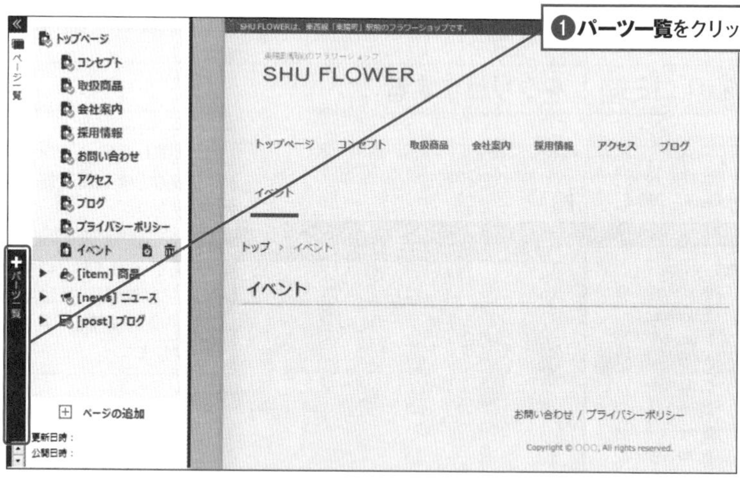

❶パーツ一覧をクリック

Hint パーツとは

ホームページ・ビルダー SPでは、「ナビゲーション」や「テキストボックス」など、それぞれをパーツとして組み立てるようにしてページを作成していきます。1つの箱のようなものなので、追加、削除、移動が誰でも簡単にできるようになっています。

2 画像パーツを選択する

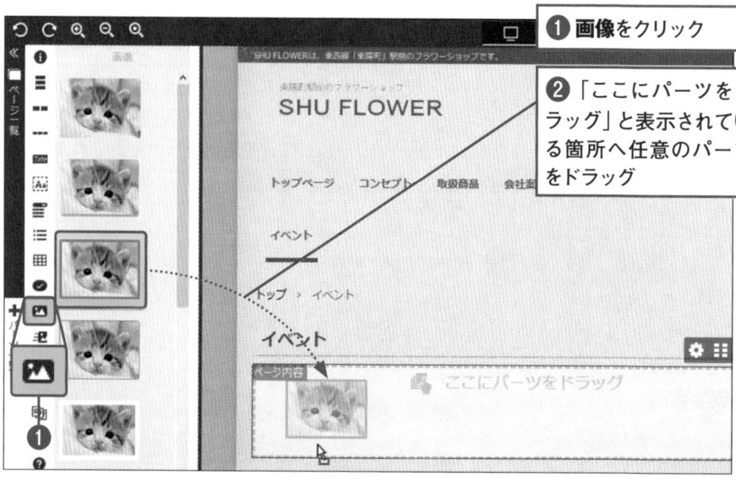

❶画像をクリック

❷「ここにパーツをドラッグ」と表示されている箇所へ任意のパーツをドラッグ

③ 画像パーツが追加された

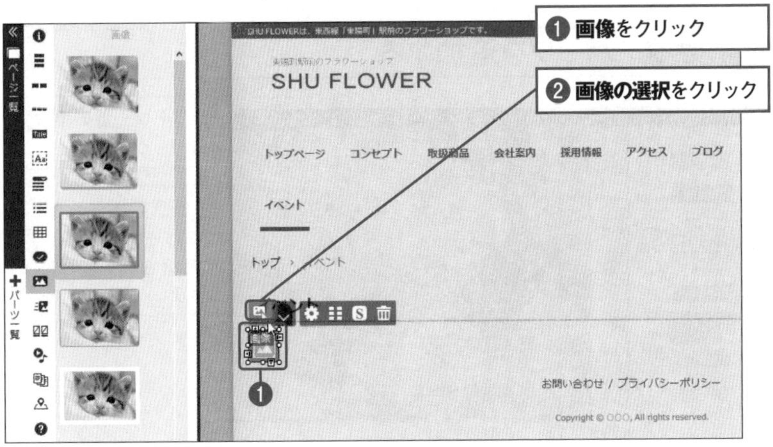

④ 画像を選択する

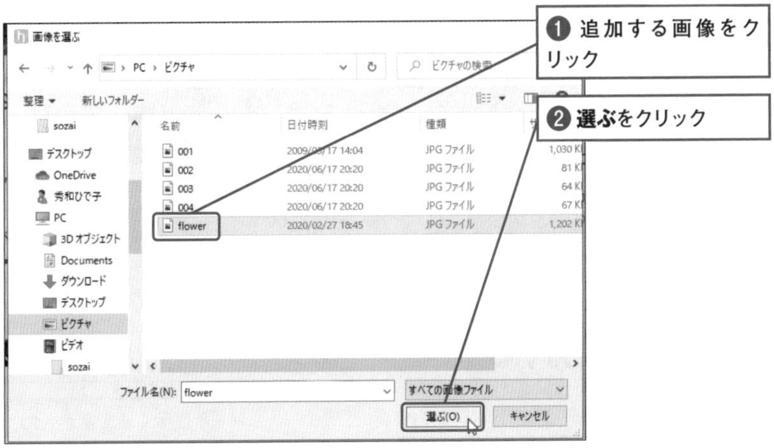

⑤ 画像を追加した

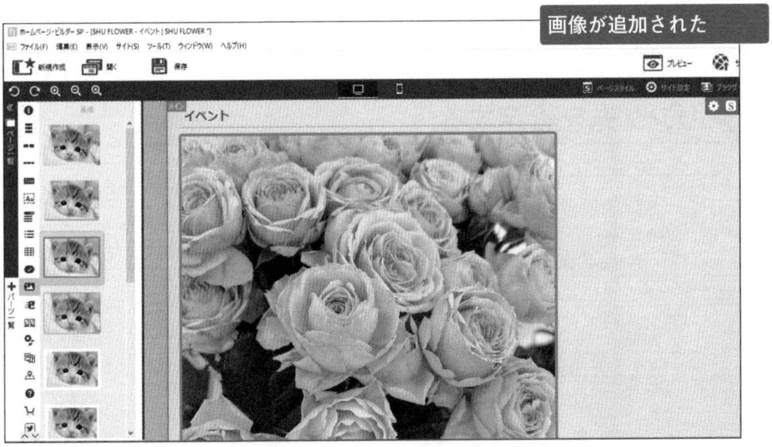

Hint 画像にリンクを設定するには

画像にリンクを設定したい場合は、挿入した画像をクリックし、画像左上にある「リンクの設定」ボタンをクリックしてリンク先を指定します。

リンクボタンを追加する

Hint

表を追加するには

表のパーツも用意されています。パーツ一覧から「表」をクリックし、表のパーツをドラッグします。後から行や列を追加したい場合は、表をクリックすると上部にボタンが表示されるので、「行を上へ」「行を下へ」などのボタンを使って挿入できます。

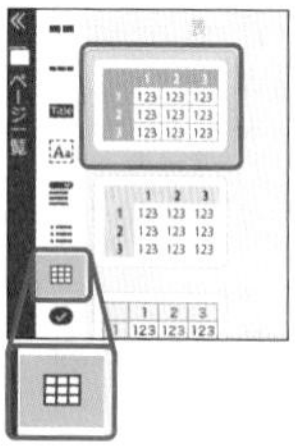

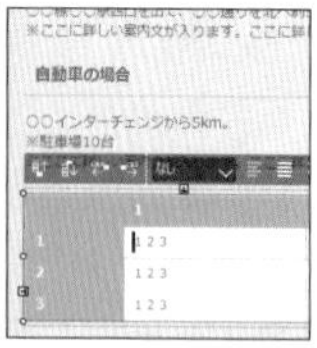

① ボタンパーツを追加する

❶ パーツ一覧の**ボタン**をクリック

❷ 任意のボタンを「ここにパーツをドラッグ」と表示される箇所へドラッグ

② ボタンが追加された

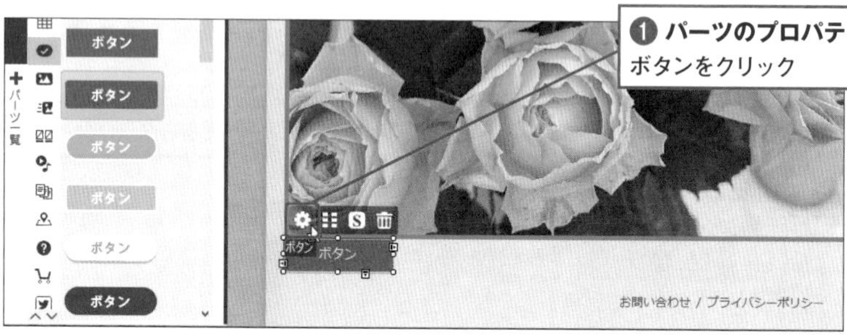

❶ **パーツのプロパティ**ボタンをクリック

③ 文字を入力する

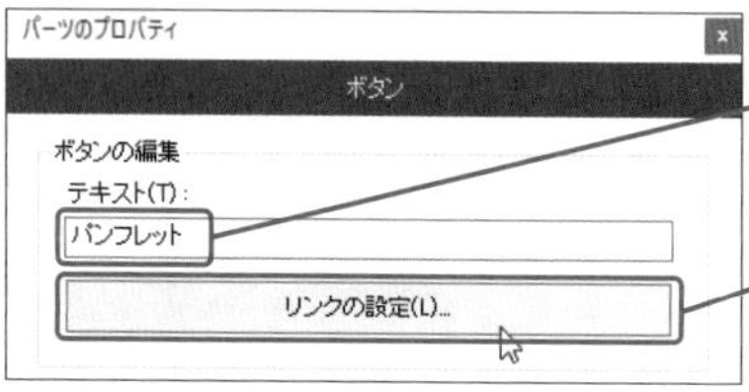

❶ 表示する文字を入力

❷ **リンクの設定**をクリック

④ リンク先を設定する

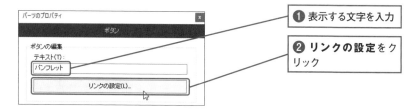

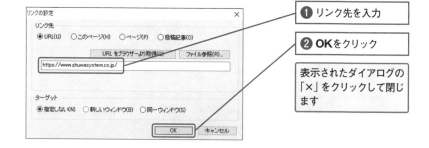

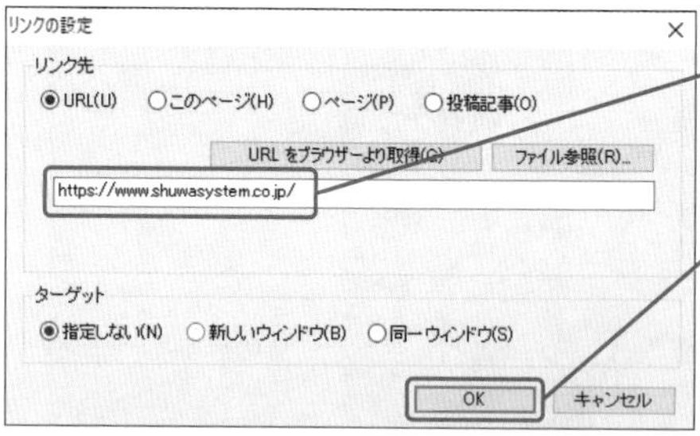

❶ リンク先を入力

❷ **OK**をクリック

表示されたダイアログの「×」をクリックして閉じます

5 リンクボタンが追加された

周囲にあるハンドルをドラッグしてサイズを調整できます
パンフレット

Memo パーツを削除するには

削除したいパーツをクリックし、「パーツの削除」ボタンをクリックすると削除できます。

SNSボタンを追加する

1 SNSボタンパーツを追加する

❶ パーツ一覧の**SNSボタン**をクリック
❶ 任意のボタンを「ここにパーツをドラッグ」と表示される箇所へドラッグ
ここにパーツをドラッグ

Technic YouTubeの動画やGoogleマップを埋め込むには

YouTubeの動画を埋め込みたい場合は、section67の方法でコードをコピーし、パーツ一覧の「HTMLソース」→「YouTube」をドラッグします。「パーツのプロパティ」ボタンをクリックして、「クリップボードからの貼り付け」をクリックすると追加できます。Googleマップの場合も、section68の方法でHTMLコードをコピーし、「HTMLソース」パーツで埋め込むことが可能です。

2 SNSボタンが追加された

ボタンが追加された
❶ **保存**をクリックしてページを保存
保存
パンフレット
Tweet
お問い合わせ / プライバシーポリシー

section 83

ナビゲーションの順序入れ替え

サイトナビゲーションを変更するには

LEVEL ●●●●○

スタート	SECTION83_1
完成	SECTION83_2

訪問者は目的があって来ているはずです。求めている情報が載っているページにたどり着けるようにナビゲーションを正しく設置しましょう。

ナビゲーションの順序を入れ替える

Hint サイトナビゲーションとは

訪問者がサイト内の目的のページへたどり着けるように設置するのがサイトナビゲーションで、トップページの上部や左部にあります。ページを作成すると、自動的にナビゲーションに追加されるので、必要に応じて順序を入れ替えてください。

1 パーツのプロパティを表示する

❶ ナビゲーションをクリック

❷ **パーツのプロパティ**をクリック

Memo メニューを階層化するには

メニューは階層化することができ、メニューをポイントしたときにサブメニューが表示されるようにすることができます。手順2の画面で、「メニュー」をクリックし、「階層を下げる」をクリックします。

2 メニュー項目を移動する

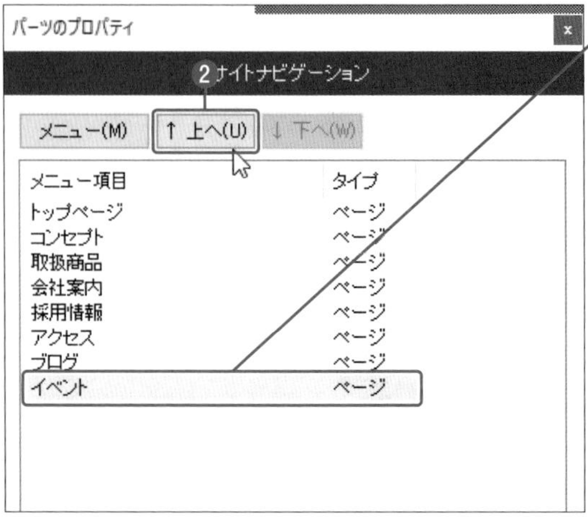

❶ 移動するメニュー項目をクリック

❷ **上へ**をクリック

③ メニュー項目を移動した

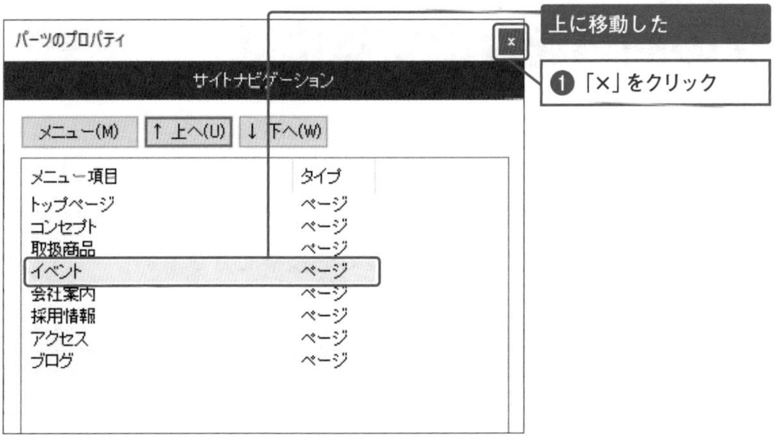

④ ナビゲーションを変更した

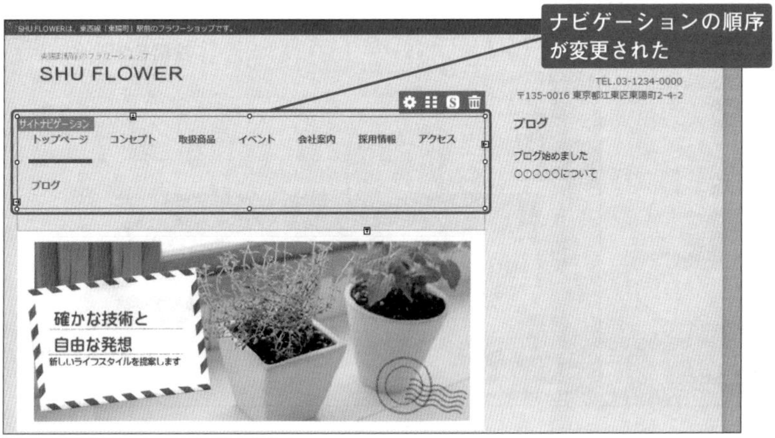

Technic メニューに他サイトへのリンクを追加するには

たとえば、他のホームページへのリンクをメニューに入れたい場合は、手順2の画面で、「メニュー」をクリックし、「項目の追加」をポイントして、「リンク」をクリックします。ダイアログが表示されたらリンク先のURLとメニュー名を入力し、「OK」ボタンをクリックします。

Technic メニュー項目名を変更するには

メニューの項目名は、ページタイトルになっています。長いタイトルの場合など、ページタイトル以外にしたい場合は手順2で、「メニュー」をクリックして、「項目の追加」→「ページ」をクリックします。「メニュー名をページタイトルと同一にする」のチェックをはずしてメニュー名を入力し、「OK」をクリックします。

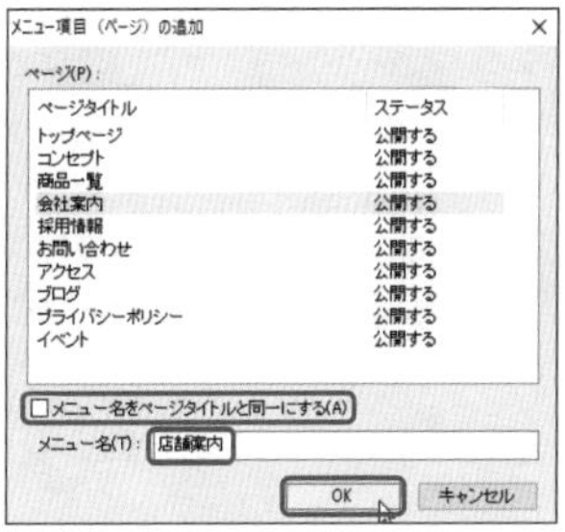

Hint 下部のメニューに追加するには

ページ下部にもメニューがあり、好きなページを追加できます。メニューをクリックしたら、「パーツのプロパティ」をクリックします。手順2の画面が表示されるので、「メニュー」→「項目の追加」→「ページ」をクリックして指定します。

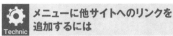

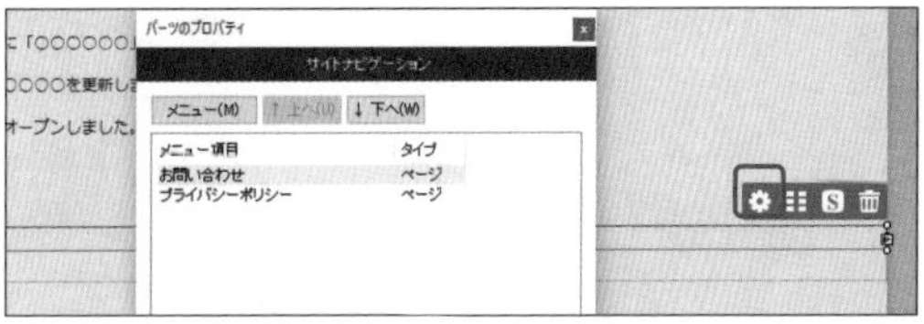

section
84

スタート SECTION84_1
完成 SECTION84_2

ブログ記事の作成と投稿

ブログの記事を投稿するには

LEVEL ●●●○○

定期的なお知らせや日々の出来事などを載せたい時、ホームページ・ビルダーSPなら、ブログサービスを利用しなくても投稿できます。

記事を作成する

Hint ブログとは

日記のように時系列で記事を載せることができる機能です。アメーバブログなどのブログサービスを使わなくても、ホームページ・ビルダーSPにはブログ形式で投稿できる機能が備わっています。

① 投稿のページを追加する

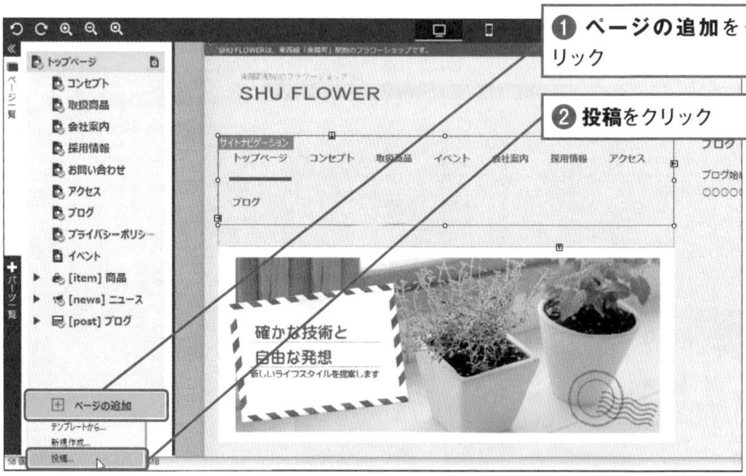

❶ **ページの追加**をクリック

❷ **投稿**をクリック

② 投稿タイプを選択する

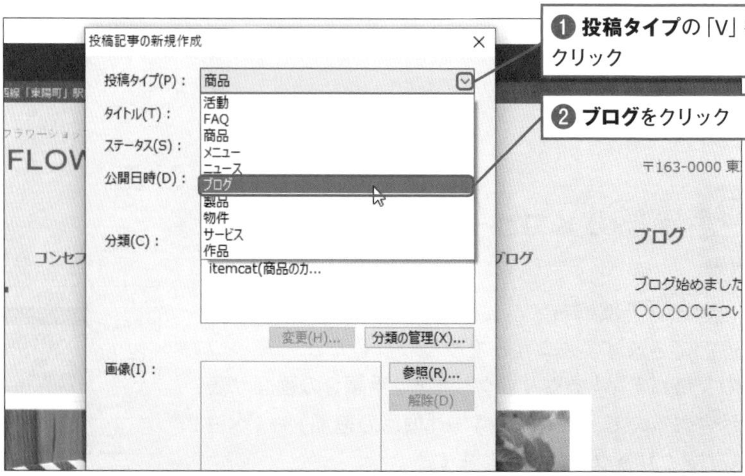

❶ **投稿タイプ**の「V」をクリック

❷ **ブログ**をクリック

③ タイトルを入力する

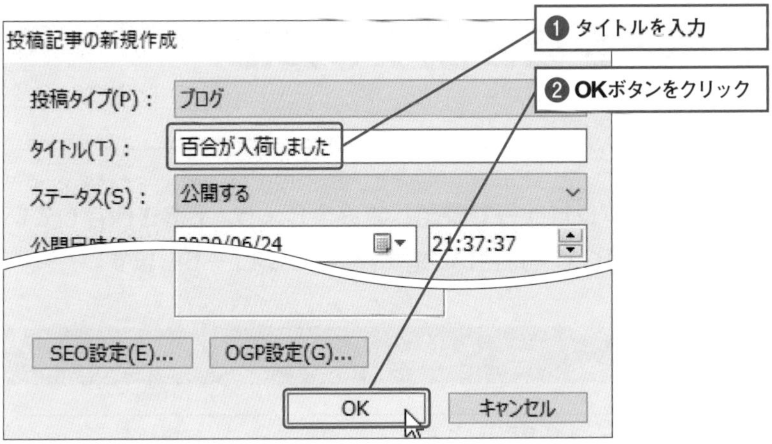

④ 投稿のページを作成した

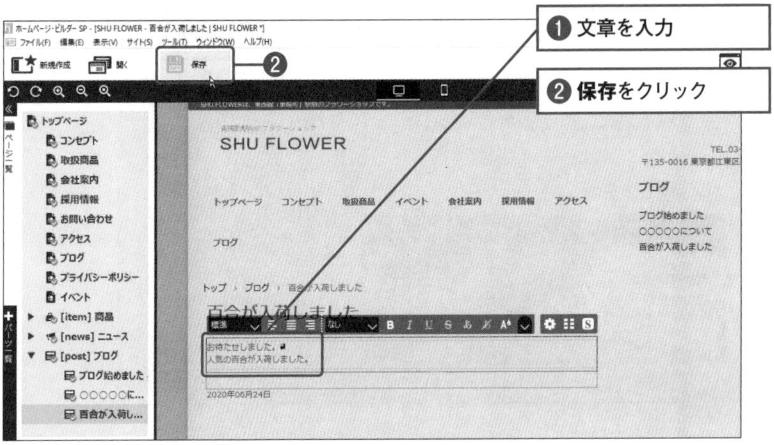

⑤ 不要な記事を削除する

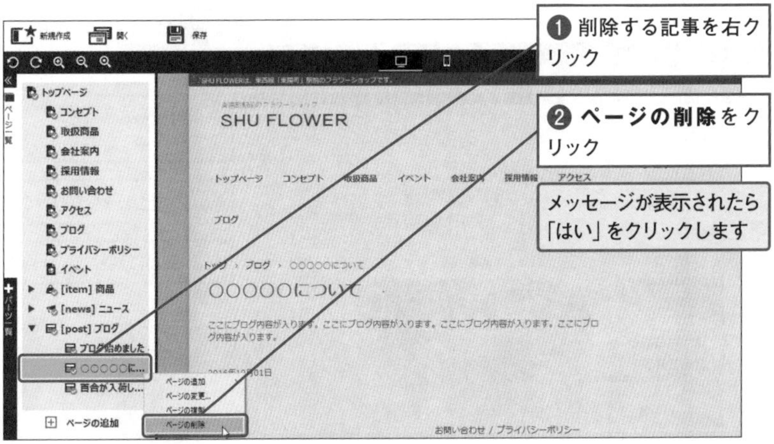

Hint 公開日時とは

公開日時は、公開される日時ではなく、記事に表示する日時のことです。「未来の日時を入力すれば自動投稿できる」という機能ではないので間違えないようにしましょう。

Onepoint 記事を編集するには

記事の内容を修正したい場合は、ページ一覧ビューで「ブログ」（作成した投稿タイプ）の ▶ をクリックし記事をクリックすると編集できます。記事のタイトルや公開日時を変更したい場合は、手順5の画面で「ページの変更」をクリックします。

section 85

スタート SECTION85_1

サーバーへのアップロード

ホームページを公開するには

LEVEL ●●●●○

ページを作成したらプレビューで確認してみましょう。下書き保存しているページは公開に変更してください。確認後、アップロードします。

プレビューする

Onepoint 公開前に内容を確認する

ホームページ・ビルダーSPは、テンプレートを元に作成するため、「文章がサンプルのままになっていないか」「不要なページが入っていないか」などをよく確認してから公開するようにしてください。また、ページタイトルが正しくない場合はsection80のmemoを参考にして変更しましょう。

① プレビューを表示する

② プレビューが表示された

ブラウザーで確認する

1 ブラウザーを選択する

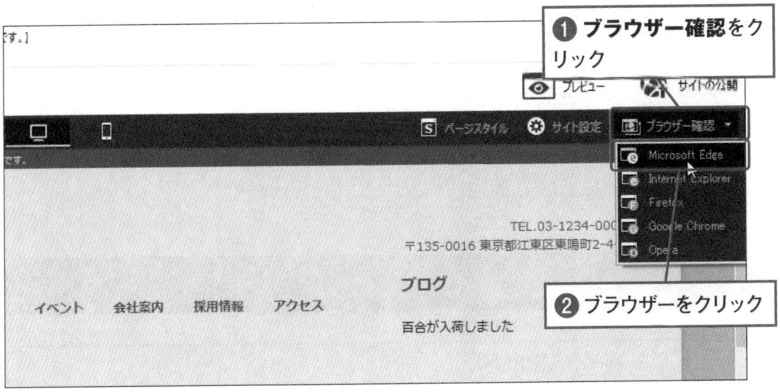

2 ホームページが表示された

> **Onepoint 複数のブラウザーで確認する**
>
> 手順1で選択できるブラウザーはパソコンにインストールされているブラウザーです。ブラウザーによって表示が異なる場合があるので、主なブラウザーをインストールして表示を確認しておきましょう。

下書きを公開設定にする

1 「ページの設定」ダイアログを表示する

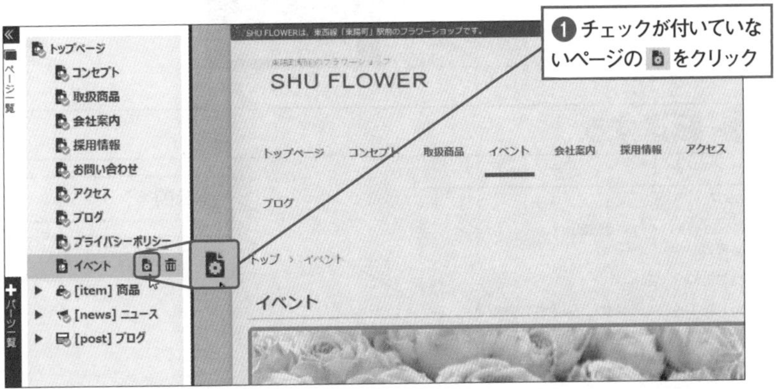

> **Onepoint 下書きを公開にする**
>
> 下書きとして保存してあるページ(section81参照)は、「公開」に変更してから転送します。

②公開設定をする

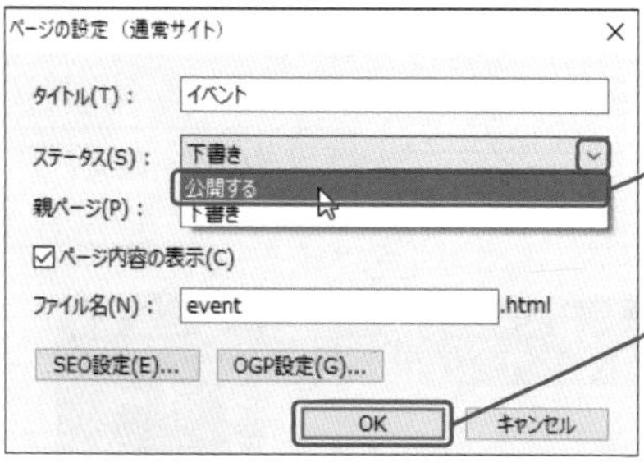

❶ **ステータス**の「V」をクリックし、**公開する**を選択

❷ **OK**をクリック

公開する

①サイトを公開する

❶ **サイトの公開**をクリック

②転送設定をする

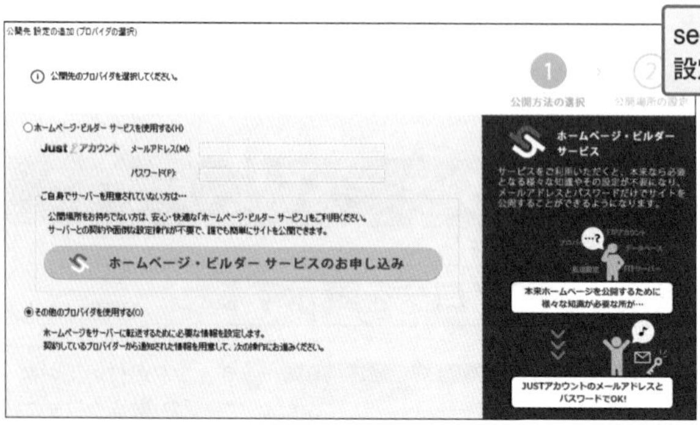

section50を参考に転送設定をします

Onepoint 転送設定

ホームページ・ビルダーSPでもホームページ・ビルダークラシックと同様に転送の設定(section50)をします。

③転送する

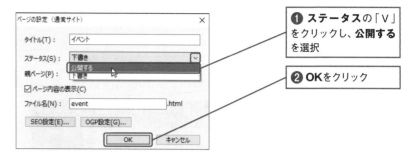

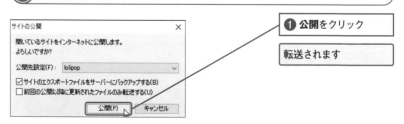

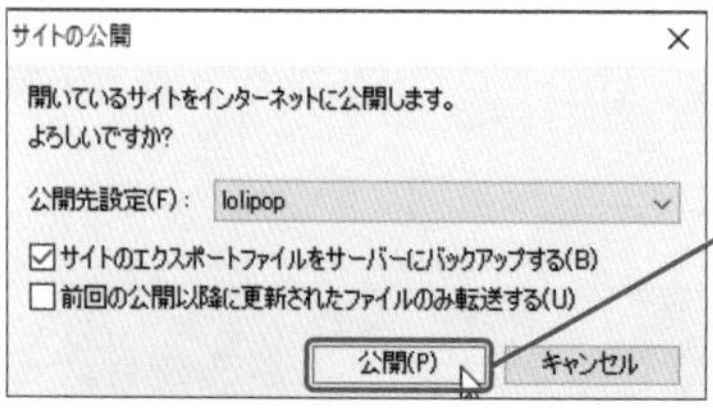

❶ **公開**をクリック

転送されます

第11章

11

もっと本格的なサイトにしたいときは

ブラウザ上でホームページを作成できる「WordPress」というソフトがあります。実は、ホームページ・ビルダーでも、WordPressのホームページを作成および編集ができるようになっています。ただし、契約しているWebサーバーやプランがWordPressに対応していないと使えないので、本書では簡単に紹介します。

section 86

WordPressサイトの作成

WordPressサイトを作成するには

LEVEL ●●●○○

ホームページ・ビルダー22クラシックでWordPressサイトを作成してみましょう。「新規作成」ダイアログから始めます。

WordPress テンプレートでサイトを作成する

Hint WordPressとは

WordPressは、PHPという言語で書かれた無料で使えるプログラムです。通常は、ある程度の知識がないと構築するのが難しいのですが、ホームページ・ビルダー22クラシックには、WordPressサイトを簡単に作成できる機能が搭載されています。

Hint WordPressを使うには

利用しているプロバイダーがWordPressのホームページ作成に対応している必要があります。レンタルサーバーもプランによってはWordPressを利用できない場合もあるので確認してから始めてください。

Memo 業種は後から変更できない

後から業種の変更はできません。目的に合う業種が選択されていることを確認してください。

1 ［WordPressテンプレート］をクリックする

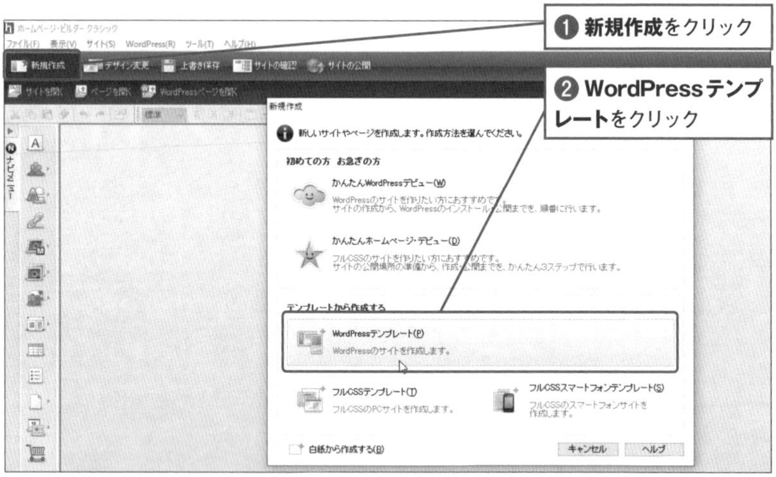

❶ 新規作成をクリック
❷ WordPressテンプレートをクリック

2 テンプレート選択画面が表示された

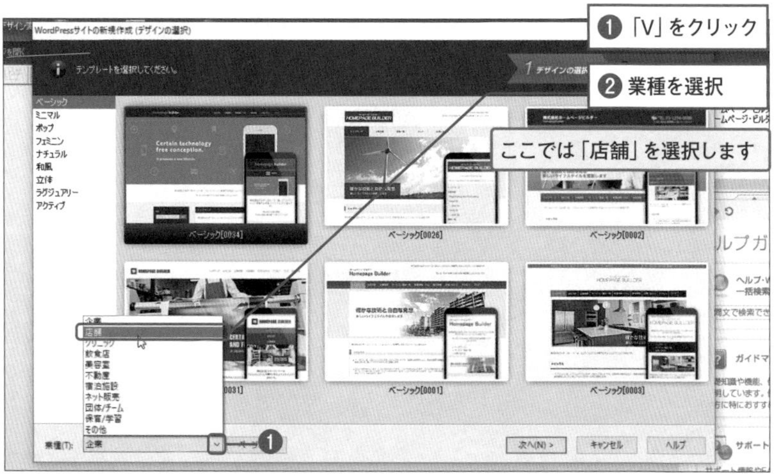

❶「V」をクリック
❷ 業種を選択
ここでは「店舗」を選択します

③ [次へ] ボタンをクリックする

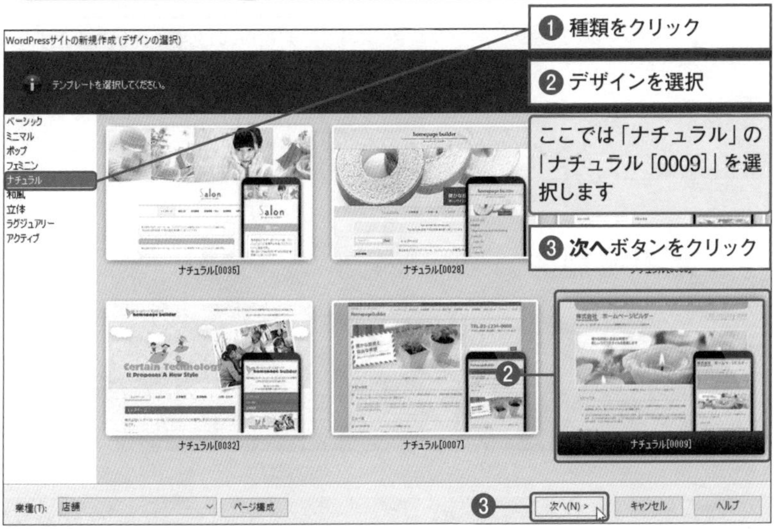

④ タイトルとキャッチフレーズを入力する

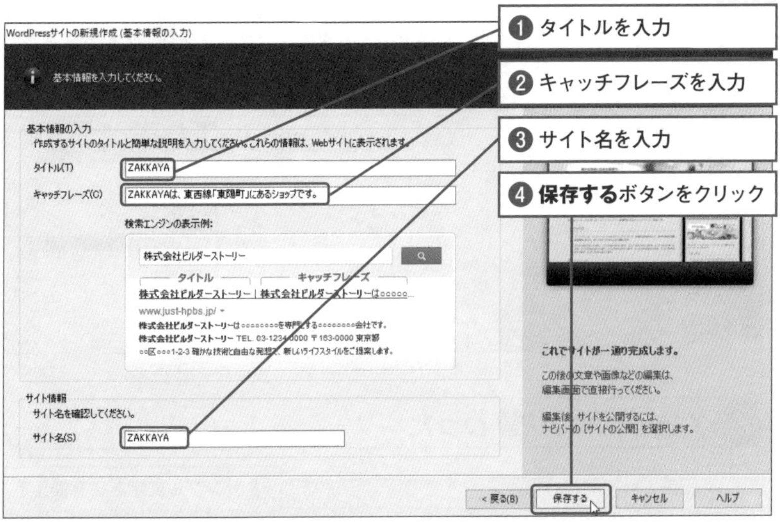

⑤ [閉じる] ボタンをクリックする

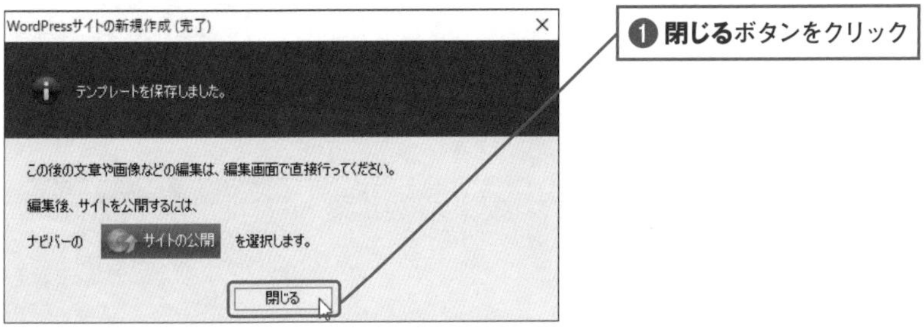

Memo WordPressサイトの作り方

WordPressサイトが完成するまでの手順は、「ホームページ・ビルダー22クラシックでWordPressサイトを作成する」→「WordPressサイトをサーバーに転送する(プログラムをインストールする)」→「データを反映させる」→「記事を投稿する」となります。

❻ WordPressサイトが作成された

ページを切り替える

Memo ページタイトルを変更するには

「WordPress」ビューにあるページの上で右クリックし、［ページの変更］をクリックしてページタイトルを変更することができます。

Memo 不要なページを削除するには

後から不要なページを削除する場合は、「WordPress」ビューにあるページの上で右クリックし、［ページの削除］をクリックします。

Memo メッセージが表示された

WordPressでは、他のページを開くときには、現在のページは閉じなければなりません。保存していないとメッセージが表示されるので、［はい］をクリックします。

❶ 「WordPress」ビューを表示する

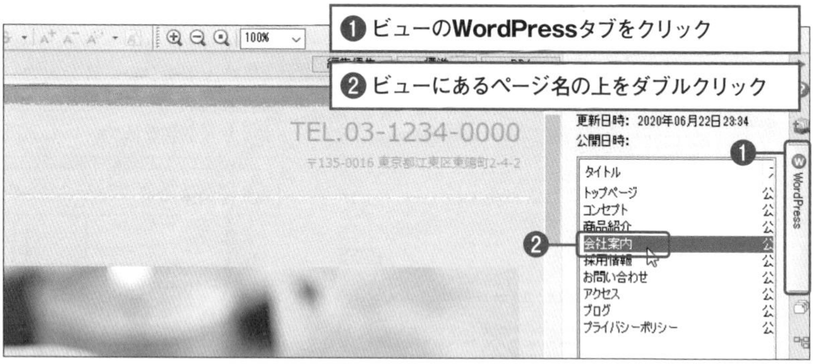

❷ ページが切り替わった

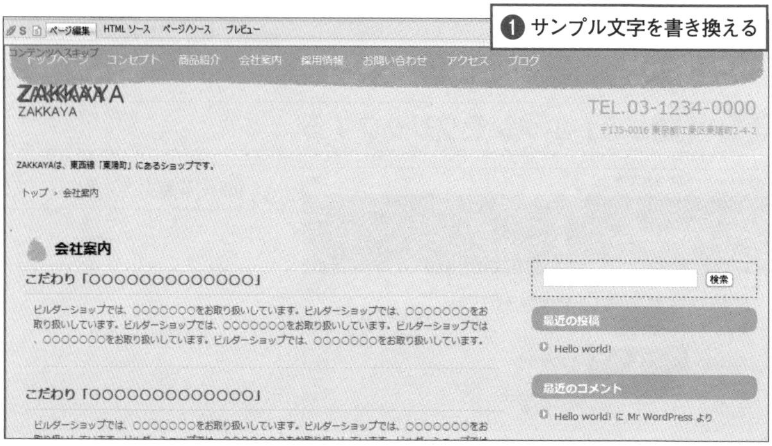

section 87

WordPressサイトの転送

WordPressサイトを転送するには

LEVEL ●●●○○

WordPressサイトをサーバーに転送しましょう。WordPressプログラムがインストールされていない場合は、はじめにインストールします。

WordPress サイトをサーバーへ転送する

❶ [サイトの公開] ボタンをクリックする

❷ [その他のプロバイダを使用する] をクリックする

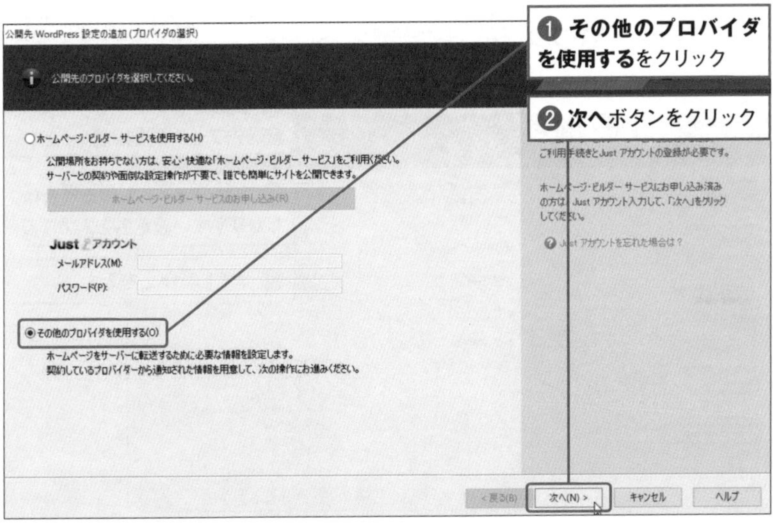

Onepoint WordPressを使用できるレンタルサーバー

WordPressを利用するには、PHPという言語とMySQLというデータベース管理システムが使えるサーバーが必要です。プロバイダーのホームページサービスがWordPressに非対応の場合は、レンタルサーバーを借りるなどして作成してください。WordPressを使用できるサーバーには以下のようなものがあります。

・ホームページ・ビルダーサービス
(http://hpbs.jp/)
ジャストシステムが運営するホームページ・ビルダーサービスなら、独自ドメインの取得ができ、ホームページ・ビルダーの画面での設定が容易です。

・ロリポップ
(http://lolipop.jp/)
エコノミープラン以外は使用できます。

・さくらインターネット
(http://www.sakura.ne.jp/)
ライトプラン以外は使用できます。

Memo プロバイダーの選択

一覧に使用するプロバイダーがあれば選択することができます。一覧にない場合は［その他］を選択して、FTP情報を手入力します。

Memo サイトのURL

「サイトのURL」ボックスには、公開するサイトのアドレスを入力します。間違えるとWordPressの「ようこそ」画面が自動表示されなくなります。

③ プロバイダーを選択する

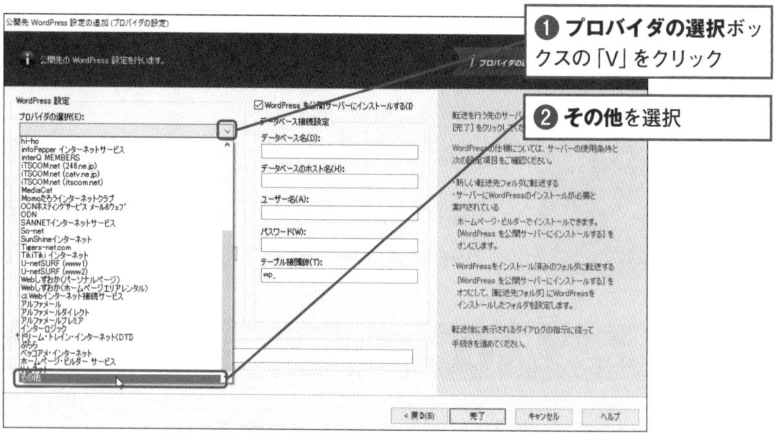

④ FTPアカウントとパスワードを入力する

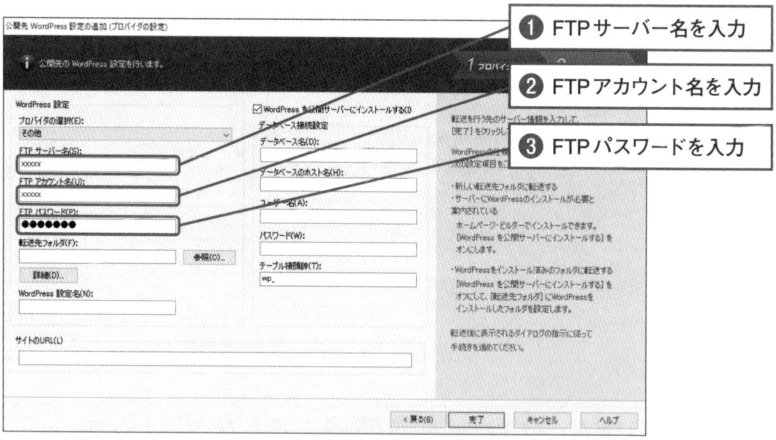
❶ FTPサーバー名を入力
❷ FTPアカウント名を入力
❸ FTPパスワードを入力

⑤ 転送先をフォルダを指定する

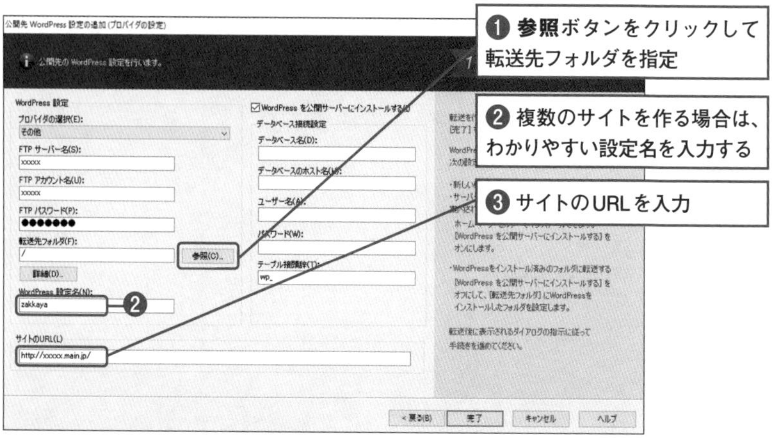
❶ 参照ボタンをクリックして転送先フォルダを指定
❷ 複数のサイトを作る場合は、わかりやすい設定名を入力する
❸ サイトのURLを入力

❻ データベース情報を入力する

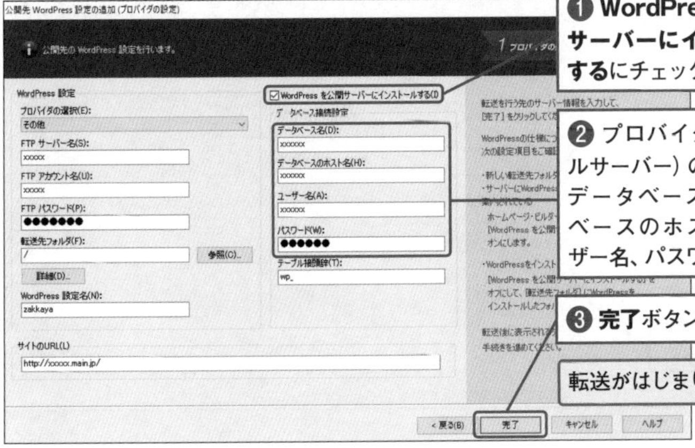

❶ **WordPressを公開サーバーにインストールする**にチェックを付ける

❷ プロバイダー（レンタルサーバー）の指示通りにデータベース名、データベースのホスト名、ユーザー名、パスワードを入力

❸ **完了**ボタンをクリック

転送がはじまります

❼ ブラウザーに「ようこそ」画面が表示された

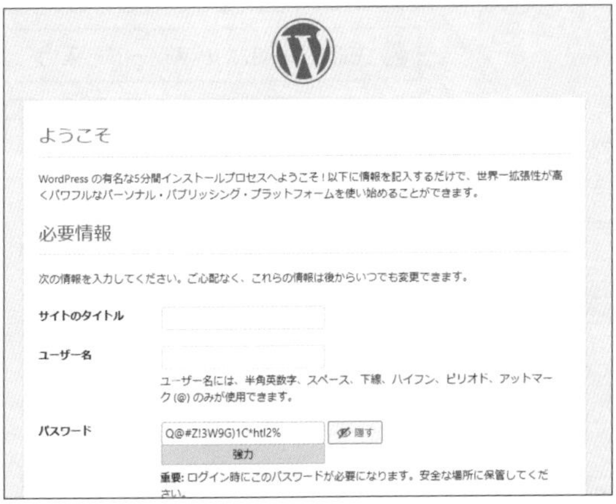
ようこそ
WordPress の有名な5分間インストールプロセスへようこそ！以下に情報を記入するだけで、世界一拡張性が高くパワフルなパーソナル・パブリッシング・プラットフォームを使い始めることができます。
必要情報
次の情報を入力してください。ご心配なく、これらの情報は後からいつでも変更できます。
サイトのタイトル
ユーザー名
ユーザー名には、半角英数字、スペース、下線、ハイフン、ピリオド、アットマーク (@) のみが使用できます。
パスワード
Q@#Z!3W9G)1C*htl2%
隠す
強力
重要: ログイン時にこのパスワードが必要になります。安全な場所に保管してください。

ブラウザーが起動し、WordPressのようこそ画面が表示された

❽ 「ようこそ」画面で必要情報を設定する

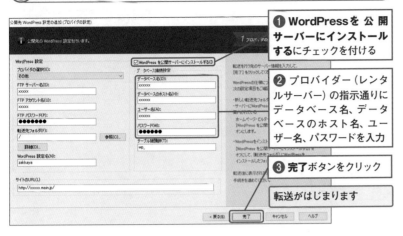

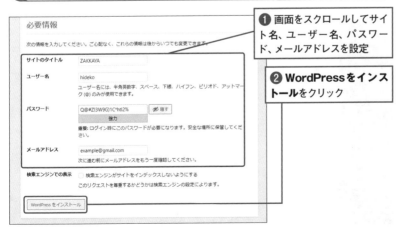

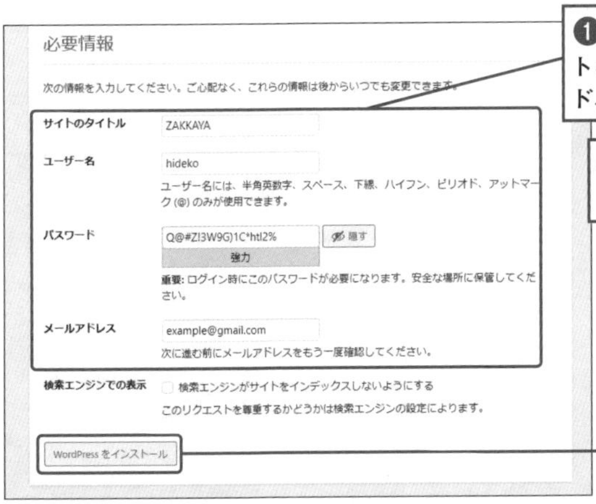
必要情報
次の情報を入力してください。ご心配なく、これらの情報は後からいつでも変更できます。
サイトのタイトル
ZAKKAYA
ユーザー名
hideko
ユーザー名には、半角英数字、スペース、下線、ハイフン、ピリオド、アットマーク (@) のみが使用できます。
パスワード
Q@#Z!3W9G)1C*htl2%
隠す
強力
重要: ログイン時にこのパスワードが必要になります。安全な場所に保管してください。
メールアドレス
example@gmail.com
次に進む前にメールアドレスをもう一度確認してください。
検索エンジンでの表示
検索エンジンがサイトをインデックスしないようにする
このリクエストを尊重するかどうかは検索エンジンの設定によります。
WordPress をインストール

❶ 画面をスクロールしてサイト名、ユーザー名、パスワード、メールアドレスを設定

❷ **WordPressをインストール**をクリック

Memo WordPressのプログラムをインストールする

［WordPressを公開サーバーにインストールする］にチェックを付けることで、ホームページ・ビルダー22クラシックからWordPressのプログラムをサーバーにインストールすることが可能です。あらかじめレンタルサーバーのツールを使ってWordPressをインストールしている場合は、［WordPressを公開サーバーにインストールする］にチェックを付ける必要はありません。

Memo WordPressのユーザー名とパスワード

初回は、WordPressにアクセスするためのユーザー名とパスワードを決める必要があります。以降、記事の投稿・編集の際にはここで設定したユーザー名のパスワードを使ってログインします。

9 ［ログイン］ボタンをクリックする

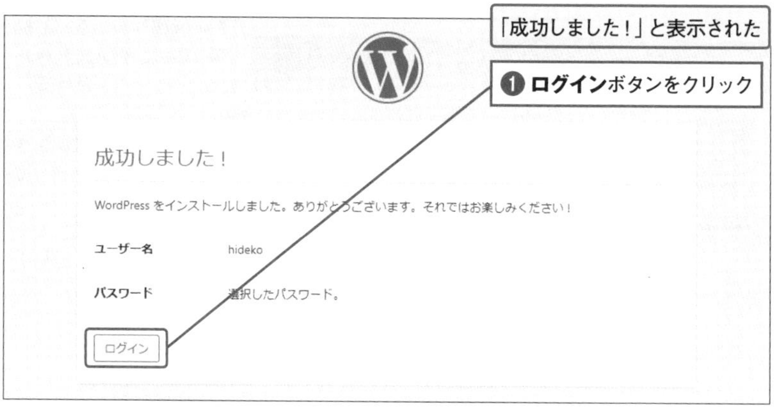

10 WordPressにログインする

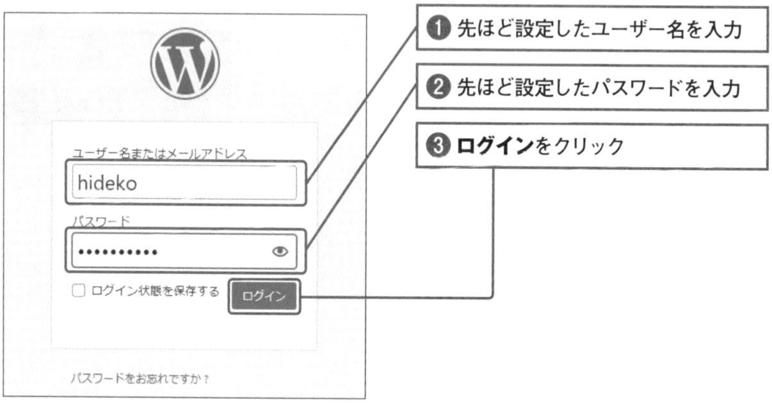

11 hpbダッシュボードが表示された

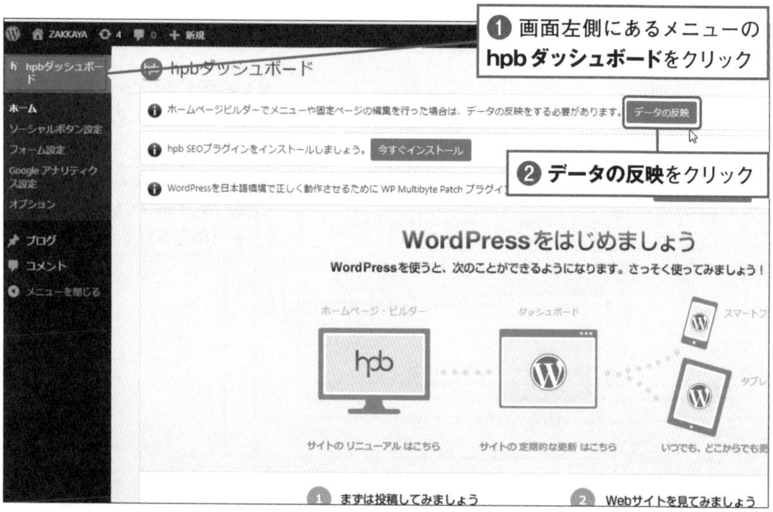

Memo 最新の状態にする

手順11の画面上部に「今すぐ更新してください」と表示されている場合は、クリックします。次の画面で「今すぐ更新」をクリックしてWordPressを最新の状態にしてください。

Onepoint hpbダッシュボードとは

「hpbダッシュボード」は、ホームページ・ビルダー22クラシックとWordPressを連携させ、記事の投稿やWordPressの設定を簡単にできるプラグインです。

⑫ データの反映を実行する

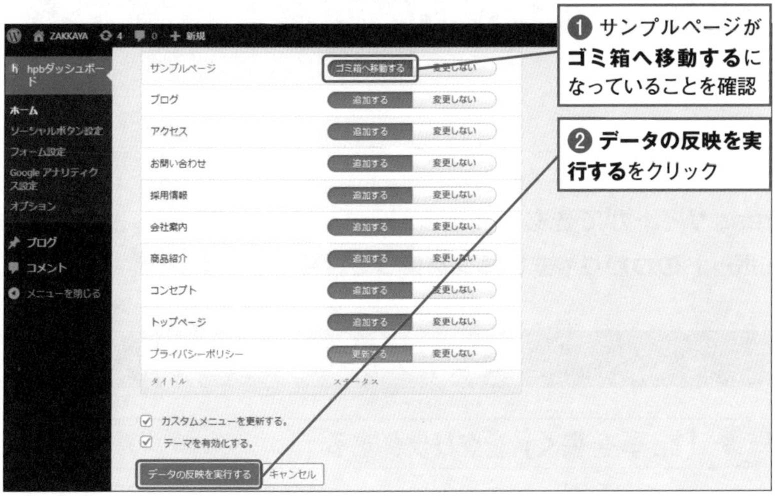

⑬ 転送された

⑭ サイトが反映された

Memo プラグインとは

プラグインを使うと、WordPressで足りない機能を追加することができます。手順13の画面にプラグインのインストールの指示がある場合は「今すぐインストール」をクリックしてください

Memo 次回ログインするときは

ホームページ・ビルダーで「WordPress」メニューの［ダッシュボードを開く］をクリックするか、WordPressのログイン画面に直接アクセスします。

section 88

WordPressサイトへの記事の投稿

WordPressサイトに記事を投稿するには

LEVEL ●●●○○

WordPressサイトができあがったら、記事を投稿してみましょう。hpbダッシュボードのわかりやすい画面を使って投稿できます。

記事を投稿する

❶ [記事を書く] をクリックする

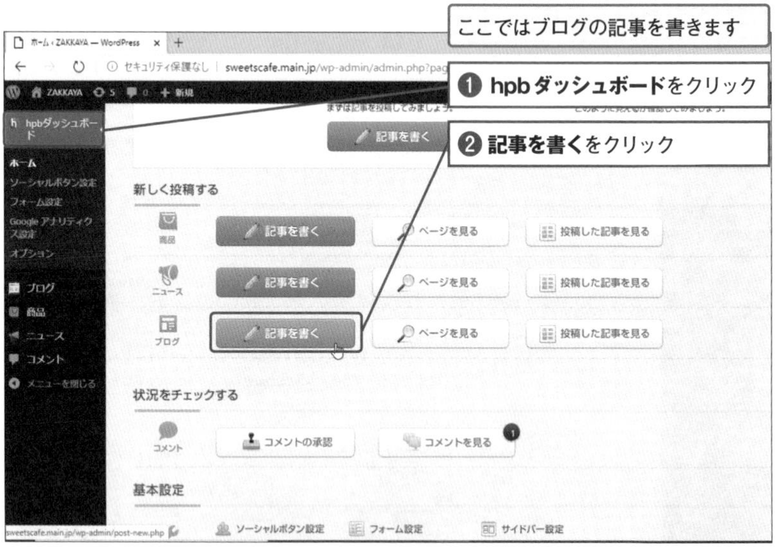

❷ 記事を入力する

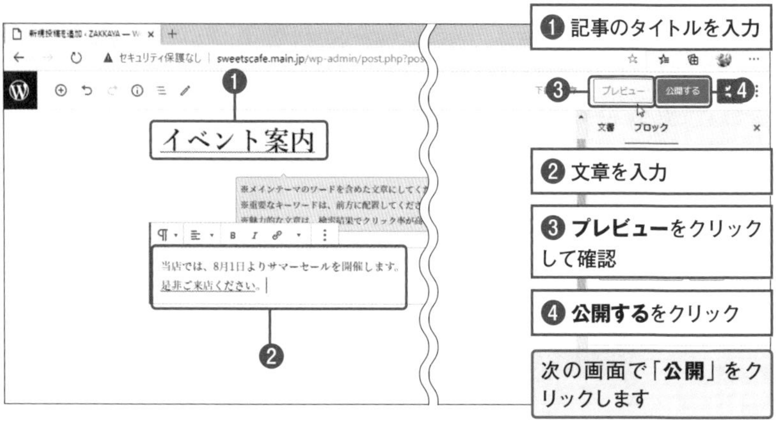

Memo 文章を改行するには

文章の途中で改行したい場合は、[Shift] キーを押しながら [Enter] キーを押します。[Enter] キーでは別の段落になってしまうので注意してください。

section 89

問い合わせフォーム

WordPressサイトで問い合わせフォームを使えるようにするには

LEVEL ●●●○○

WordPressテンプレートでは、訪問者が問い合わせをするときに使うフォームを簡単に作成することができます。

メールフォームを作成する

1 メールアドレスを入力する

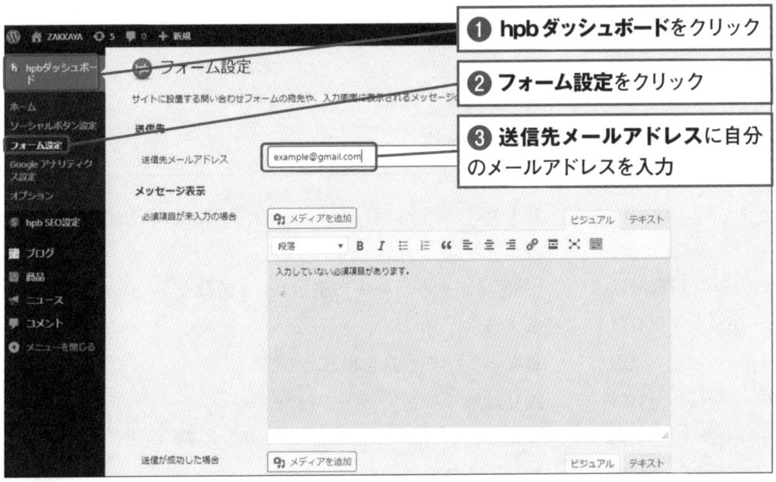

2 メッセージを入力する

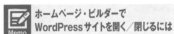

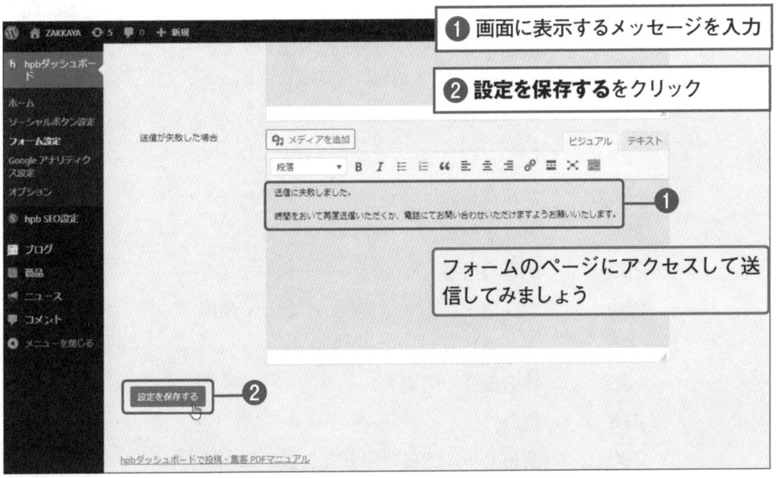

Memo ホームページ・ビルダーでWordPressサイトを開く／閉じるには

ホームページ・ビルダーのナビバーにある［WordPressページを開く］をクリックし、ページを選択して「開く」ボタンをクリックします。閉じるときは、画面右上にある外側から2番目の［×］をクリックします。section8のようにサイトを閉じる必要はありません。

索引

●英数字

●あ行

●か行

●さ行

●た行

●な行

●は行

●ま行

●や行

●ら・わ行

本書付属のダウンロードサービスは「練習用のサンプルファイル」となっております。
ホームページ・ビルダー22のソフトウェアは提供しておりませんので予めご了承ください。
ホームページ・ビルダー22が正常にインストールされているパソコンを、予めご自身でご用意の上、本書をご利用いただけますようお願い申し上げます。

※本書は2020年7月現在の情報に基づいて執筆されたものです。
本書で紹介しているサービスの内容は、告知無く変更になる場合があります。あらかじめご了承ください。

■著者

桑名 由美（くわな　ゆみ）

パソコンおよびスマホ関連書籍の執筆を中心に活動中。著書に『YouTube完全マニュアル』『はじめてのGmail入門』（秀和システム）『今すぐ使えるかんたんWordPress［WordPress 5.x対応版］』（技術評論社）などがある。

著者ホームページ
https://kuwana.work/

■イラスト

株式会社マジックピクチャー

はじめての
ホームページ・ビルダー22

発行日　2020年　9月　1日　第1版第1刷
　　　　2024年　5月 20日　第1版第4刷

著　者　桑名（くわな）　由美（ゆみ）

発行者　斉藤　和邦
発行所　株式会社　秀和システム
〒135-0016
東京都江東区東陽2-4-2　新宮ビル2F
Tel 03-6264-3105（販売）　Fax 03-6264-3094
印刷所　株式会社シナノ　Printed in Japan

ISBN978-4-7980-6253-2 C3055

パソコン書籍のパイオニア

はじめての... シリーズのご案内

はじめてのWord 2019

吉岡　豊

定価（本体**1280円**+税）

サンプルダウンロードサービス付

無料電子書籍ダウンロード特典付

無料解説動画ダウンロード特典付

Wordはバージョンを重ねるごとに改良され、最新のWord 2019に至って機能はほとんど完成したといっていいレベルに達しています。そんなWord 2019ですがOneDriveとの親和性やファイル共有機能など主に環境面が強化されています。本書は、Word 2019をはじめて使う初心者でも楽々読める入門書の決定版です。細かな手順も無料動画で解説！ 便利なショートカットキー一覧や、切り離して使える「はじめてのOneDrive」など5人特典付きです！

はじめてのExcel 2019

村松　茂

定価（本体**1280円**+税）

サンプルダウンロードサービス付

無料電子書籍ダウンロード特典付

無料解説動画ダウンロード特典付

Excelはバージョンを重ねるごとに改良され、最新のExcel 2019では従来機能がさらに使いやすくなりました。また、地理データ／株価データの自動取得や、マップグラフの作成などの新しい機能も搭載されています。本書は、Excel 2019をはじめて使う初心者でも楽々読める入門書の決定版です。細かな手順も無料動画で解説！ 便利なショートカットキー一覧や、切り離して使える「はじめてのOneDrive」など5大特典付きです！

はじめての PowerPoint 2019

羽石　相

定価（本体**1280**円+税）

サンプルダウンロードサービス付

無料電子書籍ダウンロード特典付

無料解説動画ダウンロード特典付

PowerPointはバージョンを重ねるごとに改良され、最新のPowerPoint 2019では3D表示に対応するなど、さらに使いやすくなりました。また、従来の機能もさらに使いやすく改良されています。本書は、PowerPoint 2019をはじめて使う人でも簡単に読めて理解できる入門書の決定版です。複雑な手順は無料動画で解説！ 便利なショートカットキー一覧や、切り離して使える「はじめてのOneDrive」など5大特典付きです！

はじめてのWindows7 →10引っ越し 乗り換え

村松茂

定価（本体**1500**円+税）

本書は、はじめてWindows7からWindows10へ乗り換える人でもスムーズに引越しができるよう必要な手順を解説した入門書です。連絡先・メルアド・過去のメール・辞書・お気に入り・音楽データ・各種アカウント・ログインID・パスワード・写真・動画・Excel & Wordデータ等々の移行方法がわかります。また、そのままWindows 7を使いたいときの最善の方法もわかりやすく解説しています。

ISBN978-4-7980-6253-2 C3055